LVSE NONGCHANPIN
YU GUOYOU NONGCHANG
ZHUANXING FAZHAN

绿色农产品与国有农场转型发展

主　编　郑永利
副主编　汤达钵　宋主荣

ZHEJIANG UNIVERSITY PRESS
浙江大学出版社 | 全国百佳图书出版单位

图书在版编目（CIP）数据

绿色农产品与国有农场转型发展 / 郑永利主编. —杭州：浙江大学出版社，2019.7
ISBN 978-7-308-19367-2

Ⅰ. ①绿… Ⅱ. ①郑… Ⅲ. ①绿色农业-农产品-研究-浙江 ②国营农场-产业发展-研究-浙江 Ⅳ. ①S3 ②F324.1

中国版本图书馆CIP数据核字（2019）第155718号

绿色农产品与国有农场转型发展

郑永利　主编

责任编辑　季　峥（really@zju.edu.cn）
责任校对　冯其华
封面设计　海　海
出版发行　浙江大学出版社
（杭州市天目山路148号　邮政编码310007）
（网址：http://www.zjupress.com）
排　　版　杭州兴邦电子印务有限公司
印　　刷　杭州高腾印务有限公司
开　　本　710mm×1000mm　1/16
印　　张　20.75
字　　数　317千
版 印 次　2019年7月第1版　2019年7月第1次印刷
书　　号　ISBN 978-7-308-19367-2
定　　价　91.00元

浙江大学出版社发行中心电话（0571）88925591；http://zjdxcbs.tmall.com

编辑委员会

前　言

当前，我国农业农村经济已由增产导向转向高质量发展导向。促进产业转型升级、提高农业发展质量效益和竞争力，是新时代农业农村工作的主要任务。进入新时代，面对新形势，把握新要求，浙江省绿色农产品和国有农场工作系统的广大干部职工以强烈的责任感扛起使命担当，撸起袖子加油干，大力推进绿色农产品与国有农场转型发展和提档升级。

以绿色食品、地理标志农产品为典型代表的绿色优质农产品是满足人民群众美好生活需要的重要内容。加快推进绿色农产品高质量发展是贯彻落实习近平总书记“三农”重要论述的实际行动，是实施乡村振兴战略的重要内容，是推进农业供给侧结构性改革的有效途径。近两年来，浙江省坚持以市场需求为导向、公用品牌为纽带、省级精品绿色农产品基地创建为主平台、“一品一标”融合发展为主线，聚焦区域优势特色农产品，提高供给质量，优化产品结构，扩大总量规模，着力推动绿色农产品特色化发展、基地化建设、标准化生产、产业化经营，切实加大绿色优质农产品质量认定和宣传推广力度，不断提升我省优质安全绿色农产品供给能力。

2015年11月27日，中共中央、国务院印发的《关于进一步推进农垦改革发展的意见》对新时期农垦战略定位、改革发展思路、目标举措等做出重大部署，这是新时代深化农垦改革发展的顶层设计和基本原则。浙江省委、省政府结合实际，于2017年1月4日正式印发了《关于进一步深化改革加快推进现代国有农场建设的实施意见》，掀起了新一轮浙江国有农场改革发展的大浪潮，涌现了余杭农林资产经营集团、嵊州市良种场等先进典型，他们在推进小农场融入大产业大市场等方面的许多做法在全国中小垦区具有领先性和示范性，得到省委、省政府和农业农村部的充分肯定。

无论是绿色农产品工作，还是国有农场改革发展，这两年的实践探索都充分展示出转型发展的魅力和成效。各地在这场转型升级战中，勇于创新，大胆探索，积累了许多宝贵且有益的经验。更为可贵的是，各地在积极推动工作落细落实落地的过程中，通过提炼总结，形成了一批较高质量的研究论文和调研报告。我们对这些文章进行汇集整理，基本保持文章的原汁原味，希望这次出版能够为我省绿色农产品和国有农场进一步创新思路举措、促进转型发展提供些许借鉴——这正是编纂出版本书的初心。

本书自2018年3月开始策划，之后在全系统组织开展“大调研谋新篇”活动，编入本书的调研文章成文于2018年下半年，此后历经全省机构改革，但书中仍采用作者原单位名称，在此做一说明。

2019年6月

浙江杭州

目 录

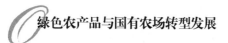

1

加快农产品地理标志产业化发展路径研究

张火法[1]　郑永利[2]　宗四弟[2]　王彦炯[2]　黄苏庆[2]　王小玫[2]
（1. 浙江省农业农村厅；2. 浙江省农产品质量安全中心）

农产品地理标志是我国农产品国家公共品牌。2018年，中央乡村振兴战略明确要求："培育农产品品牌，保护地理标志农产品。"作为保护农业特色资源的重要载体，农产品地理标志在推动地方优势主导产业提质增效、提升农业发展质量、促进乡村振兴产业兴旺等方面发挥了重要引领作用。为全面掌握我省农产品地理标志产业发展状况，调研组通过实地调研、问卷调查、典型访谈和案例分析等方式，梳理了浙江农产品地理标志产业发展现状、经验做法、问题短板，并在此基础上提出了乡村振兴战略下建设浙江地理标志产业发展强省的路径建议。

一、浙江省农产品地理标志发展现状

农产品地理标志保护起源于欧洲。2002年12月修改的《农业法》首次明确"农产品地理标志"的法定概念。2007年12月农业部出台《农产品地理标志管理办法》后，2008年，农业部门正式启动农产品地理标志登记保护工作。浙江的登记保护工作启动于2010年，得益于浙江农业品牌建设起步较早、基础较好、资源丰富的优势。8年来，通过各方努力，全省农产品地理标志从无到有，登记保护力度不断加大，得到快速发展。

（一）登记规模持续扩大，发展基础不断夯实

强化地理标志登记保护力度，数量规模持续扩大。截至2018年11月底，全省经农业农村部公告登记的地理标志农产品共83个，比2016年翻了近一番。在全国的比重呈逐年提高的态势，登记数量位居全国第16位。从登记力度看，8年间年均增长率达30%，快于同期全国24%的年均增速。从发展基础看，先后两次对全省产品品质优、文化底蕴深、发展潜力强的农产品资源进行普查梳理，共挖掘341个具有浙江特色的优质农产品资源，它们被列入《全国地域特色农产品普查备案名录》，占总名录的5%，涉及生产规模66.7万公顷（1公顷＝1万平方米），年产量472.7万吨，年产值377.6亿元。总体来看，全省特色资源挖掘工作卓有成效，储备资源丰富，登记保护后劲足。

（二）产业效益不断提升，助力推动产业兴旺

农产品地理标志在农业转型、农业增效、农民增收中的作用逐步凸显。据农业农村部跟踪评估，地理标志登记后溢价效应明显，平均产值或价格有20%～30%的提高。据本次调研，24个该问题有效年增收益情况的产品中，年增收益达17%以上的产品有11个（见表1）。如浦江葡萄，登记后三年间，以27%的产量增长实现72%的产值增长；金华两头乌猪，登记后平均价格比登记前提高30%，从业人数从5500人增加到7500人，品牌价值达到2亿元，产业效益得到显著提升。调研样本中授权使用地标的294家规模主体，县级以上农业龙头企业等产业化经营主体比例达40%。如安吉白茶，年产值22.58亿元，每年为全县36万农民人均增收近6000元。

（三）管理体系逐步规范，有效助推质量兴农

强化农产品地理标志证后监管，指导各持证单位制定农产品地理标志授权使用管理办法，规范标志使用,促进农产品地理标志生产标准化和管理规范化。据统计，69.8%的获证主体开展了标志授权，农产品地理标志使用行为逐步规范；里叶白莲等13个登记产品设计了统一包装，全力打造品牌形象。连续4年开展“三品一标”规范提质百日专项行动，对全省农产品地理标志进行综合检查，严厉打击伪造、冒用农产品地理标志等违法行为，切实维护品牌公

表1　部分登记保护产品年增收益情况

序号	登记产品	年增收益/%	序号	登记产品	年增收益/%
1	千岛银珍	3.2	13	诸暨短柄樱桃	1.7
2	浦江葡萄▲	20.5	14	金华两头乌猪▲	30
3	桐庐雪水云绿茶	3.8	15	金华佛手▲	17.1
4	天目青顶	2.1	16	常山猴头菇▲	30.0
5	里叶白莲	3.0	17	普陀佛茶	3.8
6	塘栖枇杷	6.5	18	缙云麻鸭	4.5
7	泰顺三杯香茶	8.0	19	龙泉金观音	12.0
8	平阳黄汤茶▲	33.3	20	庆元灰树花▲	22.5
9	雁荡山铁皮石斛▲▲	20.0	21	云和雪梨	4.5
10	雁荡毛峰▲	19.6	22	景宁惠明茶	7.4
11	桐乡槜李▲	35.0	23	遂昌菊米▲	25.0
12	秀洲槜李▲	30.7			

注:①代表17%以上的样本。
②仅统计问卷调查中有响应本问题的产品。

信力;连续7年对全省获证产品进行跟踪监测,产品安全合格率连续保持100%,体现了地理标志农产品的精品品质。

（四）品牌建设卓有成效,支撑引领品牌强农

浙江大学中国农村发展研究院中国农业品牌研究中心发布的“中国农产品区域公用品牌网络声誉50强”中,浙江有8个农产品,数量居全国第一,它们全部为地理标志农产品,其中,奉化水蜜桃和安吉白茶进入前10强。浙江省农业农村厅组织的2018年浙江省优秀农产品区域公用品牌评价中,最具影响力的十强品牌中有5个是地理标志农产品。各地围绕讲好地标故事,开展了永康方柿节、塘栖枇杷节、义乌红糖节、浦江葡萄节等各类文化推广活动,对全省72%的登记农产品开展了多种形式的节庆活动和推荐活动(见表2)。近5年来,累计组织400多个省内优秀地理标志农产品产品参加中国绿色食品博览会、中国农产品交易会等各类展会和贸易推荐会,累计获得各类省部级以上

展会金奖50余个(次)。千岛银珍、慈溪杨梅等地理标志产品的纪录片还在全国知识产权宣传周、中央电视台等播出。

表2　部分登记农产品节庆活动和推荐活动

登记产品	品类	节庆活动	推荐活动	平台载体	品牌中心(馆)
普陀佛茶	茶叶	中国普陀佛茶文化节	“普陀佛茶”春茶品鉴会等	《佛茶润心自在普陀》宣传片	普陀东港塘头佛茶园佛茶精舍
里叶白莲	粮油	里叶莲子节、十里荷花节	里叶白莲地标推荐会	十里荷花游	建德市大慈岩镇里叶村十里荷花长廊
桐乡槜李	果品	桐乡市桃园村槜李文化节	槜李传承文化专题晚会、桐乡市槜李产业论坛	桐乡槜李精品王比赛	桐乡市桃园村槜李文化礼堂
金华两头乌猪	畜牧	金华两头乌杯杭州东坡肉厨艺大赛	金华·华东农业科技新成果展示交易会	中央电视台《农广天地》栏目	金华两头乌猪研究院
淳安覆盆子	中药材	淳安覆盆子采摘节	中国千岛湖中药材产业发展高峰论坛	中药材小镇	淳安临岐中药材交易市场

注:五个品类每个选取一个产品。

二、浙江省农产品地理标志做法与经验

近年来,全省各级高度重视农产品地理标志登记保护工作,在“八八战略”的指引下,注重制度建设,注重机制创新,注重宣传推广,积累了一些好的做法和经验。

(一)注重制度建设,打好“扶持牌”

1. 强化制度供给。浙江省农业农村厅先后出台多个支持和加强农产品地理标志登记保护的制度文件,将农产品地理标志登记工作纳入浙江省政府“四张清单一张网”,成为政府行政确认的权力事项,制作了“浙江省农产品地理标志登记申报流程图”,确保地标产品登记保护的权威性。

2. 强化政策扶持。各地积极争取政府重视,优化配套政策,细化扶持措

施，建立奖补机制，形成农产品地理标志快速发展的良好政策环境。目前，多地纷纷出台了奖励政策，对每个新登记产品给予2万～30万元不等的奖励（见表3），金华、丽水等地对获得全国绿色食品博览会金奖产品均予以补贴；湖州南浔区对每个申请使用地理标志的生产主体补贴2万元。

表3 各市及县（市、区）财政对新登记农产品地理标志补贴

各市及县（市、区）	奖补/（万元/个）	各市及县（市、区）	奖补/（万元/个）
杭州市级	20	丽水市级	10
桐庐、余杭	10	莲都、开发区	10
宁波市级	10	云和	30
余姚、慈溪	10	缙云	15
温州市级	10	庆元	3
绍兴市级	5	景宁	5
柯桥、诸暨	5	衢州市级	10
嵊州	8	柯城	5
上虞	3	江山	10
嘉兴市级	10	开化	3
南湖	5	常山	—
舟山市级	5	台州市级	2
普陀	5	下属各县（市、区）	不低于2

注：县级数据不完全。

3. 强化考核督导。从2017年开始，将农产品地理标志列为浙江省各级政府部门绩效考核任务，农产品地理标志发展任务得到了各地党委、政府的重视。

（二）注重机制创新，打好“规范牌”

1. 建立申报会商机制。对申报产品组织由业务主管部门、相关领域专家参加的会商咨询，确定是否受理申请。坚持“三不”原则，产品特色不明显的暂不受理，产品不是当地农业主导产业的暂不受理，当地政府不重视的产品暂不受理,做到“成熟一个、受理一个、登记一个”。

2. 建立综合鉴评机制。鉴评会专家组成按“4＋1”原则,4人为省级专家,1人为申报单位所在市的市级专家。鉴评会内容包含外在品质特征鉴评、技术规范审核和人文历史审核,邀请鉴评专家对申报产品进行深度把脉。

3. 建立颁证谈话机制。在公告登记后,专门举行简单的颁证仪式并召开座谈会,对获证主体提出要求,强化其地标品牌意识。

4. 建立证后监察机制。采取抽查和督导检查等方式,重点检查地理标志授权管理、标志使用等情况,严肃查处冒用标志等违法行为。

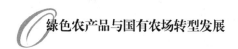

(三) 注重宣传推广,打好“提升牌”

1. 强化宣传推广。重点围绕提升地理标志品牌影响力和知名度,通过各种媒介大力宣传推荐浙江地理标志农产品,积极鼓励各地结合产品特色,举办丰富多彩的农业展会、产销对接会、产品推荐会、主题农事节庆活动等,并组织优秀地标主体和产品参加各类国内外展示展销会,促进产销对接,扩大市场流通。

2. 强化示范创建。通过典型提炼、模式推广,形成可示范、可借鉴、可推广的样板。例如,金华的两头乌猪在2015年被列入首批“全国农产品地理标志示范样板创建单位”(共6个),发挥其示范引领带动作用。千岛银珍、泰顺三杯香茶、金华两头乌猪3个产品被列入全国中欧地理标志互认产品名录(共35个)。

3. 强化融合发展。以省级精品绿色农产品基地创建为结合点,推进地理标志登记保护工作与绿色食品确认、精品绿色农产品基地建设融合发展,整体提升优势特色农产品产业发展水平。

三、当前浙江省农产品地理标志产业发展存在的短板和不足

浙江农产品地理标志登记保护和产业发展工作虽取得阶段性成效,但与乡村振兴高质量发展的要求还不相适应,发展不平衡、不充分的问题依然存在。主要表现如下。

（一）认知还不到位，区域发展不够平衡

部分地方对农产品地理标志登记保护认识不到位，对农产品地理标志登记工作重视不够，有些地方本身品牌意识不强，没有把地理标志作为培育区域公共品牌和发展乡愁产业的重要抓手和主要载体来抓，导致推动工作主动性不强，推进措施少，力度不够大，发展不平衡。金华、宁波和杭州三市农产品地理标志个数占全省的比例达47.8%；个数最少的衢州仅2个，占比2.9%（见表4）。

表4　全省各市农产品地理标志个数及占比

地区	杭州	宁波	温州	湖州	嘉兴	绍兴	金华	衢州	舟山	丽水	台州
产品数/个	9	11	5	4	3	4	13	2	3	7	8
占比/%	13.0	15.9	7.2	5.8	4.3	5.8	18.8	2.9	4.3	10.1	11.6

（二）管理还不规范，运行机制尚待完善

部分持证主体存在重申报轻管理的问题，个别主体仅为完成任务指标或拿政府补贴，少数持证单位甚至拿到证书就放进抽屉，存在为申报而申报的倾向，地标品牌建设尚未形成整体合力，特别是在标志使用、市场监管、品牌保护等方面比较薄弱；部分持证单位受自身条件或外部环境的限制，各项管理体制和运行机制尚不完善，指导服务能力不强，限制了农产品地理标志的使用推广，这些均在一定程度上导致地理标志品牌传播不够，实力整体不强，削弱了地标品牌的影响力和知名度。

（三）发展不够充分，效益有待提升，引领产业发展还需加强

部分地方主管部门对发展地理标志产业缺乏系统谋划，没有把地理标志当做培育公共品牌和提升主导产业的重要手段，存在政策扶持力度不够、产业监管措施缺乏等问题。同时，一些持证单位未充分发挥第一责任人的作用，在标准化生产、主体培育、品牌打造、宣传推广等方面力度不够，导致地理标志公共品牌引领产业发展不够强，带动产业化发展不够充分，提升产业效益体现不

强，主体使用地理标志的意愿和积极性不够高。2017年，全省已获证的地标产品中，标志授权生产主体超过10家的产品仅占27.8%。

四、打造地理标志产业强省路径探讨

（一）强化登记保护，优化服务管理，提升发展质量

1. 加快农产品地理标志登记保护步伐，以具有独特人文传承、产业基础较好的区域性特色农产品为重点，加强资源挖掘，加大培育力度，扩大保护规模，争取到2022年底，全省农产品地理标志产品达到150个。

2. 加强服务指导，积极引导地方政府重视并加大申报力度，努力形成政府重视、部门支持、社会关注共同推动地标产业发展的格局。科学指导各持证主体制定并完善登记产品管理制度和标志授权行为，促进地理标志管理规范化。探索建立农产品地理标志产业专家服务团队，构建登记申报全过程专家介入机制。

3. 严格审核管理，进一步优化登记服务流程，切实提高申报工作规范化、流程化、标准化，确保登记效率和质量水平，严厉打击伪造、冒用农产品地理标志等违法行为，切实维护农产品地理标志品牌公信力。

（二）强化政策创设，加大扶持力度，培育发展动能

1. 加强顶层设计，紧紧围绕乡村振兴战略提出的培育农产品品牌要求，制定和实施全省农产品地理标志品牌培育发展战略，加大政策创设力度，积极争取将农产品地理标志产业发展列入省级财政转移支付现代农业发展项目。

2. 注重创新扶持载体，将农产品地理标志保护作为省级示范性农民专业合作社、“两区一镇”、绿色农业先行县（先行区）创建、浙江名牌农产品等省级名特优农产品评选的重要评价指标，作为农业项目安排的重要参考依据，牵引和带动全省农业区域公用品牌建设。

3. 深入指导各地加大农产品地理标志政策扶持力度，鼓励地方设立农产品地理标志产业发展专项资金，重点资助农产品地理标志申报登记、主体培育、品牌建设、基地创建、市场推广等环节，提升农产品地理标志品牌发展驱动

力，实现地理标志品牌强农。

（三）聚焦转型升级，注重融合发展，助力产业兴旺

1. 聚焦地方优势特色主导产业转型升级，更加注重推行农产品地理标志与绿色食品标志许可相结合的“一品一标”模式，做深做透融合文章，在为地方优势特色产品登记农产品地理标志的同时，以精品绿色农产品基地建设为载体，引导农产品地理标志产品基地内所有产品全部按照绿色食品标准生产，规模主体全部通过绿色食品确认，实现地理标志产品绿色食品化，实现带动特色产业提质增效、农民增收致富，达到地理标志与绿色食品融合发展的双品牌叠加效应。

2. 支持各地开展农产品地理标志保护核心区和示范样板区建设，加强品牌示范带动作用，大力培育龙头企业，推广“地理标志＋龙头企业＋农户”的新型农业产业化模式，形成一个龙头企业、一个核心示范区、一个农产品地理标志产品、带动一方产业发展的良好模式，全面提高地标产业整体发展层次。

（四）强化宣传推荐，擦亮地标招牌，提升品牌价值

1. 切实加大宣传推荐力度，积极创设宣传载体，充分利用多种渠道，加大对农产品地理标志产品品质、人文历史、生产方式等特色内容的宣传，提升品牌认知度和美誉度。

2. 鼓励支持生产经营主体开展电商平台建设，拓展营销渠道，积极组织地标企业参加中国绿色食品博览会、中国农产品交易会、浙江省农业博览会等国内外展会和贸易推荐活动，积极谋划全省绿色食品精品年货节，支持各地举办区域性特色优质农产品展会和节庆活动。

3. 充分发挥农产品地理标志引领农业品牌化发展排头兵作用，鼓励建立地标公共品牌与企业品牌的母子品牌联动机制，夯实地理标志产业基础，提升地理标志农产品市场竞争力，促进区域经济发展。

4. 积极支持农产品地理标志一二三产融合发展，将地标保护发展与农业观光采摘、民俗节庆、文化科普、农村景观等有机结合，讲好地标故事，引导公众特色消费观念。

2

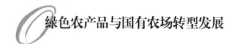

浙江省国有农场高质量发展的路径探索

郑永利　宋主荣　张文姝　樊纪亮　李　露
（浙江省国有农场管理总站）

伴随着中国特色社会主义新时代的到来，我国经济发展由高速增长阶段转向高质量发展阶段。国有农场作为推进现代农业建设的国家队，受到党中央、国务院以及省委、省政府的高度重视。国有农场该如何适应新时代要求，找到高质量发展路径，重新焕发勃勃生机，切实发挥在农业绿色发展中的示范引领作用，更好地服务于乡村振兴战略，具有重要的现实意义，值得深入探讨。

一、浙江省国有农场改革发展的基本现状

从总体看，我省国有农场规模不大，属全国中小垦区。截至2017年底，全省有国有农场96家，其中，农垦场47家、事业场49家，分布于11个市49个县（市、区），全部属地管理；土地总面积25.89万亩（1亩≈667平方米）；农场总人口6.3万人，从业人员19064人。2017年，全省国有农场生产总值21.33亿元，人均生产总值33857元，实现利润5.19亿元，上缴税金3644万元。

（一）国有农场管理体制机制逐步激活

2000年前后，在融入社会主义市场经济发展大潮中，全省国有农场系统推行产权制度和用工制度的“双置换”改革，采取改组、兼并、承包经营、股份合作等形式理顺产权关系，改善产权结构。近年来，又探索推进企业化与集团化改

革，建立现代企业制度，推进农场办社会职能改革，农场社区基本实现属地化管理，农场经营的自主性和灵活性明显增强。例如，余杭区整合15家国有农林场，组建余杭区农林资产经营集团有限公司；富阳、临安、庆元等地也积极推进国有农场整合重组或公司化改革，成立了资产经营公司或联合总场。

（二）农场现代农业发展取得初步成效

我省国有农场充分挖掘优势资源，做强传统优势产业，积极导入新型产业，在示范引领农业农村发展中注入新元素，探索新路子，正在成为促进我省种业发展的重要力量。例如，嵊州市良种场是全省水稻新品种展示示范核心基地、“看禾选种”展示核心示范区，积极实施“走出去、引进来”战略，做大优势主导产业，拓展新产业领域，大力推进一二三产融合发展，农场产业实力明显增强；绍兴市茶场“以茶为根”，打造农旅融合的“抹茶小镇”，延长茶产业链，提升价值链；余杭农林资产经营集团有限公司成立农林伏泰环境公司，专注于农村环境治理，服务乡村振兴。

（三）农场国有土地权益保护得到加强

近些年，我省注重维护国有农场合法权益，从制度上严格规范国有农场迁移、撤销建制、改变隶属关系等审批管理，严格农场清产核资、财务审计、资产处置，防止国有资产流失。土地资源是国有农场赖以生存和发展的基础，强势推进农场国有土地使用权确权登记发证工作，使农场国有土地权属更加清晰，维护农场合法权益更加有力，农场发展基础得到进一步夯实。截至2018年底，全省农场国有土地总面积为25.89万亩，已发证的为25.62万亩，发证率98.64%。

（四）国有农场职工生活条件逐步改善

一直以来，我省高度重视农场职工生产生活条件的改善，提高职工的归属感和获得感。国有农场职工养老保险和基本医疗保险参保率达100%，困难家庭全部纳入城镇居民最低生活保障。同时，大力实施国有农场危旧房改造工程，全省共有42家农场5885户被列入中央预算内投资计划，累计投资1.3亿元，累计改造危旧房约1.37万户，改造面积达136万平方米，职工人均住房面积从2009年的17.1平方米提高到39.4平方米，职工居住条件得到明显改善。

然而，随着我省国有农场改革发展，一些问题也日益凸现，成为制约其进一步发展壮大的瓶颈，主要体现在三个方面。

1. 职工老化，人才缺失。从此次调查情况看，绝大多数国有农场近些年很少有人才引进，场长或经理队伍年龄老化，中青年后备管理人员、专业技术人才严重缺乏，45岁以下人数占比不足10%（见图1）。从学历上看，高中及以下的职工数占比约65%，研究生仅有1%，干部队伍的专业性、创新能力严重不足（见图2）。

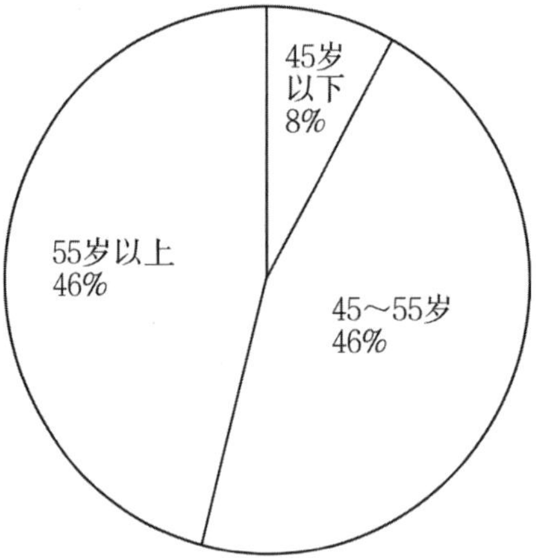

图1　农场职工年龄分布

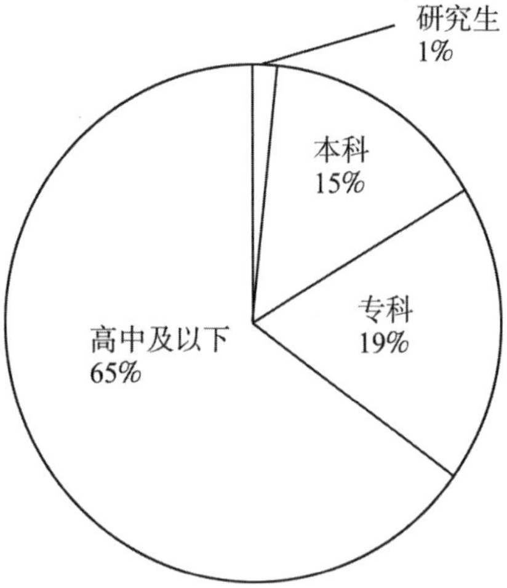

图2　农场职工学历分布

2. 规模较小，实力不强。大多数农场（约占调查数的77%）主要以出租土地等农场资产为主营业务，产业单一，特色农业产业不强（见图3）。从年营业收入看，绝大多数农场年营业收入不足100万元，其中33%的农场年收入不足10万元，约50%的农场年收入为10万～100万元。从年净利润看，约33%的农场处于亏损状态，约57%的农场利润在百万元以内（见图4）。

3. 机制不活，经营不善。一些农场的管理体制机制水平尚停留在计划经济时代，缺乏与当前现代农业发展的有效衔接，与市场对接程度低，国有土地资源优势没有得到充分发挥，大大制约了国有农场发展，"守摊子""等靠要"的现象比较突出。

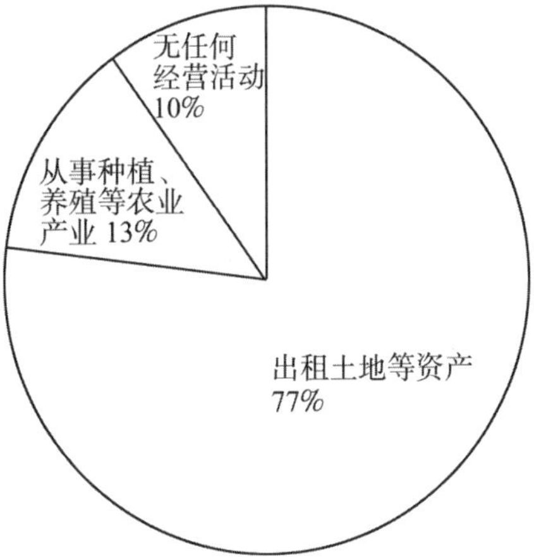

图3　农场产业经营情况

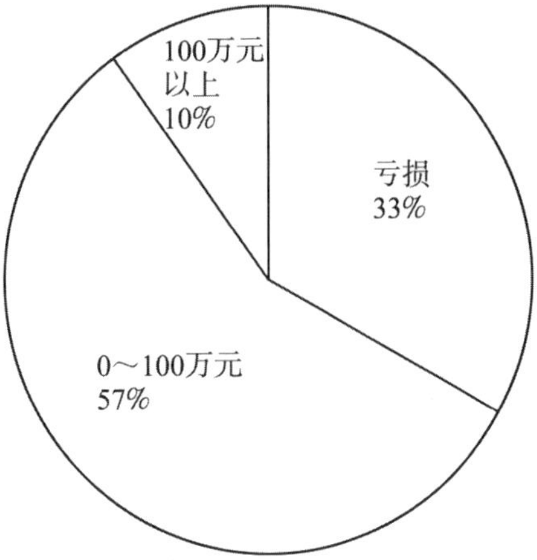

图4　农场年净利润情况

二、当前浙江省国有农场改革发展的优劣势分析

（一）从政策环境上看，国有农场发展迎来历史机遇

1. 中央领导高度重视。2015年10月，习近平总书记主持召开中央全面深化改革领导小组会议，研究部署农垦改革。2016年5月，习总书记在视察黑龙江时对农垦改革又做出重要指示，指出农垦是国家关键时期抓得住、用得上的重要力量，强调要深化国有农垦体制改革，以垦区集团化、农场企业化为主线，推动资源资产整合、产业优化升级，建设现代农业大基地、大企业、大产业，努力形成农业领域的航母。2018年9月，习总书记考察黑龙江的首站就选择了黑龙江农垦建三江管理局七星农场，并强调农垦改革要坚持国有农场的发展方向。此外，汪洋、王沪宁等也对农垦改革做出批示。

2. 改革政策氛围空前有利。中央和省委出台农垦改革、国有企业改革等文件，全面深化改革的氛围空前浓厚。农垦集团化、企业化改革主线，以混合所有制为导向的国有企业改革探索，为社会资本与国有资本的融合发展创造空间。针对农场办社会职能改革、农场国有土地使用权等专项改革政策措施陆续落地，政策支持力度空前。

3. 农村制度改革深入推进。随着农村土地制度改革的继续深化，“三权分置”的新型农地制度成为农村土地集体所有制的有效实现形式，为促进农村土地流转奠定了坚实基础，特别是浙江民营经济发达，农民外出务工，农业人口老龄化、农村空心化现象突出，这为有实力的国有农场参与农村土地流转、集约化规模化经营农业、推动一二三产融合发展等创造了极其有利的条件。

（二）从自身条件上看，国有农场拥有独特优势

1. 国有土地规模优势。我省多数国有农场土地源于开垦荒山丘陵和围垦造田，土地集中连片且全部为国有土地。据不完全统计，可自主经营使用土地面积在千亩以上的农场占20%，500～1000亩的占20%。相对于其他新型农业经营主体流转农村土地来说，拥有成片的国有土地使用权是国有农场最大的优势。

2. 区位环境优势。像杭州、金华等地的许多农场都地处城郊，交通比较便利，能满足城市居民的农事休闲体验需求，具有比较明显的区位优势。一些农场地处山区，环境秀丽，空气清新，在探索“农业＋旅游”“农业＋健康”等新业态上具有无可比拟的资源禀赋。

3. 良种示范推广优势。我省国有农场中有半数是良种场、园艺场、种畜场等事业三场，其成立初衷就是农村农业先进技术和良种示范推广。经过数十年的积淀，一些农场既有经验积累，又有人才，在良种区域试验、示范推广上具备明显的比较优势。

4. 垦荒开拓的农垦精神。国有农场在长期的垦荒建设、改革发展中创造并积淀的“艰苦奋斗，勇于开拓”的农垦精神，是一代人的情感记忆，也是激发新一代农垦人奋进的力量源泉。既可以用农垦文化凝聚职工队伍，又可以融入农垦特色文化元素探索一二三产融合发展，这是国有农场的特色化优势。

5. 国有属性的制度优势。国有农场作为国有农业企业，具有许多特有的制度和组织优势。比如，国有农场因为与政府有天然的“血缘”关系，可以超越单纯的商业目标，履行一些公益性职能，有政府背书，具有较高的信誉。

（三）从外部竞争上看，国有农场面临风险与挑战

1. 农业生产的弱质性。农业生产周期较长，生产成本越来越高，农产品

供给调整滞后于市场需求变化，加之农业对自然环境依赖较大，受到自然灾害天气影响较大，承受自然和市场双重风险，投资回报率较低。

2. 生态环境保护的刚性。当前，生态环境保护上升到前所未有的高度，尤其是随着浙江深入推进大花园建设，“绿水青山就是金山银山”的理念已深入人心，农业面源污染防治和农业生态环境保护全面加强，环境治理和农业生产的要求标准更高。

3. 新型农业经营主体众多。浙江是民营经济大省，民间资本丰裕，商业氛围浓厚。近些年，民间工商资本参与现代农业建设的热情高涨，民营农业企业、家庭农场、农创客等新型经营主体大量涌现，市场竞争环境激烈。

（四）从内部治理上看，国有农场运行机制不活

国有农场政企社关系尚未完全理顺，产权关系、权责关系不够明确，行政化管理色彩较浓，经营体制限制多，灵活性不足。很多农场没有及时适应市场经济进行转变，在资金管理、成本控制、市场营销等方面缺乏行之有效的手段和措施，甚至连一些已经转制成企业的也没有完全建立起现代企业制度，仍是换新鞋走老路，实行老一套管理模式，造成经济难以发展，效益难以提高。同时，随着国有农场改革的深入推进，一些农场主管部门和农场企业尚没有建立相应的管理和约束机制，有些地方尚未落实场长任期目标考核制度，内部激励机制也没建立，企业效益低下。

三、推动国有农场高质量发展的实现路径

总体上看，推动国有农场高质量发展，要抢抓重大历史性机遇，充分挖掘独特优势，合理规避市场竞争风险，着力克服内部短板，围绕企业化、集团化改革主线，坚持以促进产业振兴为支撑点，不断强化财政政策支持引导，加快建设一批示范性现代国有农场，推动小农场融入大产业、大市场，更好地体现国有农业经济的使命担当。

（一）在功能定位上要强化国有农业经济使命担当

中央明确了农垦是国有农业经济的骨干和代表，是以公有制为主体、多种

所有制经济共同发展的基本经济制度在农业农村领域的重要体现。加快建设农垦的现代农业大基地、大产业、大企业，把农垦建设成为保障国家粮食安全和重要农产品有效供给的国家队、中国特色新型农业现代化的示范区、农业对外合作的排头兵、安边固疆的稳定器。这是新时代赋予农垦的历史使命。浙江的国有农场虽然规模不大，但仍是农业农村领域少有的国有农业经济主体。在“七山一水两分田”的省情下，相对于家庭农场、合作社以及农业企业等新型主体流转集体土地来说，农场集中连片的国有土地资源仍具有优势。加快推进国有农场资产资源的整合重组，着力打造一批示范性现代国有农场，在乡村振兴战略实施中切实发挥示范者、带动者、供给者和服务者的作用，这是国有农业经济的使命与担当。

（二）在运营机制上要坚定企业化、集团化改革

融入全国农垦共同打造农业领域航母的行动中，加快推进农场企业化、集团化改革进程。鼓励资源兼并整合重组，推进国有农场以及国有农业资源的整合重组，组建现代农业企业或集团，聚焦农场茶叶、种业、水果等优势特色产业，以资本为利益联结机制，搭建特色农产品产业公司平台，构建“企业集团＋产业公司＋基地”发展模式。建立健全现代企业制度，完善法人治理结构，积极引进工商资本，拓宽融资渠道，探索国有资本与民营资本等融合发展，实现股权多元化，同时导入民营企业灵活的管理机制，构建利益共同体，实现由竞争走向合作共赢。建立发展成果共享机制，推进农场由土地出租向参股经营转变，探索员工持股计划，将职工、股东利益与农场利益捆绑，着力改善职工生活，增强职工获得感，共享农场改革发展成果。

（三）在产业选择上要坚持特色化发展、品牌化经营

从人民群众日益增长的美好生活需要出发，推进农场产业供给侧改革，适应农产品消费升级趋势，实现农业产品供需匹配。国有农场拥有丰富的种质资源，在种子繁育示范推广方面具有传统优势，应继续发挥公益职能，大力引进新品种、新技术、新模式，着力提升设施条件和技术能力，打造农作物品种展示的核心区和样板区。国有农场拥有集中连片的土地，并且地理区位、山水环

境优势明显，应丰富茶叶、水果等特色农业资源，加大力度发展“一场一品”，建设一批绿色农产品基地，做强做大做优特色农业产业，同时积极谋划农场区块功能规划，拓展农业衍生功能，构建“农业＋旅游”“农业＋健康”“互联网＋农业”模式，打造一二三产融合的特色小镇或农业综合体。国有农场有相对较强的农业专业技术和组织优势，应大力发展农业服务业，开展农技培训、农资供应、粮食烘干、农机作业、农产品加工、储运和销售等社会化服务，带动周边农村发展。国有农场拥有独特的文化资源，应充分挖掘大规模围海垦荒造田所孕育的知青文化及“艰苦奋斗，勇于开拓”的农垦精神，加快培育差异化的农垦品牌和文化产业，弘扬垦荒精神，迎合人们砥砺奋进的精神需要。积极借力中国农垦公共品牌，在有产品、有基地、有品牌、有积淀的农场，导入“良品生活，源自农垦”品牌理念，突出农场作为国有企业的主体特征，利用微信、微博等网络媒体强化品牌塑造传播，探索线上线下的互动模式，打造“国有品质，值得信赖”的市场形象。

（四）在要素保障上要坚持政府支持、农场主导结合

1. 加强组织领导。落实地方政府属地管理责任，借助机构改革之机，理顺省、市、县级国有农场的管理体制，严格农场土地资源管理。同时，加强国有农场党的建设，强化党风廉政责任，完善党风廉政机制，充分发挥党组织和党员队伍的优势，共同推进国有农场发展。

2. 加大政策支持。切实强化政策扶持，把国有农场纳入乡村振兴战略统筹谋划，推动涉农政策同步覆盖。充分发挥财政政策的引导和撬动作用，争取省级财政资金投入，同时积极利用中国农垦产业发展基金等政策性金融资本，探索、创新融资合作模式，形成多元资本投入方式，切实解决农场融资难题。

3. 加强队伍建设。加快建立符合农场企业化、集团化运营要求的人才选用和管理机制，建立目标业绩导向绩效激励机制，大力引进优秀职业经理人，积极培育农场本土化经营管理人才。加强教育培训，实施国有农场场长经理素质提升工程，大力引进紧缺专业技术人才，建立健全专业技术知识更新机制。

3

绿色食品产业助推乡村振兴的初步探索

郑永利　汤达钵　季爱兰　单凌燕　王彦炯　殷波兴

（浙江省农产品质量安全中心）

实施乡村振兴战略是新时代“三农”（农村、农业、农民）工作的总抓手。产业兴旺是乡村振兴的重点，必须坚持“质量兴农、绿色兴农、品牌强农”，以农业供给侧结构性改革为主线，加快推进我国由农业大国向农业强国转变。而绿色食品是我国优质绿色农产品的重要组成部分和国家公共品牌。大力发展绿色食品产业既是贯彻落实习近平总书记“三农”思想的具体行动，也是推进农业高质量发展和实施乡村振兴的重要途径。为进一步发挥绿色食品在乡村振兴战略实施中的地位和作用，本研究系统分析了浙江省绿色食品产业发展现状、经验和短板，进而提出打造全国绿色食品大省的对策建议。

一、浙江省绿色食品产业发展现状

绿色食品概念于1989年首次提出，国务院于1991年12月28日印发了《国务院关于开发“绿色食品”有关问题的批复》（国函〔1991〕91号），正式批准在全国范围内开展这项工作，具体由农业部负责实施。浙江的绿色食品工作始于1991年，在全省国有农场率先推行。

（一）发展阶段性特征明显，总量规模居全国前列

从总量规模看，浙江省绿色食品产业可以划分为三个发展阶段：第一阶段

是缓慢发展期(1991—2001年)。到2001年底,全省有效期内绿色食品只有21个,仅占全国总量的0.88%,在全国处于落后状态,主要原因是管理队伍没有延伸到市、县(市、区),工作推动力度相对不足。第二阶段是快速发展期(2002—2007年)。在各级政府和农业部门的高度重视下,政策扶持力度加大,队伍体系逐步健全,绿色食品发展进入快车道,到2007年底,全省有效期内绿色食品有1013个,占全国总量的6.7%,年均增速达66.2%。第三阶段是稳步发展期(2008—2017年)。全省绿色食品产业发展坚持"数量与质量并重、申报认定与证后监管并举",更加注重质量提升及效益引领,到2017年底,全省有效期内绿色食品有1598个,年均增速4.9%。从全国范围看,浙江以全国1.1%的国土、1.3%的耕地,发展了全国6.2%的绿色食品。2017年,浙江绿色食品主体数和产品数分别居全国第5位和第6位,仅次于山东、黑龙江、江苏等农业大省(见表1)。这是浙江在"八八战略"指引下,坚持高效生态、精品绿色农业转型发展之路的集中体现。

表1　2017年产品数占全国2%以上的省(自治区、直辖市)绿色食品主体及产品个数及占比

地区	主体数/家	主体数占全国比例/%	产品数/个	产品数占全国比例/%
全国总计	10895	100.0	25746	100.0
河北	276	2.5	823	3.2
内蒙古	202	1.9	630	2.4
辽宁	477	4.4	992	3.9
吉林	270	2.5	791	3.1
黑龙江	928	8.5	2495	9.7
江苏	907	8.3	2027	7.9
浙江	743	6.8	1598	6.2
安徽	819	7.5	2237	8.7
福建	329	3.0	553	2.1
江西	255	2.3	581	2.3

续表

地区	主体数/家	主体数占全国比例/%	产品数/个	产品数占全国比例/%
山东	1388	12.7	3330	12.9
河南	265	2.4	662	2.6
湖北	569	5.2	1601	6.2
湖南	442	4.1	1157	4.5
广东	320	2.9	575	2.2
重庆	318	2.9	761	3.0
四川	471	4.3	1197	4.6
云南	301	2.8	793	3.1
甘肃	378	3.5	759	2.9
新疆	268	2.5	546	2.1

（二）助力主导产业提质增效，示范带动能力逐步凸显

绿色食品的推出为提升全省主导产业发展质量和产业化水平，促进农业增效、农民增收，引领农业标准化和品牌化做出了积极的贡献，逐步形成了“以质量管理为核心、龙头企业为主体、基地建设为依托、农户参与为基础”的产业发展模式。目前，全省绿色食品覆盖农林产品及其加工品、畜禽类产品（包括水产类产品）及其加工品、饮品类产品等五个大类，涵盖全省十大主导产业中除蚕桑、花卉以外的八大产业，体现浙江主导优势和精品特色的鲜果类（包含果类加工）、蔬菜类、茶叶类等绿色食品分别占全省绿色食品总量的32.8%、24.9%、16.8%。在产业结构方面，绿色农林产品及其加工品占全省绿色食品总量的76%（见图1），比2008年提高16个百分点。2017年，全省绿色食品总产量71万吨，国内销售额71.9亿元，出口额4465万美元，基地面积达175万亩。龙头企业和农民专业合作组织成为绿色食品生产的主体力量，县级以上农业龙头企业和农民专业合作组织分别占比生产主体的38.3%和38.6%（见表2），带动农户达120万户。此外，一些具备条件的示范性家庭农场也积极申报绿

色食品认定。

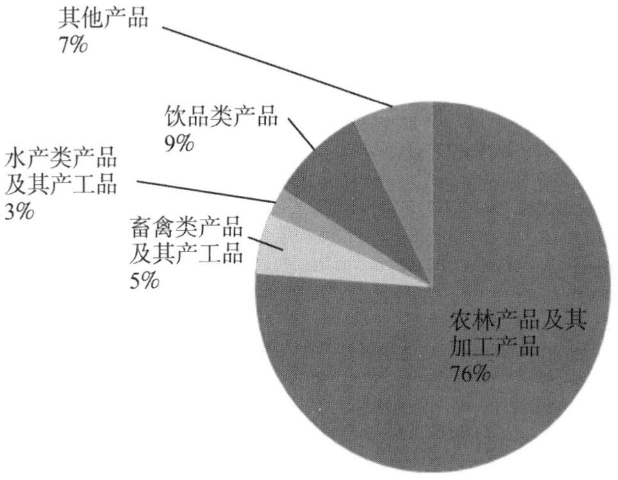

图1 2017年浙江有效期内绿色食品产品结构

表2 2017年浙江和全国新型农业经营主体绿色食品获证产品数及占比

地区	国家级龙头企业		省级龙头企业		市级、县级龙头企业		农民专业合作组织	
	主体数/家	产品数/个	主体数/家	产品数/个	主体数/家	产品数/个	主体数/家	产品数/个
浙江	11	11	60	158	214	402	287	360
全国	326	1181	1725	5254	2753	6726	3259	6175
占比	3.4%	0.9%	3.5%	3.0%	7.8%	6.0%	8.8%	5.8%

(三)质量保障体系不断完善,品牌影响力日益增强

经过多年的探索,绿色食品创立并逐步完善了“以技术标准为基础、标志许可为形式、证后监管为手段”的质量保障体系。农业农村部已累计发布绿色食品标准297项,涵盖产地环境、生产加工过程产品质量和包装贮藏等环节,构建了完整和系统的质量标准体系。在实践中,浙江始终立足精品,拉高标杆定位,创新全程质量监管模式,组织落实属地自查、省市督查、抽样检查为内容的“三查三严”监管机制,上下配合、产管并举、检打联动,多渠道多层次开展质量抽检,防控质量安全风险隐患,落实淘汰和退出机制,有效地维护了绿色食

品的公信力。近五年来,在由中国绿色食品发展中心组织的年度抽检中,我省绿色食品合格率始终保持在99%以上(见表3)。经过多年的宣传推广,绿色食品已成为优质安全食品的代名词,并被社会广泛接受,在国内大中城市,绿色食品认知度超过80%,在所有经过质量认定的农产品中,绿色食品的公信度排名第一。

表3 2013—2017年浙江绿色食品抽检合格率

年份	2013年	2014年	2015年	2016年	2017年	2018年
合格率/%	99.0	100.0	99.3	100.0	100.0	99.7

二、浙江省绿色食品产业发展的主要经验

(一)强化政府推动,注重政策制度供给

政府推动是绿色食品产业快速发展的重要保障。近年来,我省各级党委、政府及农业部门高度重视和大力支持绿色食品产业发展。

1. 考核推动。自2002年开始,浙江省政府每年都把新增绿色食品数量列为省农业厅年度一类目标责任制考核项目。2003年以来,发展绿色食品先后被写入生态省建设、"两美"浙江建设、大花园建设、健康浙江建设、农业现代化评价等省委、省政府重大决策部署,先后被纳入国家农产品质量安全示范省、现代生态循环农业试点省、省部合作共建乡村振兴示范省等各类创建和行动计划重要考核指标体系。

2. 制度保障。2016年,浙江省人大常委会审议通过《浙江省农产品质量安全规定》,首次从立法层面明确发展绿色食品是各级政府的法定职责。

3. 措施有力。从2000年印发的《浙江省绿色食品发展规划大纲》,到2016年印发的《实施"5510行动计划"推进"三品一标"持续健康发展的意见》,浙江省农业厅先后发出10个政策性文件,全面部署绿色食品工作。各市、县(市、区)也都把大力发展绿色食品放在优先地位加以支持,制订发展规划,出台扶持政策,对新申报和续展绿色食品的,都给予一定的资金补助。

（二）强化管理服务，注重工作机制创新

多年来，我省注重工作机制创新，初步构建了全省上下贯通的管理服务体系。

1. 强化认定管理，规范审核行为，严格掌握准入门槛，严把环境监测、产品检验和现场检查、材料审查等源头关，强化对重点环节和高风险产品的现场检查，确保审核质量。

2. 创新监管机制，以“两查一检”为主要抓手（即生产主体专项检查、标志使用市场检查、产品质量监督抽检），并采取市地交叉督查等方式开展综合检查，确保监管实效。

3. 建立激励机制，将获得绿色食品标志许可作为名牌农产品、省级示范性农民专业合作社等各类评定、绿色农业先行县（先行区）创建及各类农业项目安排的前置条件，激发生产主体申报绿色食品的主动性。

4. 完善队伍体系，先后在11个市建立绿色食品办公室，并将管理机构延伸到县（市、区），建立专（兼）职工作队伍，以检查员、监管员、企业内检员等“三员”培训为载体，持续提升管理服务队伍的业务素质和责任意识。截至2018年底，经注册的有效期内绿色食品内检员1206人，对推动绿色食品事业的发展发挥了重要的保障作用。

（三）强化宣传推广，注重完善优质优价机制

宣传推广是提升绿色食品市场公信力和品牌影响力的主要途径。

1. 在推动产销对接方面，通过政府搭台、企业唱戏的方式，搭建绿色食品销售专区和平台。每年组织推荐省内优秀绿色食品企业参加中国绿色食品博览会、中国农产品交易会、浙江省农业博览会等各类展会和贸易推荐平台，让更多绿色食品走出浙江、走向全国。杭州市在超市设立“品质食品专区”，重点推荐以绿色食品为主的“三品一标”产品，专区内产品溢价20%～30%，少数产品甚至溢价50%以上，消费者满意度98.2%、放心度97.5%，真正实现了优质优价。

2. 在指导城乡居民科学消费农产品方面，始终把绿色食品放在首位。坚

持“三个贴近”，连续9年开展“三品一标”宣传周活动，每年聚焦一个主题，举办一个仪式，开展一次培训，全方位、多角度地向公众普及绿色食品知识。

3. 在加强新闻媒体宣传方面，定期召开在杭部分新闻媒体座谈会，中国政府网、浙江日报、浙江卫视、新华网、浙江在线等主流媒体每年都对浙江省绿色食品发展成效进行宣传报道。

三、当前浙江省绿色食品产业发展存在的主要问题

我省绿色食品工作虽然取得明显成效，但对标实施乡村振兴战略要求，绿色食品发展不平衡、不充分的情况依然存在，优质优价机制尚未完全形成，离高质量发展和高标准推进仍有不小差距。

1. 绿色食品在主要食用农产品中占比偏低。截至2017年底，全省有效期内绿色食品占“三品”总数比例仅为20%，并呈逐年下降趋势，比2011年降低5.6个百分点。另外，从绿色食品个数占全国的比例看，2009—2017年，全省绿色食品个数占全国比例一直徘徊在6%～7%（见表4），不仅与浙江丰富的生态资源禀赋优势不相符，还与乡村振兴战略规划提出的“提升产品质量，改善农产品供给结构，满足市场消费需求”的目标存在差距，更与山东、江苏等省存在较大差距。

表4　1991—2017年浙江占全国有效期内绿色食品比例

年份	浙江/个	全国/个	占比/%	年份	浙江/个	全国/个	占比/%
1991年	7	210	3.33	2009年	1081	16039	6.74
2001年	21	2400	0.88	2010年	1138	16748	6.79
2002年	80	3046	2.63	2011年	1179	16825	7.01
2003年	160	4030	3.97	2012年	1193	17125	6.97
2004年	267	6496	4.11	2013年	1232	19076	6.46
2005年	558	9728	5.74	2014年	1311	21153	6.20
2006年	834	12868	6.48	2015年	1406	23386	6.01
2007年	1013	15238	6.65	2016年	1446	24027	6.02
2008年	1042	17512	5.95	2017年	1598	25746	6.21

2. 地区间发展不平衡，且产品结构不理想。从全省看，杭州、宁波、湖州、台州这4个市绿色食品产品数占全省绿色食品的比例达57.4%（见表5）；温州、衢州、丽水等市绿色食品发展还不够充分，尤其是淳安等26个加快发展县（市、区）平均绿色食品主体数、产地面积、产品数分别比全省平均数低的28个百分点、20个百分点和40个百分点，生态优势没有转化为产品优势和经济优势。此外，绿色食品初级农产品比重较高，深加工产品比重偏低，产业水平和产品层级有待提高。省级以上农业龙头企业仅占6.9%，中小企业和合作社占61.7%。

表5　2017年浙江各市绿色食品发展情况

地区	主体数占全省比例/%	产品数占全省比例/%	产品数在全省排名
杭州	9.8	14.5	2
宁波	10.9	13.1	4
温州	4.1	4.2	10
湖州	13.3	15.4	1
嘉兴	11.0	10.5	5
绍兴	7.5	5.9	7
金华	7.4	5.7	8
衢州	8.2	5.7	8
丽水	7.7	8.7	6
台州	18.0	14.4	3
舟山	2.1	1.9	11

3. 优质优价机制亟待进一步完善。一方面，农业部门在绿色食品宣传、消费市场培育等方面的手段还相对有限，投入力度不够大，传播方式不够多元，对消费者宣传还停留在简单说教和自说自话阶段，消费者到农贸市场购买散装农产品的习惯一时难以改变。另一方面，绿色食品生产主体内生动力不足，部分主体受经营能力水平、政府补贴政策等限制，对绿色食品缺乏正确的认识，在产品营销过程中缺乏主动宣传，导致其怀绿色食品利器而不善用之。

四、大力发展绿色食品产业,助推乡村振兴的对策建议

大力发展绿色食品,是实施乡村振兴战略、实现产业兴旺的重要途径。为进一步发挥绿色食品产业在乡村振兴战略中的作用,应围绕“质量兴农、绿色兴农、品牌强农”要求和打造绿色食品大省的目标,切实加大绿色食品发展力度,全面促进绿色食品工作转型升级,切实提升我省优质绿色食品的供给能力。

(一) 主攻供给质量,优化产品结构

找准绿色食品产业在实施乡村振兴战略和推动农业绿色发展中的定位,按照“优化产品结构,扩大总量规模,服务主导产业,助推产业兴旺”的思路,积极挖掘全省绿色食品增量资源,以特色优势农产品为重点,大力发展安全水平高、优质营养的绿色食品,不断优化我省绿色农产品结构。全力推进省级精品绿色农产品基地建设,实现基地内所有生产主体全部按照绿色食品标准生产,规模主体全部通过绿色食品认定,切实提高精品包装率和带标上市率,充分发挥绿色食品工作对产业兴旺的促进功能,达到建设一片精品基地、制订一个操作规程、扶持一批规模主体、提升一个特色产业、带动一方农民致富的目的。

(二) 强化政策创设,增强发展动力

将精品绿色农产品基地建设纳入我省乡村振兴战略规划,加大资金扶持力度,为进一步扩大绿色食品精品规模打好基础。鼓励和支持生产主体规模化、标准化生产,积极申请国家绿色食品认定,尤其是对申请绿色食品续展的主体更要加大补助力度,促进绿色食品工作良性循环发展。积极争取省级财政对特色优势产业精品绿色农产品基地建设的支持,指导各地争取绿色食品发展财政预算资金,不断提高企业和农民发展绿色食品的积极性。统筹利用各种强农惠农政策与资源,争取把发展绿色食品纳入乡村振兴等各类农业农村项目建设内容,继续将绿色食品作为省级示范性农民专业合作社、“两区一镇”、绿色农业先行县(先行区)创建以及浙江名牌农产品等省级名特优农产品评选的刚性指标。

（三）强化管理服务，扶强生产主体

坚持绿色食品精品定位，把精品理念贯彻落实到生产经营的每一个环节。按照“提高门槛、强化服务、加强引导”的要求，注重培育帮扶主体，不断提高绿色食品企业的整体素质。严格许可审查，强化质量监管，深化质量追溯体系建设，突出检打联动和检测结果应用，建立健全淘汰退出机制，确保产品质量，切实维护品牌的公信力和美誉度。强化管理人员知识更新和能力提升，通过举办检查员、监管员培训班，打造一支“懂农业、爱农村、爱农民”的绿色食品铁军队伍。培育壮大绿色食品产业化龙头企业，形成一批具有较强市场竞争力的优势企业集团和名牌产品集群，用品牌引领全产业链，打造区域品牌、企业品牌、产品品牌，实现农业质量效益全面提升。大力推动生态环境良好的26个县（市、区）重点发展绿色食品，引导提升绿色食品精深加工产品比例，使其成为农民增收致富的“发动机”，实现造血扶贫。

（四）强化市场培育，促进产销对接

积极开展绿色食品法制宣传，普及绿色食品知识，进一步提升绿色食品社会认知度和公信力，促进绿色消费理念深入人心，进而实现优质优价，推动绿色食品产业尽快步入“以优质引导消费、以消费拉动市场、以市场促进生产”的发展轨道。全面开展绿色食品市场营销服务体系建设，支持多形式建立绿色食品电商平台，积极引导企业充分利用电商平台拓宽营销渠道，多渠道开展市场对接，提高流通效率，扩大绿色食品影响力。通过举办全省精品绿色食品年货节、建设“浙江精品绿色农产品”微信公众号、实施农产品科学消费万人培训计划、举办绿色农产品包装设计大赛等系列大型活动，促进绿色食品产销对接。与浙江卫视深度合作，探索拍摄制作精品绿色农产品宣传专题片、公益广告片，让全省精品绿色农产品走进千家万户。

4

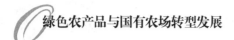

推进“三品一标”智慧监管助力质量兴农、品牌强农

汤达钵　李　政　蒋雁秋　陈　颖　张小琴
（浙江省农产品质量安全中心）

党的十九大明确了现阶段我国社会的主要矛盾，提出“实施食品安全战略，让人民吃得放心”。无公害农产品、绿色食品、有机农产品和农产品地理标志（简称“三品一标”）是我国重要的绿色农产品公共品牌。推进“三品一标”高质量发展是推进质量兴农、绿色兴农、品牌强农的有效途径，是实施乡村振兴战略的有力抓手，是满足人民群众对美好生活新期待的必然选择。随着“三品一标”规模数量的扩大，监管人员少与生产主体多、种养链条长之间的矛盾成为证后监管急需解决的难题。当前，“数字浙江”建设正快速推进，如何充分利用信息化优势，有效地将“三品一标”全程质量控制信息采集起来加以分析、应用，实现对全省获证绿色农产品智慧化监管，已经成为迫切需要研究解决的重要课题。

一、“三品一标”监管信息化现状

从1990年国家正式宣布启动绿色食品工作开始，“三品一标”事业已经历了28年的发展历程。截至2017年底，全国“三品一标”主体总数4.3万家，产品总数12.2万个，平均每年向市场提供安全优质产品近3亿吨；全省“三品一标”主体总数6000余家，产品总数8000余个，主要食用农产品中“三品”比例达50.6%。

由于“三品一标”申报与监管涉及现场检查、环境监测、产品检测、逐级审核、企业年检、标志监察、内检员培训管理等诸多环节，线条长、技术性强，相较于产业规模的快速增长，信息化申报与管理工作相对滞后。2013年底，全国开始启用金农工程“绿色食品审核与管理系统”，目前我省“三品一标”申报管理也以此系统为主，省内尚未建设专门针对绿色农产品的监管服务信息化系统。金农工程“绿色食品审核与管理系统”的主要功能是申报主体基本情况和申报信息录入、标志许可合同无纸化传递、标志监察信息上传、产品认定信息查询、管理人员网上注册等。由于没有掌上终端功能，该系统对获证主体生产过程质量控制、部门证后巡查监管、第三方产品质量抽检等监管信息的采集、分析、运用等功能不足。另外，虽然我省自2014年开始建设农产品质量安全追溯体系，且目前已在全省推广应用，但由于“三品一标”拥有一套具有自身特色的监管制度，追溯体系的功能模块尚不能满足其特色化监管制度需求。

二、存在的主要问题

总体来看，目前我省“三品一标”智慧监管工作基础较弱，与产业发展水平和“数字浙江”建设等要求还有较大差距，主要体现在以下几方面。

1. 统筹规划不足。虽然金农工程“绿色食品审核与管理系统”搭建了基础的线上业务框架，部分市、县（市、区）结合实际需求也在智慧监管APP（应用程序）方面有所探索，但信息化系统建设和管理缺乏统筹规划和顶层设计，存在小、散、重的现象，与“三品一标”日常巡查、企业年检、检测反馈、动态查询等监管制度要求相匹配的全程信息化管理服务系统尚未建立。

2. 数据共享性弱。金农工程“绿色食品审核与管理系统”与市、县（市、区）农产品质量安全追溯系统、智慧监管APP系统的开发应用环境、功能模块、数据标准等不统一，导致信息资源相互独立、难以共享，信息“孤岛”“数独”等现象突出，数据完整性、权威性和时效性较弱。目前，金农工程系统仅提供网站登录功能，无掌上终端功能，监管信息实时上传、动态查询等便捷性不足。

3. 信息化供需不匹配。“十三五”规划要求：到2020年，全省主要食用农产品中“三品”比例达到55%以上；浙江省国民营养计划目标为：到2030年，全省“三品一标”在同类农产品中占比提高至80%以上。今后，“三品一标”产业规模将持续扩大，智慧化、移动式、高水平的管理手段需求迫切，现有信息化条件无法满足发展需求。同时，目前尚无全国或全省性农产品地理标志授权用标主体信息库，在农产品大流通的背景下，地标产品异地监管有困难。

4. 缺乏资金保障。目前，省级层面和大部分市、县级层面均没有编列明确的“三品一标”信息化建设与运行维护资金部门预算，普遍存在信息化手段不足的状况，与“互联网＋农业”“掌上办公之省、掌上办事之省”等要求不相适应。

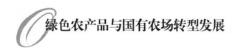

三、对策建议

随着我省“最多跑一次”改革持续深化、“数字政务”“数字浙江”快速建设，建立“三品一标”信息化申报监管系统，开展“三品一标”数字化监管服务，有利于实现我省绿色农产品按标生产证据化、品质检测数据化、质量管控智慧化，有利于提高农业部门对绿色农业的科学决策能力，有利于消费者查询和维权，增强其对优质农产品的消费信心，从而提升浙产“三品一标”绿色农产品品牌形象。

（一）科学构建信息化监管系统

依托农业农村部金农工程中“三品一标”数据库，建立浙江省级“三品一标”数据中心，在此基础上开发全省“三品一标”监管服务系统和智慧监管APP，可与省级云平台和农产品质量安全追溯等数据共享，提高农业部门数字政务服务水平。整体来讲，就是构建“一中心两平台”。

1. 建立一个全省“三品一标”绿色农产品数据中心。将省级网上申报审核、智慧监管数据与部金农工程系统中的相应模块进行实时对接、交换。

2. 构建一个“三品一标”许可登记网上申报审核平台。建立从主体申报、现场检查、机构审核到材料签批上报全程无纸化网上管理系统，简化程序、节约资源，提高主体申报便利性和审核信息反馈时效性。

3. 构建一个“三品一标”证后管理服务平台和一套掌上智慧监管APP。建立满足“三品一标”证书办理、企业年检、产品抽检、标志监察、数据统计、日常巡查、退出公告、队伍建设等监管服务要求的一站式平台和智慧监管APP，实现监管信息实时上传，标准规范、政策法规等便捷下载，提高监管服务质量和效率。

（二）健全系统管理和运维制度

完善监管机制，建立“纵向分层监管到底、横向分块监管到边、纵横监管无缝对接”的立体型网格化监管机制，进一步落实“三品一标”质量安全监管规范化措施，推进部、省、市、县四级“三品一标”智慧监管工作全覆盖。健全运维制度，建立各级用户实名注册和分级权限管理制度，保障系统数据准确性、完整性、时效性和安全性；建立日常监管信息采集绩效评价标准，充分调动基层监管员工作积极性，保障监管信息有效采集、及时更新；健全监管数据分析应用、风险预警、问题处置等各项制度，推进监管体系、检测体系和诚信体系信息共享，合力监管。

（三）加强系统优化和人员培训

系统功能的优劣关键在于能否满足实际需求，系统能否发挥应有作用关键在于操作使用人员。

1. 在系统开发设计前，要广泛征求基层一线监管人员的意见建议，围绕“掌上办公、掌上办事”总目标，突出需求导向、问题导向，确保系统功能满足“三品一标”申报监管现实需求，避免配置错位。

2. 在系统启用和应用阶段，要加强对使用人员的技术培训，指导基层检查员、监管员能用、会用、爱用信息化手段，避免线上线下“两张皮”，切实发挥信息化系统“机器换人”的价值。

（四）强化组织和经费保障

建立信息化工作领导小组，积极争取政策支持，将“三品一标”智慧监管工作纳入农产品质量安全信息化建设范畴，通过建立浙江省“三品一标”智慧监管系统，将主体标准化生产过程、第三方检测数据、监管部门日常监管记录等数字化、证据化，提升我省农产品质量安全水平和“三品一标”绿色农产品品牌形象，增强安全消费信心。同时，加强部门协作，充分运用“互联网＋”、大数据、移动终端等信息技术，实现“三品一标”智慧监管系统与农产品质量追溯体系、农业物联网互联互通，不断提升全省绿色农产品生产管理水平，增强绿色优质农产品供给能力，更好地满足人民群众的美好生活需求。

5

持续深化农产品质量安全追溯体系建设的思考

宋主荣　高　翔　郑迎春　丁　野　陈　洁
（浙江省农产品质量安全中心）

农产品质量安全追溯体系，是指运用信息化的方式，跟踪记录生产经营责任主体、生产过程和产品流向等农产品质量安全信息，实现农产品生产有记录、信息可查询、流向可跟踪、责任可追究的溯源体系。建立从“农田到餐桌”的全过程质量安全追溯体系，对于增强消费者对农产品安全消费的信心、提升生产经营者的管理水平、提高职能部门对农产品实施监管的效率、确保农产品质量安全具有重要意义。目前，在全国范围内建立农产品质量安全追溯体系已成为一种发展趋势。通过建立农产品质量安全追溯体系，加强农产品质量安全管控的格局已基本形成。浙江省从加强农产品质量安全监管的目标需求出发，总结和借鉴各地建设经验，在全面推进农产品质量安全追溯体系建设的理念和实践上进行了创新性探索，取得了明显成效，但在持续深化农产品质量安全追溯体系建设的过程中仍然面临着诸多困难和挑战。

一、我省农产品质量安全追溯体系建设的探索和实践

我省从2008年开始探索农产品质量安全追溯工作。2014年，为适应农产

品质量安全监管工作新形势，省政府决定全面启动农产品质量安全追溯体系建设，经过四年的努力，以物联网和云数据为技术支撑，集政府监管、主体生产、消费服务等功能于一体的“浙江省农产品质量安全追溯平台”已在全省推广应用。截至2018年7月1日，全省已有80个县(市、区)整建制推进追溯体系建设，约占全省涉农县(市、区)的94%；4.3万余家农产品规模生产主体纳入主体信息库管理；1.5万余家主体实现主体追溯或过程追溯；追溯码应用30万余批次；245万余条定性检测数据信息上传追溯平台。

(一) 创新建设理念，确立责任主体追溯模式

这一模式的提出主要源于三个方面。一、从实践经验来看，早期我省一些地方开展质量追溯体系建设多是侧重于为主体开发一套生产管理追溯系统，采集主体基本信息、投入品使用、农事操作等诸多信息，使用起来比较烦琐，在一定程度上制约了其推广应用。二、从产业基础来看，近年来，我省大力推进农业“两区”建设，聚焦发展十大主导产业，积极培育新型农业经营主体，大力发展农村电子商务，现代农业的规模化、产业化水平不断提高。这为追溯体系建设奠定了现实基础。三、从履职尽责来看，农业部门负责农产品从生产到进入批发、零售市场和生产加工企业前(简称“三前”环节)的农产品质量安全监管，农产品质量安全第一责任人又是生产主体，所以规模农业生产主体无疑是我们监管工作的主要对象。基于这三个理由，我省提出了以责任主体追溯为基本要求的建设理念，重点解决农产品“从哪里来？是谁的?”的问题，着力构建倒逼机制，落实生产主体第一责任。

(二) 创新建设实践，构建全省统一追溯平台

在省级层面上，按照“一个平台、多种特色”的原则，统一追溯平台基本模块、数据标准和追溯标识，开发了省、市、县级统一的“浙江省农产品质量安全追溯平台”，由“三个系统一个中心”组成，分别是供各级监管部门使用的农产品质量追溯监管系统、供生产经营主体使用的农业主体信息管理系统、供消费者查询使用的信息公开系统以及数据交换中心。在市、县级层面上，各地按照“整合资源、突出重点”的原则，合理确定追溯体系的建设内容、建设标准和建

设要求，在原有基础上应缺补缺，不搞重复建设。已自建平台的地方重点抓住最欠缺、最薄弱的环节，按照省平台数据标准升级完善自建平台，做好自建平台与省平台对接；未开展追溯建设的市、县（市、区）直接使用省平台，允许在省平台基础上结合区域产业特色进行深度开发，努力构建基本功能相同兼具地方特色的全省统一的农产品质量安全追溯大平台。

（三）创新建设内容，形成数字信息监管系统

1. 监管对象更加明确。通过推进追溯体系建设，各地全面摸清了辖区内规模以上农业生产经营主体的基本情况，同时将从事食用农产品生产的农民专业合作社、家庭农场、农业龙头企业全部纳入追溯信息库管理，主体基本信息形成电子化档案库，逐步建成完善的规模生产主体信息库。

2. 监管方式不断创新。不断深化追溯体系功能开发，推进全省智慧监管APP试点建设。如嘉善县突出高效联动，做好智慧监管文章，以大数据为基础，构建智慧监管平台，共建立乡镇级监管大网格9个、村级责任中网格118个，配备了村级农产品质量安全协管员118名、乡镇级监管员27名、县级监管人员和农技人员91名。这些监管人员连同“移动终端”起到的作用如同马路上的“摄像头”一样，起到了“抓拍、警示”的作用，真正实现了监管“广域布局、无缝覆盖、智慧高效”。追溯平台运用信息化手段整合农业执法、风险监测、监督巡查等功能，逐步打通农资追溯平台、农作物重大病虫害监测预警平台等，实现数据同步应用，建设红黑榜名单，构建生产经营主体诚信体系，不断提升农产品质量安全监管信息化水平。

3. 质量意识更加强化。建设追溯体系实际上是落实主体责任的一种重要手段。要求开展追溯建设的生产主体实施农产品上市前自检或者委托乡镇速测室开展产品上市前检测。部分县（市、区）也选择有条件的主体开展全过程追溯的试点，加强对生产主体生产过程投入品使用信息的管理，进一步强化主体质量安全意识。

4. 社会共治逐步加强。利用传统媒体和新媒体对追溯建设成效进行宣传，强化追溯标识管理，在智能终端和移动互联网不断普及的当下，“扫一扫就

知道你是谁”的二维码标签极大地提高了社会公众参与农产品质量安全监管的便利性和积极性，可追溯概念正在逐渐改变消费者认知，社会共治氛围越发浓厚，消费信心不断提振，贴了二维码追溯标签的农产品也得到了不少顾客的信任。如玉环县农巴巴果蔬专业合作社生产的文旦销量比2017年同期提高了近20%；丽水市生产主体应用反馈，加贴二维码的产品的销售价格比不使用二维码的产品平均高7%。

二、现阶段农产品质量安全追溯体系建设存在的困难和问题

农产品质量安全追溯体系建设虽然通过各部门的努力取得一定成绩，但仍存在着主体追溯码使用率低、追溯主体量少、全程追溯率低、追溯的认知度不高、平台之间互联互通不畅等问题。这主要是国家统一标准的缺失、监管机制的缺陷、行业不能自律、主体积极性不高等原因造成的。

（一）缺少强制性的法律依据

2015年10月1日起施行的《中华人民共和国食品安全法》第四十二条提出“建立食品安全全程追溯制度，建立食品安全追溯体系，保证食品可追溯。国家鼓励食品生产经营者采用信息化手段采集、留存生产经营信息，建立食品安全追溯体系”，但并未强制实施。2006年起实施的《中华人民共和国农产品质量安全法》虽然填补了我国农产品质量安全监管法律的空白，但并未涉及可追溯相关内容。2017年《浙江省农产品质量安全规定》只把农产品质量安全追溯标签作为农产品合格证的一个内容。由于法律体系还不健全或缺少强制性，难以构筑起对农产品质量安全追溯的保障体系。

（二）缺乏部门协作机制

农产品质量安全全程追溯涉及生产、加工、流通、销售和消费等多个环节。按照国家有关规定，不同环节的质量安全问题由不同的部门进行监管。农业行政主管部门负责“三前”环节的可追溯管理，由于市场准入门槛设立不严，市场导向机制缺位，即使生产经营者用了二维码，市场也不需要，虽然浙江

省农业厅与浙江省食品药品监管局签订了《建立协调合作机制共同保障食用农产品安全的备忘录》,但目前尚不能完成不同环节的有效对接,无法实现真正意义上的贯通食用农产品生产、流通、消费全过程的质量安全追溯体系。同时,由于对农产品的各个供应链环节进行"分段管理",各级政府相关部门根据自身需求各自设计开发追溯系统分头开展追溯,缺乏统一的标准体系,也给构建农产品质量安全追溯体系带来很大困难。

(三) 缺乏工作保障机制

虽然目前浙江的农产品质量安全追溯工作初步探索出一些好的做法,也取得了一些成效,但是缺少追溯体系建设可持续发展的长效保障机制。主要是因为追溯体系建设资金有限,部分地方只能承担追溯平台建设以及生产经营主体试点费用,难以满足追溯体系长期持续运行的设备耗材、系统维护、推广应用等费用。随着监管体制改革和农产品追溯的广度、深度、精度要求的提高,花费的时间、精力、成本就会越大。

(四) 缺乏主体参与积极性

农业生产经营主体数量众多,从业人员素质参差不齐,诚信意识还较为薄弱,加上农产品质量安全追溯的组织成本也很高,优质优价的市场机制未形成,因此生产经营主体对追溯体系的参与积极性不高。再加上大多数农产品生产经营者以及农产品消费者对农产品质量追溯体系的认识不足,在参与追溯的农产品没有明显市场溢价的情况下,各利益主体积极性不高,参与意愿不强。此外还存在农产品生产主体规模小而分散,增加了农产品质量安全追溯体系建设的成本和难度;农产品收贮运配送等经营主体难以确认,给追溯工作造成困难等问题。

三、深化农产品质量安全追溯体系建设的路径思考

2007年以来,中央"一号文件"多次提出要加快推进农产品质量追溯体系建设。2018年的中央农村工作会议提出"必须深化农业供给侧结构性改革,走质量兴农之路。坚持质量兴农、绿色兴农,实施质量兴农战略"。浙江省政府

又把农产品质量安全追溯体系建设作为要认真办好的十方面民生实事之一。无疑，持续深化农产品质量追溯体系建设将成为新时期推进质量兴农战略的必然趋势和重要载体。持续深化农产品安全追溯体系建设，是一项复杂的系统工程，涉及社会方方面面。强化食品安全可追溯管理更不是一朝一夕的事，不仅需要政府的监管，还要企业的自律、市场的规范、社会的信用和公众的全面参与；不仅需要技术手段的支持，更需要法律层面的强力保障。开展农产品安全可追溯管理，任重而道远。

（一）发挥政府主导作用，着力营造追溯体系发展环境

政府部门是农产品质量安全追溯体系建设的主力。明确政府在这一过程中的主导地位，给予农产品质量安全追溯体系建设工作以必要的支持，才能让体系建设更加高效。加强与市场监督等部门追溯工作衔接和沟通协调，推动建立追溯部门协作机制；以入市索取追溯凭证为手段，建立倒逼机制，推动追溯管理与市场准入相衔接。建立追溯挂钩机制，加大行政推动力度，加快建立“三品一标”认证与追溯挂钩机制，率先推动绿色、有机农产品全部纳入国家追溯平台，要求农产品质量安全追溯与农业项目安排、农产品优质品牌推选与认定工作挂钩，积极推动将农产品质量安全可追溯设为申报农民专业合作社、家庭农场、农业龙头企业主体和“三品一标”生产基地的前置条件，并在项目申报、政策扶持等方面给予倾斜。将追溯体系建设内容列入浙江省农业厅对各市、县（市、区）的目标任务考核。对各乡镇农产品质量安全快速检测任务的完成情况，由原来的完成情况抽查考核改为追溯平台直接考核。

（二）提高主体参与意识，着力推动追溯体系可持续发展

现阶段消费者对农产品质量安全追溯的认知度不高，在追溯产品和非追溯产品之间没有形成优势价格差，没有实现“优质优价”。而生产经营主体开展追溯过程中由于信息上报、追溯标签打印、追溯设备和人员配备等因素，需增加生产经营成本，导致生产经营主体积极性不高。通过不断完善农产品质量安全追溯体系，推动农产品市场的正常化与和谐化，让农民、农产品加工企业、农产品市场等各类主体全部参与到农产品质量安全追溯体系中，才能让农

产品生产规模化，让体系建设组织化。当利益主体积极参与时，农产品的质量安全才有保障。在农业主体中形成愿意追溯、使用追溯、支持追溯的良好氛围，促进农产品市场从生产到消费形成良性循环。根据农产品市场级别设置准入门槛，积极推动安全优质农产品良好管理过程透明展示、追溯标识规范标注、产品追溯信息快速查询，加强产销对接，以"市场准入"带动"产地准出"，倡导"优市优质优价"。建立市场化拉动机制，探索与大型网商平台、大型超市合作，推动追溯产品专柜、专营店建设，推进追溯企业和追溯产品集中区域产销快速对接，提高农产品生产经营主体参与追溯的积极性。

（三）完善系统平台建设，着力强化追溯体系功能拓展

不断增进政府监管与主体服务的需要，以现有农产品质量安全追溯体系数据成果为基础，以大数据、物联网、移动互联网等技术手段逐步完善平台功能，围绕监管部门、生产经营主体、社会公众三类用户提供技术支持与服务。按照农产品质量安全分段监管的特点，将全省农产品追溯体系信息链条明确为"从农田到市场"，并将农产品追溯体系建设作为建立产地准出、市场准入制度和农产品质量安全监管的重要抓手。为优质农产品生产经营良好过程展示、农产品质量安全公众消费信息查询和政府部门农产品质量安全智慧监管等提供系统平台支撑。

1. 提高可追溯广度和深度。对开展农产品可追溯管理的规模主体，从县级以上示范性主体逐步扩大到规模以上主体；从开展"主体第一责任"的主体追溯逐步向"从农田到市场"的全过程追溯转变，做到横向到边、纵向到底、"一库打尽"。

2. 实现数据互联互通。实现全省农产品质量安全监管平台与食品药品监督局、市场监督管理局等部门监管业务数据互联互通，实现与国家农产品质量安全追溯平台的对接，推动农产品从生产到"三前"环节的全程可追溯管理。

3. 探索区块链技术手段。现有追溯体系有许多无法解决的问题，如企业的参与热情低和系统的利用率不高，信息获取和信息共享面临挑战，管理难度大、效率低等，而区块链技术的分布式台账、去中心化、集体维护、共识信任和

可靠数据库等特性，为解决以上问题提供了方案。

（四）探索“互联网＋”智慧监管，着力创新现代科学监管模式

进一步推广农产品质量安全“智慧监管”平台应用，部署实施“网格化”监管，分解落实监管责任。在全省各市、县快速建立网格化监管体系，将县、乡镇、村各级监管人员在监管属地上“打桩定位”，打通质量安全监管“最后一千米”，实现质量安全监管“人、事、时、地、物”全面全程互联，实现县、乡镇、村各级农产品质量安全监管员对农业主体信息实时监督、巡查数据实时上报、政策依据实时查询、检测数据实时采集、产品质量实时管控，使执法监管全过程透明，全面调高监管效能。实现网格化移动监管以农产品质量安全监管日常工作为抓手，利用二维追溯条码媒介和数据采集设备，实现一个区域范围内的基于农产品质量安全的全方位管理；应用地理信息应用系统（GIS），配合农业生产经营主体信息库采集的主体地理位置坐标，实现农产品质量安全追溯监管流程的地理信息应用；应用数据分析手段，通过数据核算、数据比对等技术采集和挖掘监管数据、主体生产过程数据，实现数据有效利用，从而提升农产品质量安全监管的数据管理工作。

6

浙江省国有农场企业化与集团化改革路径探索

张文妹　樊纪亮　李　露
（浙江省国有农场管理总站）

2015年11月27日，中共中央、国务院正式印发了《关于进一步推进农垦改革发展的意见》，对新时期农垦战略定位、改革发展思路、目标举措等做出重大部署，明确垦区集团化、农场企业化是新时代农垦改革发展的主线。如何按照习近平总书记对浙江工作提出的“干在实处永无止境，走在前列要谋新篇，勇立潮头方显担当”要求和期望，努力推动国有农场企业化与集团化改革在全国垦区中继续走在前列，成为浙江农垦的时代命题。

一、浙江省国有农场企业化与集团化改革政策背景与现实意义

（一）推进国有农场企业化与集团化改革政策背景

1. 中央关于农垦改革发展的战略定位。党中央、国务院高度重视农垦改革工作，明确农垦是国有农业经济的骨干和代表，是推进中国特色新型农业现代化的重要力量，是中国特色农业经济体系不可或缺的重要组成部分。新形势下要以推进垦区集团化、农场企业化改革为主线深化农垦改革，把农垦建设

成为保障国家粮食安全和重要农产品有效供给的国家队、中国特色新型农业现代化的示范区、农业对外合作的排头兵、安边固疆的稳定器。这是中央从国家层面对农垦改革做出的全面部署,从国家战略上对新时期农垦功能定位的进一步明确。2016年5月,习近平总书记在视察黑龙江时指出农垦是国家关键时期抓得住、用得上的重要力量,要建设现代农业大基地、大企业、大产业,努力形成农业领域的航母。2018年9月,习近平总书记考察黑龙江的首站就选黑龙江农垦建三江管理局七星农场,并强调农垦改革要坚持国有农场的发展方向。汪洋副总理强调要加快垦区集团化改革,打造有国际竞争力的现代农业企业集团。

2. 省委、省政府关于国有农场改革的思路。2017年1月4日,省委、省政府制定了《关于进一步深化改革加快推进现代国有农场建设的实施意见》(浙委发〔2017〕2号),明确指出要以推进国有农场集团化、企业化改革为主线,更加注重资源整合和产业融合发展,更加注重基础设施提升和生产条件改善,更加注重民生改善和权益保障,创新体制机制,加快推动功能定位、经营机制、发展方式转型,全面提升国有农场综合生产能力、发展活力和整体实力,努力把国有农场建设成为产业发展、环境优美、社会和谐、职工幸福的现代农场。

(二)推进国有农场企业化与集团化改革现实意义

1. 更好地履行农垦承担的历史使命。推进国有农场企业化与集团化改革,剥离国有农场办社会职能,实行社企分开,完善现代企业制度,明晰产权关系,健全法人治理结构;创新经营体制机制,逐步构建以资本为纽带的母子公司管理体制,建设大型现代农业企业集团,致力于农垦经济更有效率、更可持续发展,致力于建设现代农业的大基地、大企业、大产业,致力于国家粮食安全和现代农业发展,以更好履行农垦承担的历史使命。

2. 更好地服务于我省各类新型农业经营主体培育。推进农场企业化与集团化改革,让农场真正成为市场经济主体,促进劳动力、科技、土地等资源要素的合理配置和高效利用,发挥组织优势,强化带动作用。通过技术输出、投入品供应、信息分享、代耕代种代收、农机作业、科技培训、储藏销售等多种形式，提供农业社会化服务，形成与各类农业经营主体的利益联结机制，更好参与并支持我省新型农业经营主体培育。

3. 更好地破解我省国有农场生存发展难题。推进企业化与集团化改革，从根本上解决长期以来农场办社会的问题，卸下沉重的负担，并彻底消除农场在企业和事业单位间摇摆不定的状况，使农场回归企业本质；建立现代企业制度，以“自主经营、自负盈亏”的原则，成为真正的市场经济主体，遵从市场优胜劣汰法则，积极培育和发展主导产业，参与市场竞争，不再“等、靠、要”；发挥农场资产资源优势，主动整合区域内同类产业的优势资源，打造全产业链集团，抱团经营，共谋发展。

二、浙江省国有农场企业化与集团化改革制约因素与成因分析

（一）管理体制不顺，缺少经营自主权

作为集区域性、社会性、经济性于一体的特殊组织形式，从本质属性上看，国有农场的主要业务应该是经济活动，但管理上行政色彩依然比较浓，政企不分，在参与市场竞争中缺乏市场经营主体的决策权和灵活性。一些农场已不归属当地农业部门管理，与农业部门在工作推动上沟通环节较多，业务联系不断弱化。一些属地政府出于当地整体规划、全域发展等考虑，限制农场自主开发利用土地，农场在土地上的生产经营活动没有自主权，发展受到严重制约。

（二）产权关系不清，缺少激励约束机制

资产不清、产权不明、权责不分，政府层面没有建立起有效的监管体制，农场层面也没有建立相应的管理制度和正向激励反向约束机制。一些农场尚未落实场长任期目标考核制度，企业效益低下；一些农场没有按照现代企业制度的要求抓管理，沿用计划经济时期的老办法，在产业发展、市场开拓、内部管理等方面缺乏有效的手段和措施，裹足不前；还有一些国有农场至今没有法人资格，没有组织机构代码证，在实际经营上没有合法地位。

（三）原有功能弱化，缺少主导优势产业

随着城市化推进，农场土地不断减少，新型农业主体的蓬勃发展加速挤压国有农场的生存空间，传统优势产业趋于弱化。农场历史包袱重、层级联系松散，计划经济曾赋予国有农场的职能和红利已被时代所稀释，原有功能正在逐步丧失或者已经丧失。据统计，从2010年到2017年，全省农场生产总值从46.88亿元降到21.33亿元，降幅达到54.5%；利润总额从10.79亿元减少到5.19亿元，降幅达到51.9%。2017年，绝大多数农场年营业收入不足100万元，其中，33%的农场年收入不足10万元，约50%的农场年收入为10万～100万元。

（四）人才队伍老化，缺少创新开拓能力

一些地方政府对农场实行萎缩管理，不进人、不投入、不发展，或者进行改制，一次性买断工龄，分流安置职工，弱化农场经济功能。农场负责人有一些是农业局兼职干部，也有一些是返聘人员，主要负责农场社区等社会管理工作，缺乏市场经营能力，仅是守守土地、收收租金。据不完全调查统计，近十年来，大多数国有农场很少引进人才，农场职工45～55岁占46%，55岁以上占46%，两者占比达到92%，中青年后备管理人员、专业技术人才严重缺乏。

三、浙江省国有农场企业化与集团化改革路径思考

（一）企业化路径

1. 组建产业经营公司。有一定产业经营基础条件，如茶叶、水果、水产、种猪等，农场有自主使用的集中连片的土地资源，有一定的经营管理队伍等，可以组建以农业为主业的产业经营公司，积极牵头打造区域农产品公共品牌，拓展上下游产业链，服务区域特色农业发展。

2. 组建资产经营公司。农场目前主要从事农场社会职能管理，同时又有一定的资源资产，可在农场办社会职能剥离之后，组建农场资产经营公司，专注于农场资产的运营管理，拓展非农业务，发展非农经济，同时可以利用积累的资金发展涉农金融服务等来反哺现代农业发展。

3. 组建农业社会化服务公司。目前仍在正常运营的事业场主要是承担

种质资源保护、育繁推、品种区试等职能，要强化其公益性，打造成新品种展示的示范地、种子储备的国家队。同时探索输出技术、服务，扩大辐射范围，围绕农业生产，开展农技培训，农资供应，农机作业，粮食烘干，农产品加工、贮运和销售等社会化服务。

4. 联合工商资本成立股份制公司。利用国有农场土地规模等资源优势，大力引进优质的工商资本，联合联盟联营、做大做强国有农业。有经营基础也有资金积累的农场，既可以国有独资，也可以探索股权多元化，可在国有农场的土地上做文章，探索企业化经营，打造区域性现代农业建设的示范点。没有土地资源但有资金积累的农场，可以探索流转农村土地，积极走出去开展垦垦合作、垦地合作，进一步做大做强农场产业。

（二）集团化路径

1. 区域内多个农场整合重组。整合区域内农垦企事业单位，重组国有农场资源资产，组建区域性国有农场资产经营集团公司，政府授权经营国有农场资产资源。如杭州市余杭农垦，余杭区委、区政府整合区内11家国有企事业农场、2家林场和杭州市移交属地管理的2家农场等组建余杭区农林资产经营集团有限公司，庆元、临安则是合并几家县属国有农场，成立联合总场。

2. 区域内国有资产整合重组。整合区域内国有农业资产资源，成立区域性国有农业投资公司或集团公司，授权经营国有农业资产。如温州市整合市委农办（市农业局）、温州市粮食局、温州市林业局等部门共30家单位，成立以保障粮食综合生产能力和粮食安全调控能力，加快都市型高效生态农业发展为宗旨的温州市农业发展投资集团有限公司。整合区域内交投、水务等国有企业，打破条块分散的国有资产布局，重组资产，成立新的国有企业集团公司，如湖州、富阳等。

3. 组建省农垦投资控股集团公司。一方面，推动目前仍有经营基础的国有农场改革，评估国有资产，改变部分省定点国有农场隶属关系，变属地管理为省直管，国有资产收回省里，同时明确原省农垦局对各农场的投资权益，与地方国有农场建立投资关系，搭建母子公司的管理体制；另一方面，成立省级农垦投资公司，联合省级涉农国有企业，诸如浙江农村发展集团有限公司、浙农控股集团有限公司、勿忘农集团等，以及有实力的国有农场，如余杭农林资产经营集团有限公司、临海良种场等，成立农垦投资公司，聚焦种业、茶叶、生猪、农产品批发流通、旅游等产业，参与地方国有农场改制，构建母子公司架构，逐步形成大型企业集团带动产业公司、国有农场、新型经营主体和传统小户的一体化发展经营体系。

4. 联合组建产业集团公司。推动系统内同产业或产业链整合，组建种业、茶叶、种猪等产业集团公司。如整合国有农场内的优势良种场资源，成立省级种业集团公司，以资本为纽带，链接地方良种繁育场，聚焦种子繁育推广、区域试验，以及上下游产业，服务全省种业发展。

四、推进浙江省国有农场企业化与集团化改革的对策建议

（一）思想认识上，要从战略的高度看待农场企业化与集团化改革

1. 深刻认识农垦是服务国家战略需要的国有农业经济实现形式。农垦是中国特色农业体系不可或缺的重要组成部分，是国有农业经济的重要骨干和代表，是国家在关键时刻抓得住、用得上的重要力量。推进国有农场企业化与集团化改革是具有重要时代意义的政治任务，是对传统农垦管理体制的创新与突破，旨在构建一种适应社会主义市场经济要求的管理机制，更好地服务于国家战略需要。要从战略高度来理解农垦改革，提高政治站位和思想认知。

2. 深刻认识国有农场是社会主义市场经济主体。推进企业化与集团化改革是让农场回归市场经济企业主体本位，需要清楚的是，集团化改革不是简单的农场拼凑组合，要避免拉郎配式集团化改革，运用行政手段把毫无关联的企业与农场强拉在一起组成企业集团公司的这种局部利益的调整往往造成国有农场主业的偏废，也不利于集团公司主导产业发展。推进农垦集团化改革要以提高农垦资源配置效率为导向，推进社会职能剥离，创新集团管控模式，发挥集团核心公司的优势，撬动社会资本，按照关联性原则推进农垦集团公司

业务重组，以获得规模经济效益和速度经济效益，切实增强农垦集团经济实力、发展活力和内生动力。

（二）具体举措上，要从发展的角度谋划农场企业化与集团化改革

1. 整合资源，推动以农场为基础组建国有农业企业。要下大力气破解一些农场资产权属不清、出资人职责不明、没有建立起规范的出资人制度等问题，着力推进国有农场企业化与集团化改革，真正确立农场的市场主体地位。各地要充分利用中央和省委推动农垦改革、国有企业改革的重大政策机遇，加大国有农场、国有农业资产资源的重组，组建农场企业公司或集团。已经成立国有农业公司的地方可以考虑与国有农场重组，没有的地方要积极探索以国有农场为基础组建农场企业公司或集团，明确农垦性质，以国有农业主体平台示范引导区域农业发展。同时，按照现代企业制度要求，进一步明晰产权关系，建立健全协调运转、有效制衡的公司法人治理结构，机制上更加灵活，更能适应市场发展。

2. 加快培育农场优势特色产业，服务区域经济发展。从国家层面上看，农垦要成为保障国家粮食安全和重要农产品有效供给的国家队。虽然浙江国有农场总体规模小，但是一些农场在区域性特色农产品发展中具有重要地位。要聚焦农场优势产业和所处区域特色农业产业，充分发挥农场作为国有农业经营主体的作用，参与打造区域农产品公共品牌或地理标志农产品，统筹兼顾产业链的各个环节，重点推广“农场社会化服务＋种植大户、家庭农场或合作组织”，将农民家庭经济纳入企业经营体系。发挥国有农场种子繁育示范推广的传统优势，积极承担区域性农业公益性服务功能，大力引进新品种、新技术、新模式，着力提升设施条件和技术能力，打造农作物品种展示的核心区和样板区，充分发挥国有属性优势，更好地服务区域乡村振兴战略。

3. 加快农场办社会职能改革和土地确权发证。国有农场的基本定位是企业，本质上是以国有土地为依托、主要从事农业生产经营的经济主体。由农场承担社会职能，不仅使农场无法真正参与市场竞争，而且很难完成公共服务

的职能，要坚定地推进农场办社会职能改革。浙江要在前期已经完成将公安、基础教育、公共卫生等社会职能移交地方统一管理的基础上，重点推进农场社区社会管理的属地化，让农场回归产业经营本位；加快推进农场国有土地使用权确权登记发证，加大力度调处农场土地权属争议，保护农场土地权益，为土地资产化、资本化奠定坚实基础，着力增强农场经济实力，更好地服务产业经营。

4. 推进农场国有资本与社会资本融合发展。农垦改革是新一轮国有企业改革的重要组成部分，应鼓励社会工商资本参与农垦企业改制重组，使国有资本和社会资本交叉融合，形成长效机制和良性循环。浙江民营企业数量占企业总数的2/3以上，具有丰富的民间社会资本，有一大批优秀的民营企业，这些民营企业的发展为国有企业的发展壮大提供了良好的制度环境，也形成倒逼机制。各地国有农场要充分利用浙江民营经济发达的独特优势，在国有资本控股的前提下，积极寻求与社会资本合作，探索混合所有制经营，依法推进股权多元化改革，以解决农场发展的资金来源，同时也可以导入民营企业灵活的经营管理机制，增强农场的发展活力。

（三）保障体系上，要从强化的视角提供组织、人才和政策供给

1. 加强组织管理体系建设。借助全国上下深化党和政府机构改革的重大机遇期，推动理顺省、市、县三级农垦主管部门管理体制，增强业务指导能力。强化国有资产监管，做大做强做优农场国有资产，形成完善的考核体系，杜绝国有资产流失。一方面，要进行分类管理，正确区分经营性国有资产和公益性国有资产，有针对性地提出监管目标和模式；另一方面，要提升经营性国有资产的运营效率，增强农场经济发展的动力，完善经营收益的分配格局，稳步探索从资产管理到资本管理的转换。农场内部要加快建立健全现代企业制度，构建灵活高效的运行机制。

2. 加强农场人才队伍建设。建立新型的国有农场用工制度，从根本上建立农垦从业人员更新换代的机制，开辟多种渠道，吸纳社会人才，形成能进能出、自主灵活的人力资源流动机制。加强农场人才的培养，建立完善培训教育

体系，通过专题培训、干部轮训、联合培养等多种方式，着力提高干部职工的理论水平和业务能力，重点培养中高级职业经理人和专业技术人员，为农场企业化与集团化改革提供人才保障。制定完善的人才引进机制，引入现代企业职业经理人制度，通过股权激励等方式引进管理和科技人才，打造一支懂技术、会管理、具有市场意识的高素质人才队伍。

3. 加大政策支持力度。着力发挥国有农场在乡村振兴战略中的国家队作用，将其纳入乡村振兴战略规划统筹谋划，同步落实政策措施，同步推进农场振兴，尤其是对于农场基础设施、特色农业产业、种子种苗等项目，在同等条件下优先安排。着力构建国有农场改革发展的资金多元投入机制，借助财政资金的导向作用，积极利用中国农垦产业发展基金、中国农业发展银行农业政策性金融资本等，探索创新农场产业发展融资合作新模式，大力引导优质工商资本、民间金融资本等社会资本向国有农场集聚，形成助推农场发展的资金支持保障体系，切实解决农场发展融资难题。

7

不忘初心　牢记使命
加快推进国有农场振兴

张文妹
（浙江省国有农场管理总站）

实施乡村振兴战略，是决胜全面建成小康社会、建设社会主义现代化国家的重大历史任务，是新时代“三农”工作的总抓手。国有农场作为农业国家队，为承担重大使命而建立，创造了历史性的辉煌业绩，为国家经济建设和社会稳定做出了重要贡献。新形势下，随着经济发展和生产力水平大幅提高，国有农场客观上面临新的变化，尤其是小垦区，其原有功能有所弱化，不再具有短缺时期的耀眼风光。在新时代，农垦“保供给、做示范”的使命仍在，保持初心，主动融入乡村振兴战略实施，更好地发挥保障国家粮食安全和重要农产品有效供给国家队、中国特色新型农业现代化示范区、农业对外合作排头兵、安边固疆稳定器的地位和作用，对于国有农场的持续发展具有十分重要的意义。浙江作为小垦区，如何在乡村振兴中走在前列、体现价值，是一个值得探讨的问题。

一、国有农场振兴的基础扎实

浙江国有农场虽然个体规模较小、发展参差不齐，但大多地处城镇周边，地理位置优越，且社会职能基本剥离，企业化、组织化程度高，开拓创新氛围浓，推进国有农场与乡村同步振兴具有良好的基础条件。

（一）体制机制灵活

浙江垦区改革起步早，1997年以来，浙江坚持市场化改革方向，按照体制融入地方、经济融入市场、管理融入社会"三融入"的要求，大力推进国有农场管理体制、产权制度、经营机制及劳动用工制度改革，采取改组、兼并、承包经营、股份合作等形式，理顺产权关系，改善产权结构，完善经营体制机制；通过转换职工身份，分流安置，实现就业市场化和职工养老、医疗等保障社会化，强化了市场主体地位，激活了发展活力。又持续开展国有农场土地使用权确权发证、社区职能剥离等工作，基本完成土地确权登记发证，土地权属关系进一步清晰；公安派出所、基础教育、基本医疗、公共卫生、邮政通信等社会职能全部剥离，移交地方政府统一管理，农场办社会的问题基本解决。一系列改革举措的深入推进，使国有农场管理体制更顺、产权关系更清、运行机制更活，也有效减轻了社会负担，为轻装上阵开展各方面建设创造了条件。

（二）经济实力较强

浙江垦区高度重视经济建设，立足资源优势，培育经济增长点。一些农场大力发展工业经济，或建设小企业创业基地，或发展农产品加工业，或开展来料加工，不断壮大农场经济实力，改变了农业生产"一统天下"的格局；一些农场大力推进农业供给侧结构性改革，调整优化农业产业结构和生产力布局，或发展休闲观光农业，或建设农业特色小镇，或建设绿色农产品生产基地，不断促进农业产业融合发展，延伸产业链，提升价值链，改变了农产品生产"一统天下"的格局；一些农场大力盘活土地、房屋等资源资产，积极开展对外合作，广泛吸收工商资本、社会资金投入，或以资本技术合作、土地房屋租赁、融资合资等形式，发展生产经营新项目，不断扩大收入来源。据统计，2017年，全省50个企业场约800名职工实现生产总值19.42亿元、利润4.8亿元，场均生产总值3884万元、场均利润960万元。经济结构持续改善，经济效益不断提高，为农场全面振兴增添了动力。

（三）基础设施改善

近年来，浙江始终坚持城乡一体化发展，大力加强国有农场基础设施建设。将国有农场基础设施纳入城乡公共基础设施一体化网络体系，农村“康庄工程”“千村示范，万村整治”工程、“千库保安”、安全饮水工程、农村电网改造、河道整治等各项工程向农场延伸覆盖，逐步补齐了农场基础设施短板，农场的水、电、路等公益性基础设施及沟、渠等农田灌溉设施得到有效提升。与此同时，高度重视民生问题，大力推进国有农场职工保险保障，全垦区养老保险和基本医疗保险参保率达到100%，困难家庭全部纳入城镇居民最低生活保障；大力推进危旧房改造，累计完成危旧房改造13754户，面积达136万平方米，职工人均住房面积从2009年的17.1平方米提高到目前的39.4平方米，职工居住条件得到普遍改善。基础设施不断完善和民生问题有效解决，使国有农场的生产生活更为便利，增进了职工福祉，为农场更好地发展奠定了基础。

（四）要素优势明显

浙江国有农场土地总面积25.89万亩。其中，耕地面积约7万亩，场均耕地面积约700亩，人均耕地面积约43亩，是全省人均耕地面积（0.56亩）的76.8倍。最大的国有农场土地面积达到12080亩，有不少农场土地均在几千亩以上，土地集中连片，土壤肥沃、耕作条件良好，特别是一些农场地处城镇周边，交通便捷，开发潜力大。还有建设用地5698多亩，场均57亩。农场土地性质均为国有，自身拥有使用权。这在七山一水二分田的浙江尤为难得。这些都为推进土地流转、缓解农业设施用地矛盾提供了方便。另外，国有农场还具有一定的组织、技术、人才优势。组织体系健全，组织化程度相对较高，生产经营和组织力较强，还有近半数农场属于事业单位，争取资源的能力较好。长期以来，伴随着“保供给、做示范”任务的落实，培养了一批较高素质的经营管理人才。尤其是事业三场，一直开展农业新品种、新技术、新模式的试验示范和推广，了解农业生产，熟悉农业技术，拥有大量的技术人才。资源要素相对优越，不仅有利于现代农业建设，而且有利于推进深度开发，为农场吸纳现代元素提供了便利。

二、国有农场振兴的目标定位

在不同历史时期，国有农场有着不同的使命和定位。建场初始至改革开放初期，农场主要承担“保供给、做示范”的重任；改革开放特别是进入新世纪以来，浙江确立了农场作为“现代农业示范点、社会主义新农村建设的排头兵、和谐社会的新社区”的定位，深化改革，积极发展现代农业，强化基础设施和公共服务完善，克服了发展中的一系列瓶颈制约。在新时代，农场应当主动融入、积极参与乡村振兴战略实施，着力建设成为“产业发展、环境优美、社会和谐、职工幸福”的现代农场，并力求成为乡村振兴的示范者、带动者、供给者和服务者。

（一）乡村振兴的示范者

发挥示范效应，一直是国有农场的历史使命和重大责任。1949年5月，浙江省人民政府就提出：面向生产、面向群众、改进技术、提高生产，力求农场生产标准化，发挥农场对农民生产的示范作用。长期以来，农场不仅在农业新品种、新技术、新模式的试验示范和推广上做出了独特的贡献，而且在转换经营机制、开展对外合作等方面也发挥着示范功能。在乡村振兴中，农场不仅要在农业转型升级、现代农业发展中树标杆，还要在组织治理、生态保护、场风场貌等方面做表率，着力打造宜居宜业的新空间。

（二）乡村振兴的带动者

国有农场有体制优势、组织优势和技术优势，生产力较为先进，农业生产水平相对较高，理应带动周边农村发展。建立健全场村联动机制，在产业布局、基础设施建设、公共服务完善方面相互配套，在项目安排、资金投入、制度供给方面相互融合，实现协同互动发展。充分发挥农场的骨干作用，建设农业大基地、大产业、大企业、大品牌，辐射带动农村实现产业振兴。利用农场生产力先进的优势，引领农业农村多种所有制经济共同发展。借助农场组织动员的能力，广泛吸纳社会力量投入农场建设，并与农村各项事业建设一道规划，将有效功能和产能向农村延伸。

（三）乡村振兴的供给者

不忘农产品供给一直是国有农场的初心。在新时代，为满足人民日益增长的美好生活需要，农场保供给的产品和领域应当进一步拓展。利用农场土地规模较大且集中连片的优势，扩大农业生产，有序保障优质农产品的供应，努力建设成为城市蔬菜、生猪供应、调节市场余缺的菜篮子基地。随着有钱有闲时代的到来和人们生活水平的提高，城市居民越来越渴望走出城市水泥地、亲近自然好风光。农场应当发挥其生态环境特色，做足文化、休闲、养生的文章，开辟更多的观光旅游、体验田园风光的好去处，满足消费多元化的需求；还应当立足服务城市化发展，为城市建设输送合格的服务人员，并接纳城市转移的产业和产能。

（四）乡村振兴的服务者

服务大局是国有农场的天职，农场也具备服务的基因和资源。在乡村振兴进程中，高效优质服务不可或缺。农场应当利用经济实力和技术、管理、人才等要素集聚优势，大力发展服务业，壮大服务经济，进一步拓展服务新领域，有机融入区域经济发展。围绕农业生产，开展农技培训、农资供应、农机作业、粮食烘干、农产品加工、贮运和销售等社会化服务；围绕城乡居民生活，开展园林绿化、乡村旅游、休闲养生等服务；围绕小企业主创业，开展土地房屋租赁、小额贷款等服务。

三、国有农场振兴的实现路径

（一）坚持农业绿色发展

走质量兴农、绿色兴农、品牌兴农之路，大力发展绿色生态农业。科学规划农场内种养业、农产品加工业、休闲旅游、物流配送等功能区块，加强土地资源和生态环境保护，推行生态循环生产技术模式，严格防控耕地污染，确保资源和生产方式绿色化。做强做优农业主导特色产业，整合资源，聚焦优势，培育优势产业集聚区，打造区域性产业带、产业群。充分挖掘农场独特的农业产业比较优势，建设农业特色小镇，发展“一场一品”，打造一批特色农产品知名品牌。加强省内外农场间合作和对接，以产业链节点形式融入特色全产业链，或建立以资本为纽带的产业合作机制，组建产业联盟，实现抱团发展。加强农业科技综合配套运用，创新农作制度，开展高产高效技术集成示范应用，大力引进推广新品种、新技术、新装备和生产经营新模式，提升先进技术应用、标准化生产、产业化运作和可持续发展能力，着力建设绿色生态农业样板区和示范带动核心区。

（二）坚持经济高效发展

进一步打破国有农场产业边界，拓展经营业务，培育新的业态、新的经济增长点，增强经济实力。进一步转换经营体制机制，对于国有农场相对集中的县（市、区），引导以规模较大、实力较强、整体素质较好的农场为核心，整合区域内国有农场及农牧渔业国有农业资源资产，组建具有国有属性、农垦性质的企业集团、资产经营公司、联合总场，有条件的推行跨区域兼并重组其他国有农场；立足农场现实基础，围绕优势产业，以资产、技术、品牌为纽带，加强与企业、其他农场合作，组建专业化经营组织；利用农场土地等资源，通过租赁、入股等形式，盘活资产要素，增加经济收入。坚持多产业联动、多元化发展，创造条件走农业、工业、服务业齐头并进的路子，集农业生产、农产品加工以及制造业、金融服务于一体，或建设农业服务组织、农产品交易市场；或将农业与文化旅游结合，创建农业公园，打造影视基地；或开发紧邻城镇的房地产，创办小企业创业基地和孵化园；或发展园林绿化、物业管理、环境治理等产业，或组建农业企业小贷担保公司，从而跳出原有功能，做大做强农场经济。当前，浙江正在推进大都市、大通道、大湾区、大花园建设，为农场借势借力发展拓展了空间。有土地规模、有经济实力的农场，应当主动做好规划，对接适应项目，连接相应产业，加强产能合作，争取一批项目落地，在“几个大”建设中占据一席之地，共同分享发展成果。

（三）坚持文化创新发展

国有农场为承担国家大办农业、保障社会有效供给的使命而建立。广大农村有志青年、城市知识青年和部队转业官兵，在大规模围海垦荒造田中形成了特有的农垦文化、知青文化，以及“艰苦奋斗，勇于开拓”的农垦精神。这是一代人的集体记忆，也是一笔宝贵的精神财富。进一步挖掘宣扬农垦文化，弘扬农垦精神，更好地为农场现代化建设提供精神支柱，为经济社会发展服务。加强农垦精神文化阵地建设，在农场社区建设一批农垦博物馆、文化服务中心、文化礼堂，打造传承教育传统文化的基地。加强农垦精神文化宣传，通过拍摄影视片、编印图书资料等方式，利用主流媒体、新媒体广泛开展宣传，激发农垦精神文化内在活力。将农垦精神文化与经济结合起来，让文化与产品和品牌叠加，讲好产品和品牌的文化故事，不断扩大知名度。发展文旅产业，赋予文化新的内涵，让文化变成产业，取得社会效益与经济效益双丰收。

（四）坚持社区和谐发展

国有农场社区社会管理属地化以后，农场职工集中居住的现状没改变，呈现的还是农场职工家园。注重生态环境保护，大力推进“五水共治”，保护好耕地、水、湿地等自然生态资源，大力发展生态循环农业，全面治理生产生活污染，推行生活垃圾分类和美丽田园建设，强化耕地、水环境修治，维护生物资源多样性。注重环境营造和生活配套，不断完善基础设施、公共服务配套以及社区功能，加强重点历史建筑保护，将职工居住区建设成既能享受城市便利的现代生活，又拥有农村优美的自然环境的新社区，为改善职工家庭生活创造条件。倡导绿色生产生活方式，推广清洁高效新能源，节约利用自然资源，弘扬生态文化。强化社区社会治理，坚持法治、德治与自治相结合，深化“网格化管理、组团式服务”，完善场规民约和社区治理体系，大力开展平安创建，构建共建、共治、共享的治理格局，使农场生产发展、社区和谐、社会稳定。

（五）坚持场村融合发展

国有农场地处农村，主要从事农业生产，又具有国有企业的性质和组织形式，职工生活在农村，却是城市居民身份，可以说，农场本身就是一个城乡融合体。在新时代，客观上要求农场与周边农村高质量深度融合，形成互促互动的良性局面。坚持以规划为统领，在开展区域经济社会发展规划和生产力布局中，充分考虑和兼顾农场，使农场有序融入当地经济社会建设。坚持场村一体化，进一步推动农村基础设施和公共服务向农场延伸，推动农村社会治理、生态环境保护向农场覆盖，推动农村产业布局向农场拓展，促进公共资源场村公平共享，不断改善农场民生福祉。加大场村资源要素流动力度，鼓励社会资本、人才和技术流向农场，支持和服务农场振兴，进一步优化现代要素配置。积极开展场村多维度合作，发挥各自优势，联合开展农业专业化、市场化服务和农业技术推广培训，开发利用自然资源，培育专业合作社等新型农业经营主体，发展“农场（公司）＋基地＋农户”的经营模式，通过土地托管、代耕代种代收、股份合作、流转租赁等方式形成紧密的利益联结机制；联合开展社区服务体系建设和社会管理，共同推动经济社会事业发展，促进场村发展协调性、平衡性。

四、国有农场振兴的保障措施

（一）加大人才培养

成事之要，关键在人。国有农场经营和管理人员的素质高低，直接影响农场的振兴进程。进一步加强教育培训，鼓励农场骨干参加学历教育和职业技能培训，农业领军人才培养向农场职工覆盖，不断提高农场经营者、管理者及整个团队的素质。加强农场职工专业技术职称评聘和职业技能鉴定，造就一批专业型生产经营力量。完善市场导向的选人用人机制，建立职业经理人制度，大力引进农场职业经理人才。营造重才爱才、干事创业的良好环境，吸引更多人才到农场创业，不断优化人才结构，培养一支懂业务、爱农业、爱农场的农场工作队伍。

（二）加大资金投入

国有农场振兴，一个重要保障在于资金支撑。完善公共财政、工商资本、金融资本等注入保障机制，健全包括农场在内的农业农村优先发展资金支持体系。强化公共财政扶持力度，加大财政预算支出规模，国有企业、农业发展等优惠政策向国有农场倾斜，特别是基础设施建设、特色经济发展、农业产业及种业等项目在同等条件下优先安排在农场。充分发挥财政政策的引导和撬动作用，鼓励工商资本、金融资本投向农场。加强农场对外招商引资，广泛开展对外合作交流，吸引外资投入农场资源开发，形成良性的投入产出循环。

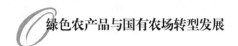

（三）加大制度供给

有效的制度供给是激发国有农场内部活力、优化发展环境的重要力量。进一步发挥市场机制作用，完善社会资本投入农场社会事业、公共服务、基础设施的政策体系，形成财政保障、金融倾斜、社会参与的多元化投入格局。强化新型工业化、城市化、信息化成果对农场发展的辐射带动作用，积极引导城市和周边农村资源要素流向农场，让农场成为现代元素的集聚地。切实维护和保障农场及职工利益，依法保护农场国有土地，巩固和完善农场经营制度，建立符合市场经济要求的农场经济运行机制，完善职工利益联结方式，有效实现农场及职工各方面权益和利益。明确农场属于农业生产型企业，强化税收、水电费等优惠支持，遏止不合理、不合法负担，促进农场生产经营降成本提效益。建立健全国有资产营运管理责任机制，加强资产营运管理和评估考核，强化结果审计和过程公开，确保资产保值增值。

（四）加大改革创新

随着国有农场社会职能的全部剥离，农场成了真正的经济组织。深入推进集团化、企业化改革，完善现代企业制度，明晰产权关系，健全法人治理结构。推进股权多元化改革，发展国有资本、集体资本、非公有资本交叉持股、相互融合的混合所有制经济，鼓励经营者持股。深化薪酬分配制度、用工制度改革，建立经营者、员工薪酬与经营业绩挂钩的激励与约束机制。随着经济发展和改革深化，一些农场成了无人员、无产业，也无实际经营业务的“空壳农场”，已经丧失了农场性质和功能，失去了存在的基础，应当积极创造条件，在确保人员妥善安置、国有资产不流失、职工利益得到保障的前提下，逐步予以撤销建制。坚持扬长避短，推行分类指导，针对不同的资源基础、技术条件和经济状况，做好特色性、特质性发展的文章，在立足农业的基础上跳出农业发展农场，走出一条高质量发展新路子。

8

浙江省国有贫困农场脱贫发展的思考

——以“十三五”4家贫困农场为调研对象

李　露

（浙江省国有农场管理总站）

2016年，农业部正式公布了全国304家“十三五”重点贫困农场。从地区分布可以看到，浙江、江苏等发达地区亦有贫困农场在列，这说明新时期扶贫开发理念已由消除绝对贫困向减缓相对贫困转变，由保障基本生活向缩小收入差距转变。事实上，浙江省已经率先进行了减缓相对贫困的扶贫实践，对于发达地区的扶贫有深刻启示——东部发达地区具有不同于中西部地区扶贫的内涵，更加注重“图公平，求发展”。鉴于此，结合“十三五”农垦扶贫开发规划，我们对浙江省4家重点贫困农场进行了深入调研，探求致贫原因，寻求发展对策。

一、浙江省贫困农场的特点

（一）手握土地，保生存，但无发展

浙江土地资源稀缺，寸土寸金。相比于黑龙江等大垦区，浙江国有农场虽土地面积较小，但仍具有天然的相对集中连片的土地优势。热土之上，通过部分承包、整体租赁等方式，农场均能维持基本生存，然而这是基本生存之道，亦是长远发展之碍。如龙游团石农垦场与仙居柑橘场便是主要以土地承包租赁

来维持农场运行，农场集体经济较薄弱。2016年以来，针对仙居柑橘场，采取了以苗木产业提升项目为起点，致力培育该场主导产业的方法；针对龙游团石农垦场，则重点采取了以道路与饮用水建设强基础，以果蔬精品园建设提升产业的方法。经过两年努力，两场人均纯收入均有提高，但与垦区平均水平仍有一定差距。2017年，此两场平均年人均纯收入11913元，为垦区人均纯收入19810元的57.5%。

（二）固守旧业，有基础，但无突破

国有农场是国有农业经济的骨干和代表，在产业发展上有过辉煌的历史，重要的资源与产业基础沿存，但由于未能跟随中国经济成长的脚步，虽基础尚存，却无升级突破。如泰顺玉塔茶场拥有670亩茶园，生态环境优越，自产“泰顺三杯香”茶叶通过农业部有机产品认证，并被评定为农业部地理标志产品，“软件优势”十分明显。但厂房、晒场、设备等生产基础设施老旧，依然为二十世纪五六十年代所建所购，严重制约产业转型升级。2017年以来，浙江省加强对该场生产基础设施建设，改良低产茶园200亩，改建厂房1330.4平方米，建设晒场1000平方米，引入白茶生产线，购置茶叶色选机等专业设备，重点打造该场茶叶提升项目。

（三）突破旧业，图发展，但无实力

三门县凤凰山农垦场不同于其他3家重点贫困农场，该场注重产业升级拓展，在提升传统果业的基础上积极招商选资，着重在种子种苗、水产养殖、休闲旅游等产业拓展上进行合理规划，但由于缺乏资金支持，无力实施。自2016年以来，浙江省以建设该场渔业产业主导园为重点，加强对园区河道、作业道、排涝站等硬件投入建设，以优化生产环境，同时强化大棚等设施农业建设，发展种子种苗与瓜果种植，全力打造农场种植、养殖等核心产业。

二、致贫原因

（一）破而不立，未能把握改革发展机遇

21世纪初，浙江省国有农场改革成为农场发展优劣的分水岭。4家重点

贫困农场都未能把握改革机遇，更多着眼于卸掉职工和资产的历史包袱，缺位于按照建立现代企业制度的要求，转变管理体制、经营机制，融入市场大潮，谋求农场更好发展。同时，农业生产经营机制改革后主导产业的薄弱或缺失、沉重的社区社会管理负担，更是制约了农场的发展。止于改革，而未能终于发展。

（二）囿于守业，未能与中国经济同频共振

中国经济发展的近二十年，二三产业始终高速发展，三次产业结构不断调整优化。在浙江，在以亩产论英雄的导向下，以农为主的国有农场在产业结构调整升级上比较迟缓。如仙居县柑橘场与龙游团石农垦场长年以水果种植为主，产业结构单一，效益不佳。2017年，仙居柑橘场亏损12万元；龙游团石农垦场亏损28万元。人才队伍、经营理念、产业迭代、基础设施建设都未能与时俱进，再加上农场土地资源也在不断减少，产业更新换代越发艰难。

（三）功能弱化，未能得到有效的重视支持

浙江国有农场经历双置换改革以后，示范引领区域农业农村发展的功能作用被严重削弱，再加上国有农场的特殊性，近年来，虽然各级党委、政府高度重视“三农”工作，对“三农”的财政投入不断加大，农村面貌得到很大改善，国有农场却被遗忘在角落，公共财政的阳光较少普照到农场。近几年，除危旧房改造经费外，国有农场由于“农垦企业”性质，无法与农村一样获得道路硬化、公厕改造、饮水公共服务经费等财政支持，也无法与新型农业主体一样获得更多的产业扶持，一定程度上影响了农场经济发展。

三、措施与建议

从我省4家重点贫困农场特点可知，此类贫困属于转型贫困，并不是长期性、结构性贫困，靠社会政策是能解决的。现今，中央高度重视扶贫开发工作，农垦改革政策空前有利，我省改革强省的氛围空前浓厚，各地都要抢抓历史机遇期和窗口期，加快推进农场办社会职能改革和土地确权登记发证，争取纳入乡村振兴战略，统筹谋划贫困国有农场改革发展，以产业扶贫为着力点，按照“因场施策、一场一业、一业强业、强业兴场”的总体思路，切实加快精准脱贫步

伐,全面增强自我造血能力,实现脱贫不返贫。

(一)“无中生有”,注重培育主导产业

仙居县柑橘场与庆元联合农场主导产业缺失,要培育支柱产业,发掘稳定的经营收入来源。庆元县联合农场可以结合庆元香菇等区域性特色农业产业,在食用菌全产业链上寻找结合点,培育农场主导产业,增强盈利能力。仙居县柑橘场原以柑橘生产闻名,具有种植柑橘的天然生态与土壤环境。经过原地种植多次试验后,农场土地仍具备较好的柑橘种植条件,结合市场上对“生态”“绿色”水果的消费需求,引入柑橘新品种,打造精品柑橘基地。同时,可结合已投入建设的精品苗木基地,发展旅游产业。

(二)“旧土重建”,重点支持改造传统产业

泰顺玉塔茶场的茶产业、三门县凤凰山农垦场的青蟹等水产养殖业与龙游团石农垦场的水果产业,已有一定经营基础和经验积累,重在突破升级。泰顺玉塔茶场的茶产业已具有一定产业规模,要重点助力其“科技兴茶叶、品种多元化”,加强厂房改建、低产茶园改良、茶叶生产先进设备引进等生产基础设施建设,减少人力投入和依赖,提高生产效率。同时,针对泰顺县“三杯香”品牌生产者良莠不齐的问题,引导属地政府注重区域公共品牌“三杯香”的保护和建设,设立准入标准,制定品牌使用细则,设立品牌运营机制,既保护了正规生产者,又培育了区域品牌。三门县凤凰山农垦场要充分发挥其区位、水质、土地资源优势,打造水产养殖核心产业和渔业产业园,着力整治进排水河道、硬化作业道,改善养殖塘环境,积极融入“三门青蟹”区域品牌标准建设,提升水产品品质与标准化生产水平。龙游团石农垦场职工与周边农户均以种植提子等水果为主业,要支持其打造水果精品园,重点助力农场大棚设施、道路硬化等生产基础设施建设,同时,属地政府应向“浦江葡萄”公共品牌建设方取经,打造“龙游提子”区域品牌。

(三)“新地迁移”,挖掘培育产业新动能

每个贫困农场,即便拥有一定的传统产业基础,都应综合考虑资源禀赋、产业基础、市场需求、生态环境等因素,挖掘培育新产业、新业态,尤其是泰顺

玉塔茶场与三门县凤凰山农垦场。泰顺玉塔茶场要抓住当地政府以茶园、畲村为特色打造“生态+旅游”的机会，融入政府规划，积极争取以茶场为核心，探索茶产业与茶生态、茶经济、茶旅游、茶文化的协调发展，延长茶产业链和价值链。三门县凤凰山农垦场要重点依托其1590亩养殖塘，结合政府规划和市场需求，建设三门县种子种苗基地，发展设施农业，种植各类绿色瓜果，探索一二三产融合发展，打造以水产捕捞、田园生活体验、知青文化为特点的现代农业庄园。

（四）“国民待遇”，争取政策同时同步覆盖

各级党委、政府要将国有农场振兴工程纳入乡村振兴规划，将各类现代农业产业项目、民生项目适当向重点贫困农场倾斜，争取把中央和地方的扶贫政策、“三农”政策、民生政策等在重点贫困农场先落地，让其先受益。同时，要结合“十三五”规划的制订和实施，把国有农场的基础设施、产业基地、生态环境、小城镇建设等纳入各级政府的建设规划和计划，争取同步建设，同步实施。

9

加快推进国有农场产业振兴

——国有农场产业发展的调查与思考

张文妹　李　露

（浙江省国有农场管理总站）

产业振兴是国有农场振兴的基础，离开产业支撑，国有农场振兴就失去了依托。新一轮国有农场改革，已为农场的发展扫清了障碍、理顺了关系、夯实了基础，当前，加快走出一条符合浙江实际的国有农场产业振兴之路十分重要。近日，我们深入杭州、宁波、丽水、温州、绍兴等地十多家农场开展实地调研，踏农场所覆之地，观农场辖内之物，问农场所涉之业，充分听取意见建议，深入沟通交流。调研中我们欣喜地看到，部分国有农场主动求变、大胆探索，跳出就农业抓产业的传统路径，坚持因地制宜，在产业发展上有实招、有突破。为此，我们对可推广可借鉴的几种产业路径进行了归纳和分析，供各国有农场参考。

一、产业发展的三种路径

（一）一二三产相融相通

既基于第一产业又不囿于第一产业，在优化一产的基础上，大力发展二三产，促进农旅结合、一二三产融合，强化一产对二三产的支撑，提升二三产对一产的反哺。如青田峰山茶场充分发挥茶资源的优势，立足1000余亩原生态“鸠坑种”有机老茶树茶园，研发了“峰山龙魁”品牌青田御茶系列高山原生态有机茶；在做好做优有机茶的同时，利用优越的生态环境，抢抓茶旅游、茶休闲、茶养生等新业态、新模式的市场机遇，正着力打造“峰之润高山有机茶生态园”观光项目，融入茶园采制体验、山野浏览观光、禅道养生等主题，打造全域茶园慢生活模式。宁波福泉山茶场充分发挥3573亩茶园集中连片规模优势与生态环境优势，在做优“东海龙舌”品牌系列茶基础上，打破单一茶叶种植模式，将茶园建设主动对接福泉山景区，茶园即景区，茶叶即风景，经济效益、生态效益、社会效益三体现。

（二）良种试验示范换档升级

立足国有农场国有属性与良种资源、技术优势，通过与科研院所的合作，增强国有农场良种试验示范功能的深度和广度。嵊州市良种场是深刻诠释小农场发挥大作用的典范，依托有限的几百亩土地，扎根水稻良种试验示范，不断提升水田质量保护、水稻品种优化、水稻病虫草害综合防控等技术，试验品种从19只增加到400只，成为浙江省水稻新品种试验示范核心区、“看禾选种”实战地，以实际行动及雄厚实力充分体现农场水稻良种繁育产业的优势和核心示范作用。绍兴市大禹蚕种制造有限责任公司一直承担着新品种引进与试繁、蚕品种的性状保护与改良工作，是蚕种种质资源保护基地、原种生产基地、新品种试繁基地，也是全省蚕农一代杂交种的主要供应者和服务者。同时，该公司加强与科研院校合作，在人工饲料专用品种、抗病强健“菁松皓月”新品种、雄蚕新品种等新型蚕品种开发上，为蚕桑产业的转型升级做了大量基础性工作，牢牢占据着蚕种业的龙头地位。

（三）创新利用闲置资产

充分盘活农场闲置房屋和土地，通过新建或适当的改造发展养老公寓、精品民宿和租赁公寓，打造农场产业新动能。文成县良种场、文成县种羊场和余杭农林资产经营集团有限公司在这方面做了有益的探索。文成县良种场充分利用黄坦分场毗邻黄坦镇与火烟岗水库的区位优势，在符合镇域土地总体规划前提下，以镇内养老服务市场需求为基础，计划投资近千万元，将分场约20亩闲置土地新建成养老服务园，该项目得到当地农业、民政、财政等部门大力支持。文成县种羊场充分利用场部优越的生态环境，抓住附近镇域打造旅游小镇的机遇，将场内闲置的房屋与羊舍就地改造成极具特色的精品民宿，吸引游客前来休闲度假，发展休闲旅游业。余杭农林集团紧扣政府规划，利用近省城的区位优势，将收回的职工旧居改造成公寓，出租给因杭州市区旧城改造而外迁居住的外来打工者，既办好了政府民生事宜，又使公司闲置房产创新增收。

二、需要关注的两个问题

（一）国有农场土地的征用

此轮改革，我省国有农场已基本完成了土地确权发证，与周边农村已然权属清晰、界限分明，但一些农场仍然面临着被擅自收回国有土地使用权的问题，当地政府或国有企业以国有土地属国有资产为由，“强制”征用农场土地。而《关于进一步推进农垦改革发展的意见》（中发〔2015〕33号）明确指出：“土地是农垦最重要的生产资料，是农垦存在与发展的基础，严禁擅自收回农垦国有土地使用权。”《关于进一步深化改革加快推进现代国有农场建设的实施意见》（浙委发〔2017〕2号）也明确指出：“严禁擅自收回国有农场土地使用权，确需收回的要经原批准用地的政府批准。”国有农场的土地权益必须得到切实保护。

（二）国有农场人才的引进

中央、省委农垦改革文件明确要求：农垦改革要坚持国有农场发展方向，要做大做强农垦企业。人才是发展的关键。调研期间，大多数农场反映：农场职工只进不出，已十来年不招工，场内中青年后备干部严重不足，经营管理人才严重缺乏。企业化改革后，属地农场管理部门应帮助农场建立正常的招聘机制，并鼓励有产业发展人才需求的农场引进经营管理及技术人才。

三、几点建议

（一）要更加注重优规划

从调研中我们看到，国有农场规划的产业项目都是大投入、大建设，一定要在规划上下足功夫，做到谋定而后动。要积极主动对接、融入县域、乡镇建设规划，让规划的编制既契合实际又适当超前，既符合农场发展又与地方政府发展方向保持一致；要积极与当地农业、财政等部门沟通协调，既利于规划编制的科学性与可操作性，又利于争取相关部门的重视与支持。

（二）要更加注重抓特色

现今，民宿产业在浙江遍地开花，要避免同质化、单一化，就要有农场特色，这样才有吸引力、生命力、竞争力。要充分挖掘和利用农场的自然环境、知青文化、历史遗迹、地域特点及现有农业产业等，把保持原有农场风貌和引入现代元素结合起来，在各个农场独一无二的东西上做文章，让农场的精品民宿散发属于自己的独特味道。

（三）要更加注重扬优势

水稻、蔬菜、水果、茶叶、蚕种等种子种苗产业是我省国有农场有别于新型农业经营主体的独特优势，应更加注重保护与发展。要注重与相关产业部门的沟通，通过生产基础设施改善、先进设备购置、科技成果引进、人员培训等发挥国有农场在农业绿色发展及乡村振兴中的示范带动作用。

10

杭州市有机农业小镇建设试点工作探讨

楼奎龙　张祖林　王　卉

（杭州市农业局）

特色小镇建设是浙江省委、省政府和杭州市委、市政府2015年从推动全省经济转型升级和城乡统筹发展大局的角度出发，做出的一项重大决策。为推进有机农业发展，适应和引领农业发展新常态，推进农业供给侧结构性改革，促进农业增效、农民增收，我市于2016年初启动有机农业小镇建设试点工程，分别在淳安鸠坑乡建设“有机茶叶小镇”和临安清凉峰镇建设“有机蔬菜小镇”。试点时间初定为2016—2018年。淳安鸠坑有机茶叶小镇建设由鸠坑乡政府牵头，目标是到2018年底，通过有机茶认证企业5个，面积1000亩，采用有机栽培方式的茶叶种植面积4500亩。茶产业“三品”认证占比95%以上；食品生产许可证（SC）认证茶厂5家，农产品质量追溯系统实现县级以上规模企业全覆盖。茶叶产值实现年递增15%左右，2018年比2015年增长50%左右，超5000万元。有机栽培方式覆盖率80%以上，基本建成“淳安鸠坑有机茶叶小镇”。清凉峰有机蔬菜小镇由清凉峰镇政府牵头，目标是到2018年底，通过有机蔬菜认证产品6个，面积600亩，培育生产主体9个，创建示范基地9个，推广应用有机栽培方式5000亩，实现综合年产值1亿元，全面开放有机蔬菜综合展示中心，基本建成有机蔬菜小镇。经过二年的试点建设，有机农业小镇建设工作初见成效。

一、试点工作的主要做法与成效

1. 政府推动，部门指导。从项目筹划启动到组织实施，杭州各级政府都高度重视，加强领导，积极指导，合力推动。项目启动之初，市级成立杭州市有机农业小镇建设领导小组，由分管农业副市长任组长，市政府办、农办、农业局主要领导为副组长，市级相关部门和建设实施地政府分管领导为成员。同时市级还成立有机农业小镇建设工作推进指导小组，指导小组下设3个办公室：综合协调办公室、有机蔬菜推进指导办公室和有机茶叶推进指导办公室，具体指导试点工作开展。淳安县成立由分管农业副县长任组长、相关部门主要负责人为成员的鸠坑有机茶叶小镇建设工作领导小组；鸠坑乡成立由乡长任组长的鸠坑有机茶叶小镇建设工作监管小组；清凉峰镇成立以镇长为组长，分管镇长为副组长，农业局、水利局、农产品监管局、财政局、党政办等人员组成的创建工作领导小组，明确各级各部门职责。临安区农业局会同创建镇组织起草有机蔬菜小镇创建实施方案和有机生产技术方案，并全程支持指导项目的实施。

2. 规划引领，规范管理。根据有机小镇建设规划、项目实施方案及有机标准要求，两地都制定了一整套规范化管理文件。如《2016年度鸠坑有机茶叶小镇建设管理制度》《淳安县鸠坑有机茶叶小镇建设生产技术要点》《淳安县鸠坑有机茶叶小镇建设告知书》《鸠坑有机茶叶小镇建设农户安全生产承诺书》《鸠坑有机茶叶小镇项目建设资金使用管理办法》《临安清凉峰有机蔬菜小镇创建试点工作实施细则》(清政〔2017〕33号)、《有机蔬菜种植生产与管理技术方案》《有机种植病虫害综合防治及施肥技术》《有机化生产管理制度》等，对小镇建设的顺利实施和资金使用规范提供了保障。

3. 主体培育，政策保障。在有机小镇建设中，充分发挥适度规模生产经营主体的积极性和主动性非常关键。两地均强化服务，提供政策保证，积极培育规模主体。在检查座谈过程中，专家组了解到清凉峰镇重点培育了有机蔬菜生产主体7家、有机种植面积413.7亩、有机转换产品3个(芦笋、糯玉米、芸豆），建成有机蔬菜综合展示中心2个。鸠坑乡通过茶园经营承包流转和农户协议签订等，强化龙头企业在有机小镇建设中的作用。已完成茶园土地流转面积368.47亩，同时开发四季坪、毛坨岭原荒芜茶园140亩；4家龙头茶叶企业直接与268个农户签订了协议，承诺安全生产面积2460.9亩；同时为强化小型茶厂质量管控意识，鸠坑万岁岭茶叶专业合作社发挥大宗茶精制出口的优势，与当地大部分小企业签订质量安全责任书。由鸠坑乡政府主导、鸠坑万岁岭等企业发起，吸收全乡20家茶叶企业、合作社，组建成立"鸠坑乡茶企联盟"，联盟组织巡查监督队伍，对所辖茶园的"两禁"（禁用化学农药、除草剂）落实情况进行监督检查。

4. 区域联动，源头管控。有机小镇建设已经在不同层面上展开，除了核心基地全面按照有机标准管理并申请认证外，对区域内其他基地采用区域联动措施进行源头管控。如鸠坑乡签订"两禁"协议农户达266户，协议面积1951亩，加上企业流转承包和乡政府开发的老茶园510亩，截至2017年底，茶园"两禁"协议面积占比61.53%。同时，以色板、杀虫灯等绿色防控措施为主的防治面积达3900亩，统一购置、发放有机肥340吨，基本覆盖了乡域主产区绝大部分茶园。清凉峰镇29个蔬菜种植户由7个合作社领头，实施农业投入品采购、施用、保管，物理防虫、植保技术、运输销售等统一管理，极大地提升了蔬菜质量安全。流转有机栽培土地面积1570亩，推广有机栽培方式种植面积3140亩。

5. 学习培训，理念提升。通过各种形成的现场考察学习、理念和政策宣讲、标准和技术培训等，提升各级管理和技术人员、生产经营主体及生产流通操作人员的理念。市农业局组织市级部门、创建地三级相关人员赴嘉兴、上海等地考察学习有机农业建设经验。淳安组织有机茶叶实施主体负责人等赴丽水松阳、景宁、遂昌考察学习；鸠坑乡利用各种会议进行茶园"两禁"政策、知识宣传。清凉峰镇举办7期有机相关技术培训，内容包括有机栽培、绿色防控、机械化应用、线上销售、农产品安全等，累计培训200余人。专家组在听取汇报和调研座谈过程中，明显感受到2个有机小镇建设的相关人员的有机农业理念有显著提升。

6. 清洁生产，改善环境。在全区域范围内推进绿色清洁生产、园区生态化，保持和改善自然环境及产业环境，为有机生产奠定坚实基础。如清凉峰镇的清洁田园行动在全镇范围内展开并取得显著成效，田间农药废弃包装物得到全面清理。鸠坑乡为解决以往茶叶加工中的产品卫生和环境污染等问题，总投资106.79万元，在全乡茶厂采用煤、柴灶改生物质颗粒燃烧炉；一品鸠坑毛尖公司对茶厂加工生产线进行清洁化改造提升；唐圣公司、鸠茗公司全面采用青叶摊青不落地机械设备，彻底改善了茶叶制作过程中的卫生条件。

7. 合力创建，品牌显现。品牌显现和价值提升是有机小镇建设项目成效的一个综合体现。2017年5月中旬，鸠坑乡利用杭州举办首届中国国际茶叶博览会的契机，组织企业以"鸠坑有机茶"的整体形象参展，获得良好的宣传效果；以淳安县农业技术推广中心为申报主体，"鸠坑茶"获国家级农产品地理标志；以"一叶知千岛，问茶鸠坑源"为主题，举办"第九届鸠坑茶文化节"茶事活动；唐圣公司、万岁岭2家企业分别设计鸠坑茶包装，制作宣传卡，开设鸠坑茶专卖店，全力打造鸠坑茶品牌。清凉峰镇组织相关蔬菜生产经营主体与西子集团、黄龙饭店、西子国宾馆、嘉兴农投等高端蔬菜消费和经营主体进行了对接洽谈，与黄龙饭店、西子集团、西子国宾馆达成配送合作；绿源、锦昌注册了商标"善菜"和"杭锦昌"。

8. 农业增效，农民增收。项目实施时间不长，但效益已经初步体现。如清凉峰镇已有219.9亩土地通过有机转换期，2016年蔬菜总产值3200万元，人均1113元，2017年蔬菜总产值5100万元，人均1774元，人均增收661元，为该镇农业增收贡献突出，比2016年增幅63%。鸠坑乡有机茶认证企业5家，认证（含转换期）面积1700亩；茶叶"三品"认证面积合计5600亩，覆盖了全乡所有茶园；食品生产许可证（SC）认证茶厂4家；有县级以上规模企业6家，其中5家已完成农产品质量追溯系统的安装和验收；2017年茶叶产量489吨，产值4540万元，茶叶产值实现年递增15%左右，产量、产值分别比上年增25.09%和12.15%。其中，万岁岭茶叶合作社预计2018年可增加产值1000万元；鸠坑唐圣公司茶厂2018年茶叶平均售价提高了40元/千克，增加产值140万元。

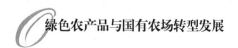

综合分析2个有机小镇的建设进度指标完成情况及其他各方面的进展，我们认为，杭州市有机农业小镇建设试点工作在不到2年的时间里取得了很大进展，特别是在有机农业理念提升、污染源头管控、过程清洁规范、基地有机认证和有机品牌培育等方面尤为显著。

二、存在的问题与建议

有机小镇建设是一项探索性的工作，不仅符合十九大提出的生态文明建设、绿色发展、农业供给侧结构性改革要求，而且能“不断满足人们对美好生活向往的需要”。杭州市启动实施有机小镇建设不到2年的时间，在这样一个发展阶段，必然会存在一些问题。如对有机概念的认识和标准的掌握不同，部分人员素质有待进一步提升；个别管理人员工作调整后工作衔接不及时；部分生产经营主体的积极性不高；部分建设进度指标稍滞后等。针对建设发展中存在的问题，提出以下建议，供参考。

1. 进一步突出有机农业理念在小镇建设中的指导作用。有机农业不仅仅是一种生产方式，也是一种生活方式，更是一种对待自然环境、历史文化和人类未来的态度。因此，有机小镇建设的中长期目标应是可持续利用区域内的自然环境和历史文化资源，构建一个在有机农业理念指导下的区域性生产生活系统，这个系统将成为美好生活的一种模式，并吸引和聚集具有类似理念的有识之士及其附带的各种资源，为这个系统的持续发展注入源源不断的动力。有机小镇建设应在类似这样一个中长期发展目标的指导下进行规划和项目安排。

2. 进一步落实有机农业小镇建设长效机制。如上所述，有机小镇建设是一个长期的过程，有机农业小镇建设试点只是起步，还有1年的实施期，建议启动2个有机农业小镇的规划编制，并研究下一步建设项目的总体方案，建立健全小镇建设长效机制，夯实扩大建设成果，实现可持续发展。

3. 进一步发挥有机农业小镇的品牌效应。有机农业小镇建设内容丰富多元，但最核心的是产业。由试点到全面建设，应从产业抓起，依靠产业集聚人口、发展经济、提供服务。以产立镇、以产带镇、以产兴镇，实现产镇统筹和协调发展，促进从小镇资源到小镇产业，到小镇经济，到小镇全面发展。有机农业小镇建设从概念提出到方案设计，到具体实施，到初见成效，小镇品牌凸显，各地要因地制宜，在建设的同时不仅要加大品牌的宣传广度、深度，更要以提高产品质量、加强产品营销服务来唱响品牌、提高知名度，扩大有机小镇的品牌效应，造福当地，为中国特色小镇持续健康发展提供杭州经验和样板。

11

打造“三品一标”品牌　推进农业高质量发展

邵京华　王　卉　张祖林

（杭州市农业局）

党的十八大以来，以习近平为核心的党中央始终把解决“三农”问题作为全党工作的重中之重，提出并大力实施乡村振兴战略，突出强调“乡村振兴，关键是产业要振兴”。杭州市深刻领会和践行习近平总书记关于现代农业发展的一系列重要论述，顺应发展趋势、群众需求，坚持绿色兴农、质量兴农、品牌强农，积极培育无公害农产品、绿色食品、有机农产品和农产品地理标志（以下简称“三品一标”），促进农业供给侧结构性改革和农业高质量发展，为农业增效、农民增收提供一条行之有效的途径，续写乡村振兴时代新篇章。

2017年，全市有效期内无公害农产品基地854个，认定面积达到59.4万亩；无公害农产品1252个，绿色食品企业85家、产品173个（监测面积9.64万亩），有机农产品239个，农产品地理标志9个，全市“三品一标”农产品占主要食用农产品比例达55%以上，居全省领先地位。历年品牌农产品质量检测未检出不合格，品牌信任度大幅度提升。

一、主要做法

（一）工作理念上，坚定不移走质量兴农之路

1. 在生产发展上，推行“绿色兴农，绿色发展”，走质量兴农绿色化道路。

杭州市现有耕地321万亩、经济林193万亩、竹林237万亩、水产养殖100万亩，涉及320万农民，农产品种植、养殖产品门类众多，但规模经营比例低于30%。杭州市遵循“创新、协调、绿色、开放、共享”发展理念，因地制宜，分类推行，在发展无公害农产品生产上，立足安全管控，充分发挥产地准出功能；在推进绿色食品生产中，突出安全优质和全产业链优势，引领优质优价；在引导有机农产品生产时，彰显生态安全特点，因地制宜，满足公众追求生态、环保的消费需求；在农产品地理标志登记中，突出地域特色和品质特性，带动优势地域特色农产品区域品牌创立。“三品一标”工作逐渐将原有的农产品生产高度分散、组织化程度低的状况转变为“以技术标准为基础、质量认定为形式、证后监管为手段、行政执法为保障”的品牌建设，标准实施严格、产品质量可靠、标志管理规范、品牌形象鲜明突出的“三品一标”品质产品赢得了消费者的普遍信赖，市场公信力和品牌美誉度不断提高。

2. 在质量管控上，推行“质量兴农，合格上市”，走质量兴农优质化道路。农产品从田野到走上餐桌，要经过系列环节，而生产环节是保证农产品品牌形象的源头。为此，需要做到以下几点。①实施规范认定。坚持实行“先培训、后申报”的认定制度，严格认定程序，采取现场检查、再采样、认定的办法，确保申报材料的规范性和有效性。对产地环境、产品检测技术机构和产地认定、产品认定检查员等实行资质考核、注册制度，建立退出机制。实施绿色食品颁证面谈制度。对于城区范围内的认定企业，杭州市绿色食品办公室直接到场面谈，县（市、区）认定企业由属地相关管理机构进行面谈，面谈时要求获证企业严格执行《绿色食品标志管理办法》，指导企业规范使用标志，征求企业对绿色食品工作的问题意见等，以改进行政监管服务工作。②建立监测制度，对“三品一标”产地环境、农业投入品和质量安全状况实行监测，每年抽检农业投入品1000批次左右、农产品3000多批次，加大对疑似违禁药物、隐性成分、有害微量元素等农业投入品的抽检力度。实行“高效双低”新农药财政补贴，每年投入补助资金200万～300万元，减少农药使用次数，降低农药残留，保障农产品质量安全。③严格证后监管制度，坚持数量与质量并重、认定与监管同步，建立健全例行检查制度，对获证产品和企业实行季度抽查、年度检查，如对7家年检不合格的企业进行曝光并建议发证机关撤销其绿色食品标志使用权，维护绿色食品公信力。加大对标志印制、使用情况的跟踪检查力度，按季检查质量管理体系、质量手册和程序文件的执行情况。实行动态监管，对检查中发现的问题及时整改，将性质严重的问题企业列入黑名单。强化全程监管，实施“三品一标”产地准出、市场准入制度。从2008年开始，杭州市率先开展农产品质量安全溯源管理，建立基层快速检测室(点)，检测结果信息同步上传杭州农业信息网，县(市、区)、乡镇(街道)快速检测室对公众免费开放，“三品一标”农产品生产企业上市前产品自检。2017年，快速检测定性检测农产品已超10万余批次。为提高追溯成效，杭州市从2013年开始研发推广二维码追溯信息应用，全市已有1268个农产品生产基地实现二维码可追溯，进一步保证了农产品合格上市。

3. 在农产品销售上，推行“市场消费倒逼，品质超市引领”，走质量兴农品牌化道路。基于品牌农产品农民卖不出品牌价、消费者又无处寻的情况，杭州市开展“品质食品示范超市”创建工作。2017年，以消费引导生产，市农业、市场监管、检疫检验等部门联合打造“品质食品”示范超市专区，销售的生鲜肉、菜、鱼全是“三品一标”“三同”等高标准食品，实现二维码追溯。“品质食品示范超市”的创建，一方面，积极推动了“农超对接”，农业部门向超市提供“三品一标”种养殖企业名单和产品名录。如杭州临安梅大姐高山蔬菜成功进入超市销售，余杭“跑道鱼”成了香饽饽，售价提高20%以上。发挥“三品一标”快捷入市、顺畅销售、品牌溢价等综合优势，促进优良的农业生态资源尽快转化为经济效益、生态效益和社会效益，为农业增效、农民增收提供一条行之有效的途径。另一方面，为了使消费者吃得放心，进示范超市农产品必须加贴二维码，通过手机扫描即可看到农产品生产产地、采摘日期、包装日期、检测结果、农业投入品使用情况、企业信息等。“品质食品示范超市”中，汇集“三品一标”“三同”等高标准食品500多种，其中“三品一标”食品占87%以上。这些安全的品质食品受到消费者欢迎，消费者对“品质食品示范超市”的总体满意度达

98.2%、放心度达97.5%。在2017年成功创建6家大型超市的基础上，2018年积极推进27家超市的创建工作，市场拉动逐渐作为产业持续发展的动力。“品质食品示范超市”的创建，采用政府推动、市场拉动手段，充分利用品牌优势，大力培育市场，推进优质优价市机制的形成。这种模式在促进企业增效、农民增收，提升农产品市场竞争力，促进农业供给侧结构性改革，推进农业高质量发展上有着非常积极的引领作用。

4. 在品牌建设上，推行“农产品地理标志登记管理，促进区域经济发展”，走质量兴农特色化道路。农产品地理标志是悠久农耕文化和独特地域特色的集中体现，我市积极挖掘有地方特色、人文历史、品牌效应的农产品，加大地理标志农产品的申报、登记工作，继2010年千岛银珍茶获证后，先后有建德草莓、里叶白莲、桐庐雪水云绿茶、临安天目青顶、余杭塘栖枇杷、淳安鸠坑茶、淳安覆盆子、建德西红花获农产品地理标志，2018年还有3个产品正在申报中，这些产品涵盖了杭州各地品牌影响力大、种植面积广、带动作用强的优质农产品。农产品地理标志登记工作中，杭州市讲好地标故事，弘扬农耕文化，引导公众特色消费观念，推进农业产业化，增加农民收入，促进农村经济发展，提升农产品市场竞争力，促进区域经济发展。地标产品从深山中走了出来，杭州首个地标产品千岛银珍被列入首批中欧地理标志互认产品名录；2018年在杭州举办第十届鸠坑乡茶文化节，推荐“鸠坑种，母亲茶”，先后被省内各地，湖南、江苏、云南、安徽、甘肃、四川、湖北等省，日本、越南、俄罗斯、几内亚、摩洛哥、阿尔及利亚等10多个国家引种；里叶白莲在6月举办荷花节，塘栖枇杷在上市时举办枇杷节，发挥地标品牌独特的经济、文化、社会价值，将地标保护发展与休闲农业、观光农业等结合，提升品牌认知度和美誉度，增加地标农产品的附加值，逐步形成了以品牌为引领，基地建设、产品生产、市场流通为链接的产业发展体系，产业发展初具规模，发展水平不断提高。

（二）工作方法上，用政府之力推动“三品一标”发展

“三品一标”作为农产品质量安全领域有力推动力量，推进产业持续健康发展，政府和市场这两只手缺一不可。杭州市不断调整政策扶持力度和方向，

让新型农业经营主体掌握“以品牌价值克服生产成本攀升”的利器，使规模化经营走上“以品牌化促标准化、以标准化促现代化”的发展道路，不断夯实农产品质量安全基础，满足消费升级对高品质、多样化农产品的需求，增强“三品一标”可持续发展能力。杭州市自2008年成立农产品质量监管处以来，对“三品一标”农产品的扶持奖励不断调整加大。2008—2012年，给予每个认定的无公害农产品基地1万～5万元、绿色食品2万元、有机农产品3万元奖励，每年发放扶持资金300万～500万元。2013—2017年，改变每个认定产品都扶持的普惠制政策，与县(市、区)分层鼓励：县级层面对每个认定产品给予扶持，市级层面对规模企业和对品牌认可度高的企业加大扶持，如对“三品”认定十年以上的企业给予6万～10万元奖励，对在农业部进行农产品地理标志登记的单位给予10万元的奖励。2018年，从四个层面再次调整扶持政策。①加大扶持力度，对无公害农产品认定持续十年以上的奖励从6万元提高到10万元。②调整侧重方向，扶持向绿色食品和有机农产品倾斜，降低到认定持续四年奖励5万元、七年奖励10万元。③扩大扶持面，从单纯对种植企业的扶持，扩大到对品牌影响力大的农产品加工企业的扶持，对标志使用规范、销售面大、品牌影响力大、带动作用强、老百姓对品牌产品的感知度高、容易识别与接受的加工产品起到更大的品牌宣传作用。④加大对区域带动作用强的农产品地理标志产品的扶持，对农产品地理标志登记的奖励从10万元提高到20万元。扶持政策的4个调整变化，用政府奖励手段引领“三品一标”发展方向，最基本的是保障无公害农产品安全入市，政策倾向精品农产品发展为绿色食品，有条件的农产品发展为有机食品，鼓励生产区域带动作用强的农产品地理标志产品，分层分级促进“三品一标”农产品品牌的健康发展。

（三）工作创新上，启动有机农业小镇建设试点

杭州市于2016年初启动有机农业小镇建设试点，经过二年多的建设，取得了很大进展，特别在有机理念提升、污染源头管控、过程清洁规范、基地有机认证和有机品牌培育等方面尤为显著。

鸠坑乡有机茶叶小镇和清凉峰镇有机蔬菜小镇的培育建设工作自启动以

来，2017年进入实质性阶段：①通过示范基地创建，探索形成一套有机化茶叶和蔬菜的栽培技术规范；推广有机化茶叶栽培面积3000亩、有机化蔬菜栽培面积1500亩。②加大有机产品的认证力度，认证有机茶企业和有机蔬菜产品各3个，培育有机品牌企业6家。③全面应用生态环境修复、土壤地力培肥、科学间作套种、保护发展天敌、营造共生生态等技术，减少人为干预。④创新现代营销手段，加大有机品牌宣传，对接基地和城区大型配送企业，发展高端客户，探索向主城区企事业单位配送模式，充分发展和利用专卖店、电商、微商等多平台销售模式，实现优质优价。

有机小镇建设带来品牌显现和价值提升。2017年5月，鸠坑乡利用杭州举办首届中国国际茶叶博览会的契机，组织企业以“鸠坑有机茶”的整体形象参展，获得良好的宣传效果；“鸠坑茶”获农业部农产品地理标志；以“一叶知千岛，问茶鸠坑源”为主题，举办“第九届鸠坑茶文化节”茶事活动；在杭州、湖州开设鸠坑茶专卖店。清凉峰镇组织有机蔬菜生产经营主体与西子集团、黄龙饭店、西子国宾馆、嘉兴农投等高端蔬菜消费和经营主体进行了对接洽谈，与黄龙饭店、西子集团、西子国宾馆达成配送合作；有机生产企业绿源、锦昌注册了商标“善菜”和“杭锦昌”，把小小的蔬菜走上品牌化道路。有机小镇建设农业增效，农民增收效益初步体现。如清凉峰镇已有219.9亩有机蔬菜通过转换期，并与部分消费单位进行了对接。2016年蔬菜总产值3200万元，人均1113元；2017年蔬菜总产值5100万元，人均1774元，人均增收661元，蔬菜售价提高15%。鸠坑乡茶叶产值实现年递增15%左右，产量、产值分别比上年增25.09%和12.15%。

（四）在宣传氛围上，努力营造品牌形象

树“三品一标”品牌，唱响“三品一标”品牌，为了将这些品牌产品推向市场，杭州市主要从以下四个方面入手。①沉下去。深入农村举办各类农业技术培训，向农民宣传品牌建设的重要性，既提高农民农业生产技术和农产品的监管能力，又扩大品牌影响力。每年分期分批举办无公害农产品和绿色食品内检员培训、农产品质量安全追溯管理与标准化培训、农产品监管员培训班

等。②铺开面。全方位开展"三品一标"宣传科普活动,印制了专题宣传挂图、宣传练习本、宣传笔,用于各类宣传活动,每年先后开展了进村入户服务、农产品科技知识下乡、农产品质量安全宣传周、检测室开放日、食品安全宣传广场巡展咨询、"三品一标"进社区进校园、展示展销等活动。③唱得响。用广播媒体进行无缝宣传,在杭州之声《民情热线》开辟"品质绿色农业"专题节目,通过采访12家"三品一标"农业企业和直播走进余杭浙江上升农业开发有限公司,带大家走进农产品生产基地,看看农产品的透明生产过程,搭建农产品生产企业与老百姓沟通的桥梁,增强农产品生产企业的公信力,促进企业讲诚信、有道德、强自律、树口碑。④促诚信。实施农产品质量安全"红黑名单"管理制度,对"三品一标"企业、示范企业实行信用评价。把品牌企业列入红榜,在杭州农业信息网上进行宣传;对列入黑名单的企业按照管理制度进行曝光和处罚,并将"黑名单"制度与农业扶持项目挂钩,扩大"红黑"二头效应。

品牌宣传使消费者越来越关注食品安全和信赖品牌,生产企业主体市场影响力不断增强。围绕地方特色、优势产品,培育了一批有一定带动能力的经营主体。如杭州萧山舒兰农业有限公司现拥有土地面积1200亩,其中蔬菜基地800亩,在杭州萧山、绍兴垦区和湖州安吉等地建有配套生产基地6000亩,连接基地农户200户,带动面上农户2000户,有配套保鲜冷藏库1100m^3,洁净蔬菜整理、杀菌、包装车间1500m^2,酱腌车间1800m^2。该公司已经成为全国绿色食品示范企业、杭州市农业产业化基地、萧山区"放心菜"基地以及浙江农华优质农副产品配送中心优质蔬菜生产供应基地,其8种"舒兰"牌绿色食品蔬菜已占据"品质示范超市"中高端蔬菜柜台。杭州千岛湖啤酒有限公司生产的"千岛湖"啤酒占据杭州大半个啤酒消费市场,其中3只主打产品为绿色食品,被推荐为"国家级优质啤酒"以及"全国酒类产品质量安全诚信推荐品牌",荣获"浙江省著名商标"。之后,该公司又建设了杭州千岛湖啤酒文化长廊,基于工业旅游、餐饮旅游、参与性旅游三大产品骨架,构建啤酒博物馆、啤酒工艺廊道、啤酒吧街和休闲乐园四大板块,并以"参观啤酒工艺、体验啤酒浪漫"为主题,开发综合旅游产品,打造千岛湖啤酒的新形象。

二、面临和亟待解决的问题

（一）产品认定不适应消费需求变化

随着经济的发展，大众对农产品的消费需求从满足"有的吃、吃得饱"变为"吃安全、吃营养"，安全优质农产品的需求越来越大，特色化、品牌化农产品需求日益旺盛。但"三品一标"认定企业规模偏小，产品品种少、数量小，跟不上消费者的需求，产品认定与消费需求存在脱节的情况。

（二）农业供给效益亟待提高

"三品一标"没有完全得到市场认可，大众接受程度有限；同时，市场准入机制仍不完善，我市近年来一直在推动"三品一标"市场进入，拉动"三品一标"的发展，还存在一定的难度。企业按照"三品一标"标准进行管理和生产，势必增加生产管理成本，但"优质优价"的品牌效应却没有得到充分体现，加大了销售难度。同时，认定的"三品一标"农产品大部分局限于产业链的前端，对于"全产业链"从田间到餐桌所涵盖的种植、养殖与屠宰、食品加工、品牌推广、食品销售等多个环节，存在着加工、储藏、营销等产业链条后段的不连接、不完整问题，影响品牌打造。

（三）产品认定后劲不足

一方面，扶持资金趋紧带来约束作用。2015年，我市将原有的无公害农产品认定和复查换证财政补助调整为对建设无公害、绿色和有机农产品的品牌企业做大做强做长的奖励，且大部分县（市、区）的奖励政策也进行了调整。对此政策调整最直接的反映就是2016、2017年我市的"三品"认定和复查换证率严重下滑。另一方面，品牌宣传跟不上发展。目前从中央到地方宣传营销方式难以适应"三品一标"的发展需要，宣传面小，手段不多，频率不高，力度不大。广大消费者对"无公害""绿色"的含义一知半解甚至曲解，不知道"三品"与普通农产品的区别，更不懂得如何辨识"三品一标"的标识。"三品一标"宣传力度不足，直接限制了品牌含金量的提高，使得消费者不愿意首选"三品一标"产品，生产者也不愿主动进行"三品一标"认定。

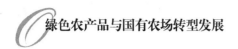

三、提升“三品一标”品牌发展建议

培育提升农业品牌是实施乡村振兴战略的重要内容。2018年9月，中共中央、国务院印发《乡村振兴战略规划(2018—2022年)》，提出加快农业现代化步伐，坚持质量兴农、品牌强农，深化农业供给侧结构性改革，构建现代农业产业体系、生产体系、经营体系，推动农业发展质量变革、效率变革、动力变革，持续提高农业创新力、竞争力和全要素生产率，加快推进农业由增产导向转向提质导向。围绕助力乡村振兴战略提出以下建议。

（一）落实食用农产品合格证制度

2017年，中共中央办公厅、国务院办公厅印发了《关于创新体制机制推进农业绿色发展的意见》，明确要求加强农产品质量安全全程监管，健全与市场准入相衔接的食用农产品合格证制度。2017年2月，浙江省农业、林业、渔业三厅(局)联合发布《浙江省食用农产品合格证管理办法》。5月1日，《浙江省农产品质量安全规定》开始实施，这部地方性法规明确要求规模农产品生产者要对所生产经营的“三品一标”以外的食用农产品附具合格证。浙江也因此成为全国第一个全面启用食用农产品合格证的省份。合格证上有产品、生产经营者、产品合格方式、生产日期等信息，并附有二维码，俗称“一证一码”。在此形势下，建议浙江省进一步落实合格证制度，在条件成熟时可以考虑将无公害农产品认定管理过渡为合格证管理。

（二）培育提升农业特色品牌

培育杭州特色优势农产品，以杭州独特的历史文化为基础，有序开发优势特色资源，做大做强优势特色产业。加快建设特色鲜明、优势集聚、市场竞争力强的特色农产品申请农产品地理标志保护工作，将地标保护发展与休闲农业、观光农业等结合起来，讲好地标故事，弘扬农耕文化，进一步发挥地标品牌独特的经济、文化、社会价值，增加地标农产品附加值。

（三）调整品牌发展方向

1. 促进农产品加工业增品种、提品质、创品牌，努力打造能走出杭州、走向国际的“杭字号”的农业品牌和国际品牌。

2. 大力发展绿色食品，坚持优质、精品定位，适应居民消费中高端、多元化、个性化需求，坚持特色精品、品牌引领，立足精品定位，使农产品品牌进入“以品牌引领消费、以消费培育市场、以市场拉动生产”的良性循环发展轨道。

3. 调整品牌宣传推荐，借助农产品博览会、展销会等渠道，充分利用电商、“互联网＋”等新兴手段，加强品牌市场营销。积极引导大型商业连锁企业开展绿色食品和地理标志农产品营销，鼓励在农产品批发市场、大型超市等农产品集散地设立绿色食品和地理标志农产品专销网点、柜台和展示区。充分发挥农业会展、节庆活动在搭建平台、宣传品牌、促进贸易方面的作用。

（四）着力解决产与销两头效应

要加强产的源头建设，加强绿色食品和地理标志农产品生产经营主体培育。要使优质产品能给生产经营主体带来好的效益（市场准入、优质优价）。要着力解决消费者对优质产品的选择难题和信任瓶颈，有效满足消费者对农产品安全、品质、多样化的需求。

（五）加快队伍建设，促工作转型

要加强农产品质量安全监管队伍建设，在稳定中着力提升监管人员的能力与水平，建立一支稳定的监管队伍。

12

“三品一标”发展存在的问题与对策建议

吴愉萍[1]　陈国华[2]　连　瑛[1]　孙　辉[1]　唐文华[3]　江裕吉[4]　胡雅花[1]
（1. 宁波市农产品质量安全管理总站；2. 象山县绿色食品办公室；
3. 镇海区农林局；4. 江北区农林水利局）

2001年，为应对我国农产品质量安全危机，农业部牵头提出了“无公害食品行动计划”，宣告“三品”即无公害农产品、绿色食品和有机食品正式登上了历史舞台。2007年底，《农产品地理标志管理办法》以第11号部长令的形式发布，“三品”正式升级为“三品一标”（无公害农产品、绿色食品、有机农产品和农产品地理标志）。“三品一标”经过十多年的发展，在提升农产品质量安全水平、引领农业标准化生产、打响农业品牌知名度等方面都做出了重要贡献。但是，现阶段，“三品一标”发展也遇到了一些困难和问题，亟待进行改革。

一、“三品一标”发展的有利因素分析

我国是一个小农社会。在不改变目前土地性质及家庭联产承包责任制的前提下，农业的分散经营将在长时间内存在。分散经营必定带来监管难度及成本的增大，也必定带来技术和资源的分散。“三品一标”就是在分散中把相对集中的规模经营主体聚拢到一起，给定统一的标准，纳入共同的监管。从这个意义上讲，只要中国的分散经营不改变，“三品一标”就有存在的必要，“三品一

标”在中国农业的发展中必然起着引领、示范和带动作用。

此外,我国正处在经济、社会和生态高速发展的阶段。随着人民生活水平的提高,健康成为人们关注的热点,而健康的基础——食品安全自然成了热点中的热点。“三品一标”定位在安全的标准上,其中无公害农产品、绿色食品和有机食品还满足了不同层次消费群体的需求。地理标志农产品则是具有地域特色的独一无二的产品,这些都契合农业供给侧改革的要求。真正的“三品一标”农产品消费市场巨大。“三品一标”还未完成其历史使命,未来我国农业的发展迫切需要“三品一标”承担起引领农产品质量安全和农业品牌建设的任务。

二、“三品一标”发展过程中存在的问题

现阶段“三品一标”仍处于发展初期:一方面,从申请主体上讲,企业申请“三品一标”的动力不足,多数靠地方政府的奖励政策在维持;另一方面从消费端讲,“三品一标”并没有忠实的消费群体,品牌认知度还很低,多数消费者知道“无公害”“绿色”等字眼,但不知其内在含义,在选购农产品时也不会特意购买。

具体而言,从基层看,现阶段“三品一标”发展存在以下几个方面的问题。

(一)概念过多,不易分清

“三品一标”涵盖了无公害农产品、绿色食品、有机食品、农产品地理标志四种概念、四个标准。农业系统内部多数人都说不清楚四种概念的区别,更不用说普通消费者。概念多、不易记的直接后果是老百姓只能理解成“绿颜色的蔬菜就是绿色食品”,或“无公害就是不施化肥不打农药”。此外,除了“三品一标”外,还有名牌农产品、森林食品、农产品合格证、农产品追溯码等。安全优质农产品公共品牌概念过多,标准过于复杂,主推力量分散。

(二)标准执行不到位,存在水分

无公害农产品执行的是国家农产品质量安全强制性标准,要求规模企业产地环境通过检测,并开展标准化生产。绿色食品标准是我国推荐性农业行

业标准，不仅与食品安全国家标准相协调，还向国际先进标准看齐，如种植业产品，其投入品需符合《绿色食品　农药使用准则》(NY/T 393—2013)要求，所选用农药既要获得国家农药登记许可，又要在绿色食品允许使用农药清单内，按标准执行存在一定的难度。对于有机农产品，则化学合成的农药、肥料均不能使用，执行难度更高。存在一些企业实际生产过程与申报材料不一致，执行标准不到位。此外，“三品一标”还注重农业生产企业管理水平的提升，要求企业制定质量控制规范和生产技术规程，对管理人员进行合理分工，安排内检员进行内部检查等。这些要求在农业企业中属于高配，部分企业管理制度无法真正落地实施。

（三）申报要求过于复杂，力未用在刀刃上

目前，全国从上到下已建立了较为完整的“三品一标”队伍，开展申报和审查工作。有些省(自治区、直辖市)还将“三品一标”纳入行政许可或行政确认范畴。“三品一标”整套申报程序的制订借鉴了国外认证的工作方式和工业产品许可方式，基本上要经过县、市、省和农业部四级审核，要求提交申请书、调查表、资质证明文件、质量控制规范、生产技术规程、投入品使用记录、投入品使用证明、检测报告等材料。我国农业经营主体素质与这些申报要求之间存在差距，存在一些申报主体无法独立完成申报材料的编制，转而请别人代做材料，直接导致了申报材料偏离企业生产实际的现象发生。同时，“三品一标”的审核程序过于复杂，获证周期过长。

（四）技术推广缺位，核心坍塌

“三品一标”的核心是标准化生产。生产过程符合要求、投入品使用达到标准，才是“三品一标”存在和打动消费者的灵魂所在。但是，从全国情况看，目前“三品一标”工作的重心仍然放在了申报材料的审查上。各地“三品一标”管理机构人员虽然是公务员或者事业编制，但开展生产技术研究和推广，解决“三品一标”生产过程中难题的比较少。农业技术推广部门专门针对“三品一标”标准化生产开展的研究和推广更少，“三品一标”生产技术的研究和推广缺位。

（五）宣传薄弱，市场端断裂

从“三品一标”的定位和市场需求看，在目前阶段，对“三品一标”的宣传还过于薄弱。现阶段“三品一标”的宣传主要还是各地开展的科技下乡、进社区活动，全国范围的大型宣传基本没有。大部分消费者不清楚我国有这么好的农业品牌存在。此外，在销售环节上，企业获证后销售策略也基本没有变化，多数获证单位没有积极主动宣传“三品一标”，共同打响“三品一标”品牌。因品牌可见度和认知度不高，消费者不知可以到哪里采购“三品一标”农产品；有些生产企业拿到证书后就将其放在了抽屉里，没有发挥证书对产品市场开拓的作用，“三品一标”品牌价值未充分体现，优质优价机制也未形成。

三、“三品一标”的改革思路

我国农业现代化的推进过程必然是一个艰苦而缓慢的过程。虽然“三品一标”的理念契合了现阶段生态文明建设的大环境，有其大展手脚的空间，但是，“三品一标”要真正发挥作用，还必须进行改革。对无公害农产品、绿色食品、有机农产品和农产品地理标志的具体建议如下。

（一）结合信息化手段，条件成熟时并轨无公害农产品与合格证工作，扩大受监管主体总量规模

无公害农产品诞生的使命就是一定时候以无公害农产品作为市场准入的条件，通过无公害农产品带动农业规模化经营和标准化生产。但是，无公害农产品并未完成其使命，截至2016年底，全国认定的无公害农产品产量只占可食用农产品产量的10%左右，远远不能满足市场准入需求。究其原因，主要还是由无公害农产品的特点决定的。①无公害农产品的申报具有规模要求，而从全国看，截至2014年底，土地流转面积只占家庭承包经营耕地面积的30.4%，决定了无公害农产品的总量规模不可能很大；②无公害农产品认定准入门槛高；③通过无公害农产品认定后，政府部门的监管责任更大，导致一些地方农业行政主管部门有控制地发展无公害农产品。农产品合格证是农业部近几年在推的一项重要制度，其本质是主体承诺＋追溯，在条件成熟时，可以

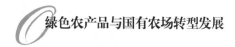

考虑将无公害农产品与合格证工作并轨。

1. 改无公害农产品认定为无公害农产品备案制度，无公害农产品审核由省级管理机构完成，报农业部备案。通过备案的无公害农产品不再下发证书，也不再单独加贴使用标志，而是在合格证上标示无公害农产品信息，到一定时候，所有合格证的开具必须全部通过无公害农产品备案。认定赋予监管部门更大的压力，在人员编制不增加、工作力量不加强的情况下，认定数量大幅增加的可能性不大。同时，管理部门从保护自身免遭因获证产品质量安全问题而被追责的角度出发，必然会分解责任压力，拉长认定的流程和程序。因此，建议变无公害农产品认定为无公害农产品备案，且在工作人员完成其职责仍出现农产品质量安全问题的情况下，不应将责任交由工作人员和管理机构承担。无公害农产品只是相对安全的农产品，不可能保证获证产品100%不出质量安全问题。这就像拿到驾照的驾驶员不可能100%不违反交通规则一样。如驾驶员违反了交通规则后，去追究驾校或教练的责任，那么就没有驾校敢培训驾驶员了。

2. 简化无公害农产品工作流程和申报材料要求。各地可以根据当地特色，制定规模主体的标准，降低无公害农产品准入规模门槛。因大部分农业经营主体文化素质不高，因此建议简化申报材料要求，只采集经营主体的基本信息和生产档案记录，完成产地环境检测和产品检测。简化无公害农产品申报材料要求，并不意味着降低了对无公害农产品质量安全的要求，而是改变思路，把无公害农产品工作做成像在银行开通银行卡一样，申请人能够轻松地完成资料提交，简化的资料由检查员在进行现场检查时了解、掌握。同时，完善无公害农产品管理信息系统，申报材料的提交、审核、现场检查、日常监管等均纳入信息化管理，提高工作效率。

3. 建立奖惩分明的检查员管理制度，将检查员工作绩效纳入职称评定、评奖评优、绩效工资等考核，强化检查员作用，组建正规的检查员队伍。检查员在无公害农产品申报过程中起着重要的作用，申请主体是核实、申请人信息收集、申请现场检查等都需要由检查员完成。此外，可改变无公害农产品认定

3年到期换证为每年年检制度，由检查员开展年度检查。

（二）从实现优质优价、建立自动造血功能的角度出发，强技术，扩宣传，做大做强绿色食品，适度发展有机农产品

绿色食品和有机农产品应起到引领农产品消费的作用，其改革的最大课题就是实现优质优价，让更多的生产者主动要求生产，让更多的消费者乐意采购。

1. 需要做强绿色、有机农产品生产的技术支持，通过农业部门的技术推广，让更多的生产者能够得到绿色有机农产品生产标准，并降低生产成本，为做实品牌打下坚实的技术基础。

2. 加大证后监管力度，特别是要加强市场监察、产品抽检力度，及时清除不符合标准产品，提高获证产品的公信力，为做实品牌挤水倒逼。

3. 建立统一的绿色食品、有机农产品销售网络平台，以解决消费者想买却不知哪里买的问题。例如，可以通过加贴二维码的方式，消费者通过扫一扫进入统一的销售平台后，除查看所买产品情况外，还可浏览其他获证产品，提高产品的销售量，为做强品牌链接生产端与销售端。

4. 加大品牌宣传力度，集中力量在全国推出绿色、有机农产品广告，改革并创新工作方式，扩大品牌的知名度，提升品牌价值，为做强品牌营造市场氛围。

（三）从发挥区域公用品牌优势的角度出发，育主体，强服务，持续推进农产品地理标志登记工作

现代农业发展的方向是“人无我有，人有我优，人优我特”。地理标志农产品建设是实现“人优我特”的路径。要加大登记主体的扶持培育力度，探索建立制度，调动登记主体的积极性。农产品地理标志登记过程中最缺的是符合要求的登记主体。一个好的登记主体，不仅要能组织开展农产品地理标志登记申报工作，更重要的是能够在获得登记后切实承担起品牌管理和维护职责。要做好登记保护服务，紧扣“申报什么、谁来申报、怎么申报”，挖掘生产区域范围明确、产品品质独特、人文历史悠久、产业基础深厚、当地政府重视、社会认知度较高的地域特色农产品资源,做到成熟一个发展一个。要强化品牌建设,鼓励建立地理标志公共品牌与企业品牌的母子品牌联合推广机制。利用地理标志丰富的人文历史底蕴,推进地理标志产业与旅游、教育、文化、健康养老等产业有机结合,促进一二三产融合发展。鼓励利用现代化公共媒体、农业会展、节庆活动、各类推荐活动等,加强地理标志品牌宣传,推进产销对接。

13

绿色食品生产资料发展存在的问题及对策建议

孙　辉[1]　吴愉萍[1]　马永军[1]　胡远党[2]　胡雅花[1]　连　瑛[1]
（1. 宁波市绿色食品办公室；
2. 宁海县农业环境与农产品质量安全监督管理总站）

绿色食品生产资料（以下简称绿色生资）是指获得国家法定部门许可、登记，符合绿色食品投入品使用准则要求，可优先用于绿色食品生产加工，经中国绿色食品协会（以下简称协会）核准并许可使用特定绿色生资标志的安全、优质、环保生产投入品的统称。绿色生资是绿色食品产业体系的重要组成部分，是产品质量的重要保障。发展绿色生资能够确保绿色食品事业的持续健康，也符合国家农业供给侧机构性改革的绿色现代农业发展方向。

一、绿色生资的发展历程

绿色生资起步于20世纪90年代。1996年，中国绿色食品发展中心出台《绿色食品生产资料认定推荐管理办法》，标志着绿色生资正式走上历史舞台。2007年，中国绿色食品发展中心注册绿色生资证明商标，出台《绿色食品生产资料证明商标管理办法》，迈出了法制化的步伐。2012年绿色生资证明商标相关工作转让给协会，由协会全面负责绿色生资的开发与推广。2015年，中国绿色食品发展中心出台《关于推动绿色食品生产资料加快发展的意见》，进一步推动绿色生资的发展。

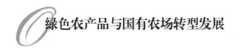

宁波市响应国家发展绿色生资的号召，积极开展绿色生资的认定申报工作。2000年，宁波市成功申报了第一个绿色生资产品——糖萜素，该产品也成为全国唯一的AA级纯天然绿色饲料添加剂。2002年，我市“天邦”牌特种水产饲料被认定推荐为绿色生资，天邦食品股份有限公司也成为国内水产饲料行业首家获证的企业。随着绿色生资的发展和壮大，宁波市绿色生资产品拥有量在2009年达到最高，达33个。

二、绿色生资的发展现状

绿色生资是绿色食品的重要技术支撑，特别是养殖业（包括畜牧和水产）的绿色食品依赖于绿色生资的发展。据统计（数据来自协会网站），截至2018年5月，全国共有绿色生资企业120家、产品333个，主要为肥料、农药、食品添加剂、饲料及饲料添加剂四大类。其中，肥料有133个产品，占总数的40.0%，是有效期内绿色生资获证数量最多的种类；其次是饲料及饲料添加剂，有124个产品，占总数的37.2%；农药有60个产品，占总数的18.0%；食品添加剂有16个产品，占总数的4.8%，是有效期内绿色生资获证数量最少的种类。

从种类和数量看，绿色生资种类不齐全，数量偏少。绿色生资产品许可主要范围包括肥料、农药、饲料及饲料添加剂、兽药、食品添加剂及其他与绿色食品生产相关的生产投入品。目前，获证产品仅限于肥料、农药、饲料及饲料添加剂、食品添加剂4个种类，兽药及其他与绿色食品生产相关的生产投入品没有获证产品。有效期内绿色生资获证产品种类和数量无法与绿色食品的发展相匹配，特别是养殖业申报绿色食品所必需的饲料及饲料添加剂，制约着绿色食品的发展。

从地区分布看，各地发展不均衡。2017年，国内有24个省（自治区、直辖市）发展绿色生资，其他省（自治区、直辖市）处于零申报的状态。企业数量最多的省为山东和江苏，均为14家，其次为青海（13家），其余省（自治区、直辖市）的企业数量均在10家以下，6个省（自治区、直辖市）的企业数量仅为1家；

产品数量在30个以上的省有3个，分别为山东、四川和云南，与江苏、福建和河南共6个省的产品数量占总数的51%，其余省（自治区、直辖市）的产品数量均在20个以下，11个省（自治区、直辖市）的产品数量在10个以下。绿色生资区域发展不平衡，严重制约了绿色生资的推广应用，影响绿色生资事业的发展。

三、绿色生资发展存在的问题

绿色生资发展过程中存在的主要问题有以下几个。

（一）重视程度不够

绿色食品经过了20多年的发展，已具备一定的规模，各地也制定了相应的发展规划和奖励政策，但对绿色生资发展的扶持政策则相对较少。20世纪90年代，农业部意识到绿色生资和绿色食品的重要关系，中国绿色食品发展中心相继出台了《绿色食品推荐生产资料暂行办法》等一系列办法，不断探索绿色生资的技术标准、研发和推广工作，虽然在农药、肥料等种类上有了一定的数量，但还无法与绿色食品的发展规模相适应。

此外，由于肥料、农药、食品添加剂、饲料和饲料添加剂的生产多不归农业部门管辖，绿色食品具体工作在各地也多为农业部门下属事业单位在管理，导致了绿色食品受重视程度不够，而绿色生资则更鲜有人过问。

（二）申报程序复杂，成本偏高

绿色生资标志是在国家商标总局注册的证明商标，制度完善，不仅有标志管理办法、分类别实施细则，还有相应的申报程序，各环节时限明确。从提出申请，经省级初审、现场检查，到协会复审、专家终审，再到签订合同、缴费、颁证等，过程复杂，时间漫长。在实际申请时，申请主体按照要求准备材料也需要耗费较长时间。

绿色生资证书有效期3年。收费包括审核费和管理费两部分：审核费单个产品为0.8万元，同时核准多个产品和系列产品费用相应减少；管理费按照不同类别第一年为0.6万～1.2万元，第二、三年比第一年有所增加，多个产品和系列产品同样相应减少；续展时审核费减免50%，管理费不变。以申请一个有机肥料产品为例，三年应交审核费和管理费3.0万元，如果没有绿色食品生产企业有效对接或没有绿色食品原料标准化生产基地有效对接，直接影响企业申请绿色生资的积极性。

（三）供需信息不平衡

绿色生资宣传力度不大，且在绿色食品申报过程中，并未强调需要以绿色生资作为前置条件，导致了绿色生资的市场需求量并不大。同时，绿色生资也无统一的供货平台，绿色食品生产企业即使可以优先选择绿色生资，也不知道哪里可以选购，从市场端拉动绿色生资发展的动力不足。

（四）技术推广乏力

绿色生资标志的申请、使用和推广，依托各省（自治区、直辖市）的绿色食品管理机构和体系，从业人员相对较少，且都属于兼职。在县级、乡镇级等基层没有相关机构，更不会配备工作人员。工作队伍体系尚未健全，人员缺乏，制约着绿色生资的推广和事业的发展。

四、发展绿色生资的对策建议

绿色食品是绿色发展、质量兴农的重要抓手。新形势下绿色食品事业发展面临着新任务，对绿色生资的发展也提出了新的要求。绿色生资产业要跟随绿色食品产业发展的进程和规模，立足服务于绿色食品企业和绿色食品原料标准化基地建设，在防范风险的前提下积极稳步发展。

（一）制定政策，支持绿色生资发展

有关单位应紧紧围绕农业供给侧结构性改革，出台相关措施和制度，对绿色生资产品给予扶持和补贴；主管部门应降低申报材料要求，缩短申报时间；积极鼓励已在绿色食品企业内使用且符合条件的生资产品申报绿色生资，引导已在绿色食品原料标准化基地内应用且符合条件的生资产品申报绿色生资，推动绿色生资持续健康发展，保障绿色食品质量安全。

（二）积极推广，扩大绿色生资应用

分类制定绿色生资推荐使用名单，鼓励绿色食品申报企业优先选择绿色

生资投入品，减少非绿色生资的使用量；适当增加绿色食品原料标准化基地对绿色生资的使用要求，保障原料来源的质量。

（三）加强宣传，提升品牌影响力

借助报纸、电视、网络等媒体宣传绿色生资科普知识、应用前景和深远意义；积极搭建绿色生资企业与绿色食品企业和基地的对接平台；调动符合条件的企业申报绿色生资，加大扶持力度；引导绿色食品企业和绿色食品原料基地推广使用绿色生资产品，营造氛围，助推绿色食品产业发展。

（四）加强培训，建立队伍体系

壮大绿色生资管理人员队伍，吸收科研院所专业人员，特别是生产技术人员和基层技术推广人员，让他们了解绿色生资，熟悉绿色生资和绿色食品的要求，合理组织可利用资源，扩大绿色生资的影响力和品牌知名度，推动绿色生资健康发展。

14

温州市绿色食品产业发展的思考和建议

潘国义　邹文武

（温州市农业局）

随着国民经济的显著增长和全球经济的一体化发展，我国人民生活水平逐步提高，消费理念正发生着巨大的转变，人们对农产品和食品的需求已从单纯的解决“温饱型”迈向“小康型”转变，这对农产品的质量提出了越来越高的要求，尤其是对绿色食品而言。十九大报告提出，“既要创造更多物质财富和精神财富以满足人民日益增长的美好生活需要，也要提供更多优质生态产品以满足人民日益增长的优美生态环境需要。”这就要求我们“三农”工作从之前的“促生产、保供给”向“强监管、树品质”转变。然而，从行业发展上来看，目前我国绿色食品市场总体上仍处于导入期，同样面临着人民日益增长的对健康、无污染、安全、优质营养的绿色食品需求与绿色食品市场不平衡不充分的发展之间的矛盾。由此可以看出，在未来，绿色食品无论是在国内还是在国外，发展潜力都十分巨大。因此，本文结合温州绿色食品产业发展实际，分析当前存在的问题和不足，谋划温州绿色食品产业未来发展方向。

一、温州绿色食品产业发展现状

近年来，温州紧紧围绕浙江省委、省政府打造“高效生态农业强省、特色农业精品大省、农产品质量安全示范省”和省农业厅“两美农业”建设要求，绿色食品产业进入稳中有增的发展期。

1. 产品种类丰富。温州现有经行政确认的53个绿色食品中,水产品13个,占比24.5%;茶叶13个,占比24.5%;水果8个,占比15.1%;蔬菜15个,占比28.3%;加工品9个,占比17.0%。充分发挥了温州"七山二水一分田"的物产优势,将茶叶、杨梅、黄鱼、瓯柑等温州特色农产品包罗其中。

2. 产业水平明显提高。温州现有绿色食品生产主体32家。其中,农业企业14家,占比43.75%;农民专业合作社18家,占比56.25%。基地化生产、企业化运营、品牌化发展已经成为温州绿色食品产业的发展趋势。

3. 产品质量稳定可靠。温州注重农产品质量安全工作,早在2016年,温州市农业局就与苍南县政府签订食用农产品标牌标识示范县建设战略合作协议,积极探索质量安全与品牌建设、合格证与产品溯源相融合之路。通过企业年检、行政抽查、市民监督等多措并举,绿色食品的抽检合格率均达99%以上,未发生农产品质量安全责任事故,绿色食品的品牌美誉度和产品信誉度得到进一步提升。

二、当前制约温州绿色食品产业发展的因素

虽然温州绿色食品产业基础不断夯实,整体发展水平不断提高,但是在现实工作中,仍存在不少制约因素。

1. 产业发展总体还不尽如人意。温州有着得天独厚的农产品生长环境,靠山、靠海、靠田都能生产出具有温州特色的绿色优质农产品,也打造了一批诸如苍南四季柚、平阳马蹄笋、陶山甘蔗、瓯海瓯柑等"叫得响、市场接纳度高"的产品品牌,然而从无公害农产品转化为更高要求的绿色食品却只有53个,这显然与温州推进绿色优质农产品发展、建设"两美"温州的要求不相适应。

2. 产业发展进入阵痛期。近年来,我市"大拆大整""大建大美"火热推进,在"五水共治"高压态势下,种植业发展空间被不断挤压,畜牧业养殖场数量减少。同时,农业生产要求不断提高,部分农业生产主体难以适应现实要求,生产经营压力大。再加上申报绿色食品费用较高、优质优价环境尚不明

显、品牌意识不强等原因，生产主体对申报绿色食品认定的积极性不够高。

3. 队伍力量不稳定。2017年，整个温州仅有绿色食品检查员4名，其中，县级农业部门2名，市级农业部门2名，而市级农业部门中仅有1名专职从事绿色食品工作。队伍力量的不稳定，直接导致绿色食品工作不能长效推进。

4. 工作手段缺乏。针对生产主体申报积极性不高等问题，目前除了财政奖励政策外，没有更好的措施。认定的主体是农业企业，政策和效益是影响申报积极性的关键因素，在效益未充分体现的现实状况下，行政工作相对被动。

三、温州绿色食品产业发展的经验

1. 行政力量推动不可少。近年来，由于消费者对可食用农产品的质量要求越来越高，品牌意识越来越强，倒逼生产主体加强农业生产质量管控，提高生产养殖水平，注重农业品牌提升，而发展绿色食品是提升品牌的一条捷径。生产主体的质量意识有所提高，但是苦于文化水平及申报费用等因素的制约，申请绿色食品的积极性和主动性不强，这就需要行政力量去组织和推动。实践证明，政府及农业行政主管部门重视程度高、宣传力度大、扶持力度强的县（市、区），绿色食品产业发展势头就好，生产主体申报的积极性就高。

2. 资金补助扶持不可少。2018年3月，温州在全市范围内开展了2018—2019年全市“三品一标”申报摸底调查。通过调查发现，在其他各地对绿色食品补助普遍停留在8000～20000元标准的阶段时，泰顺县将补助标准提高到50000元后，泰顺县的计划申报数就达到39个之多，占全市计划申报数的57.35%。因此，在优质优价机制尚未完全建立的情况下，加大补助扶持力度是有效提高生产主体申报积极性的一种有效措施。

3. 宣传引导力度不可减。有少数一线农业管理者认为，发展绿色食品是市场行为，不应由政府行政绩效考核来推动。但事实上，这是一种认识误区。农业供给侧结构性改革的重点是提高供给质量，大力发展绿色食品是各级政府及农业主管部门的职责所在，也是大势所趋。绿色食品标志是对管理规范、质量保证的农产品的一种肯定和品牌加码，通过加贴绿色食品标志来提高产品附加值。然而，如果生产主体本身产品市场接受程度不高，希望通过加贴绿色食品标志来获得短期内的销售量猛增，那是不可能，也是不现实的。当前，一线农业管理部门用行政力量推动绿色食品工作，应该更多地着力于对绿色食品安全优质的内涵的宣传和生产管理规范的监督引导，加大补助力度，让生产主体形成“绿色”意识，逐步提升绿色生产积极性和主动性。

四、推进温州绿色食品产业发展的建议

近年来，温州紧紧围绕浙江省“八八战略”，找准自身劣势，积极发挥优势，定位“绿色农业”“精品农业”“现代农业”，先后开展了食用农产品标牌标识示范建设、绿色优质农产品进城等活动。“十三五”时期是基本实现农业现代化的攻坚期，温州将进一步强化补短板意识，在绿色食品产业发展上，坚持“稳增长、提质量、调结构”，培育壮大已有绿色食品生产主体，引导发展绿色食品产业，推动绿色食品产业标准化、规模化生产，进一步提升绿色食品质量。

（一）加大政策扶持力度

温州各地先后出台了扶持绿色食品产业发展的相关政策，也取得了一定的成效。下一步，要继续加大政策扶持力度。一、将绿色食品产业发展作为发展绿色经济和推进农业供给侧结构性改革的重要内容，地方财政加大资金扶持力度，将绿色食品产业发展作为当地强农惠农政策的落脚点。二、针对温州各地对绿色食品补助更多倾向于一次性、初次申报补助，而忽略了过程补助和证后监管的实际情况，要在设置补助标准时，将一次性补助向过程性补助转变，并增加绿色食品续展补助，对连续续展绿色食品的生产主体给予一次性奖励。也就是说，对于每年通过年检以及三年有效期满后续展的申报主体，应给予相应补助，这样有利于提高申报主体年检和续展的积极性和主动性，也更有利于对生产主体的过程监管。

（二）加强体系队伍建设

温州绿色食品检查员队伍十分薄弱，全市拥有检查员证的从业人员仅4名，而且绿色食品产业线普遍存在人员流动快、非专业等问题。

1. 要持续做好绿色食品内检员、检查员、监管员的培训注册工作，不能“等、靠、要”，要主动对接浙江省农产品质量安全中心，将培训引向地方，让更多符合条件的同志接受培训教育，提升服务能力。

2. 要加大对绿色食品生产主体和计划申报主体的标准化生产技术培训，在全域范围内开展绿色食品知识“扫盲”行动，提升绿色食品全程标准化生产和质量控制水平。

（三）提升绿色品牌质量

围绕全省创建国家农产品质量安全示范省的要求，温州要继续推进绿色食品新申报和续展率的双提升，保持绿色食品产业高水平、高质量发展。

1. 围绕温州“小农业”特点，以基地建设为抓手，鼓励引导生产主体抱团发展，整体打包建设绿色食品基地，实现品牌效益的最大化。

2. 结合温州农产品质量“红黑榜”制度，建立诚信激励机制，围绕规范生产情况、生产记录情况、用标情况，对绿色食品生产主体开展定期和不定期质量抽检，坚决取消抽检不合格产品和年检不合格企业的资格，并在项目和资金扶持上向优秀绿色食品生产主体倾斜。

（四）提升品牌知名度

要将绿色食品品牌建设作为农业品牌建设的重中之重来考虑。

1. 结合乡村振兴计划，将绿色食品与休闲农业、观光农业相结合，通过绿色优质农产品进城活动，让绿色食品走进酒店（农家乐）、民宿和展会，带动绿色食品优质优价机制的建立。

2. 加强常态化宣传，通过媒体宣传，引导市民知晓绿色食品、消费绿色食品，营造全社会关心、支持和监督绿色食品产业发展的良好氛围。

15

温州市农产品地理标志产业化发展的现状分析和建议

潘国义　邹文武
（温州市农业局）

近年来，温州紧紧围绕2017年中央“一号文件”《关于深入推进农业供给侧结构性改革加快培育农业农村发展新动能的若干意见》提出的“开展特色农产品标准化生产示范，建设一批地理标志农产品和原产地保护基地。推进区域农产品公用品牌建设，支持地方以优势企业和行业协会为依托打造区域特色品牌，引入现代要素改造提升传统名优品牌”要求，大力推进农业公共品牌建设，地理标志农产品从2016年的2个增加到2018年初的5个，年增效益达到5.8634亿元，凸显农业抱团发展的集聚效应。

一、开展温州农产品地理标志产业化发展的意义

农产品地理标志是指标示农产品来源于特定地域，产品品质和相关特征主要取决于自然生态环境和历史人文因素，并以地域名称冠名的特有农产品标志。它是产地标志与质量标志的复合体，具有公共性、唯一性和不可复制性。随着我国农产品地理标志登记保护制度的不断完善和登记监管机构的不断发展，截至2017年2月底，全国地理标志农产品发放数量已达到2061个。

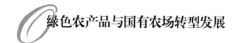

（一）有利于保护温州的优势农业资源

开展农产品地理标志保护，给保护温州农产品优良品种、提高温州特色农产品在消费市场上的知名度和认可度、传承温州“名、特、优”农产品特有农耕文化提供了发展空间。如地标保护使平阳黄汤“九焖九烘”的古法加工工艺得以传承和保留。

（二）有利于推动区域经济发展

地理标志农产品的品牌标志，在整合优势资源、培育主导产业、延伸产业链、提高产品附加值等方面，有着重要的利好优势。通过与休闲农业、观光农业、农业文化产业相结合，形成农产品集聚区和休闲农业产业带，推动区域经济发展。如雁荡毛峰的主产区能仁村就是一个很好的例子。该村雁荡毛峰产业链完整，涉及种植、粗加工、批发营销外贸、技术研发推广、一二三产融合和文化创意等领域。2017年，该村加工精品雁荡毛峰7.5吨，延伸产品5吨，产值达3750万元；2018年，成为第八批全国一村一品示范村。

（三）有利于提高农产品标准化水平

地理标志农产品要有标准的生产规程和生产技术，才能保证良好的产品品质。认证不仅让获证主体提高了产品品牌化、标准化意识，同时被授权使用地理标志的生产主体也需要遵守地理标志农产品生产要求，为农产品的标准化、规范化生产经营提供了保证。如以“泰顺三杯香茶”为例，泰顺以优化品种、品质为重点，建成“泰顺县三杯香茶叶示范基地建设”“泰顺县千亩无公害茶叶基地建设”“泰顺县飞云湖名优茶示范基地建设”等五个示范基地，建成具备31项茶叶检测项目条件的温州市茶叶质量检测中心，建立了泰顺县34843亩三杯香茶树良种繁育基地，良种覆盖率提高到58.1%，先后改造茶叶加工厂45家，引进名茶加工机械和初制加工机械1000多台（套），3个茶厂被评为浙江省示范茶厂，18个茶厂通过QS（质量安全）认证，不断提高“泰顺三杯香茶”市场竞争能力。

二、当前温州农产品地理标志产业化发展存在的问题

虽然近年来温州农产品地理标志产业化发展取得较大成绩，但是在推进过程中还存在诸多不足。

（一）农产品地理标志申报数相对较少

从横向来比较，温州的农产品地理标志数量仅占全省数的7.81%，排名第六位，和“铁三角”杭州的7个和宁波的11个还有不小的差距。从纵向来比较，温州的农产品地理标志产业化发展呈断档式发展，从2010年的第一个农产品地理标志“泰顺三杯香茶”，跳跃到2014年的“平阳黄汤茶”，再跨越到2017年的“雁荡山铁皮石斛”和“泰顺猕猴桃”，以及2018年的“雁荡毛峰”，工作没有持续性和长效性。

（二）地理标志农产品存在质量差距

地理标志农产品获证主体虽然都出台了产品标准化生产技术标准，但是一些授权使用主体因成本投入、技术水平、主观意识等方面的原因，而没有按照技术标准生产，影响产品品质。同时，各授权使用主体之前分散经营，各自为政，再加上一些主体着眼于一时的既得利益，将非原产地产品以假充真、以次充好，导致“一块烂肉坏了满锅汤”。之前，中央电视台《每周质量报告》曝光的金华火腿、龙口粉丝、山西陈醋、平遥牛肉、镇江香醋等事件中看出，个别厂家的假冒伪劣行为严重影响整个地理标志行业的声誉。

（三）农产品地理标志“申请热，使用冷”

由于地理标志产品具有公共性，同一区域内，一个企业可能会坐享另一个企业的宣传成果，此外，一些已建立了完善产销体系、市场声誉较好的经营者担心共用地理标志会导致鱼龙混杂，因此，企业更愿意花精力宣传自己的牌子。

三、温州农产品地理标志产业化发展的建议

2018年中央“一号文件”《关于实施乡村振兴战略的意见》提出：“实施产业兴村强县行动，推行标准化生产，培育农产品品牌，保护地理标志农产品，打造

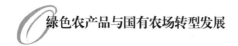

一村一品、一县一业发展新格局。”“注重发挥新型农业经营主体带动作用，打造区域公用品牌，开展农超对接、农社对接，帮助小农户对接市场。”那么，温州农产品地理标志产业化发展之路，又该如何扬长避短、稳步推进呢？

（一）发挥地理标志品牌公共性优势

农产品地理标志是公共资源，而推广这一品牌是系统工程，需要制订相应的发展规划，相关职能部门加强协作，企业积极参与，不断整合政策、资金等资源，共同培育地理标志产品品牌。温州农业属于“小而精”农业，这就要求政府部门除了鼓励各主体积极主动申报地理标志外，还应在挖掘、保护和推广上多下功夫，如将文成糯米山药、苍南矾山肉燕、温州白啄瓜、瑞安陶山甘蔗等具有文化底蕴和地方特色的农产品作为温州推进地理标志产业化发展的重点。同时，要积极引导龙头企业、合作社把分散的农户和小企业组织起来，采用标准化种植，统一品牌、统一包装、统一标准和统一管理，保持产品的地域特色和特有品质，从源头保证产品质量，提高特色农产品的市场占有率。

（二）发挥地理标志品牌不可复制性优势

要及时转变“酒香不怕巷子深”的观念，做好地理标志宣传推荐工作，提升品牌影响力。面向消费者，应通过网络、纸媒、电视等宣传平台，普及地理标志农产品知识，宣传推荐温州地理标志农产品；通过农业博览会、绿色优质农产品进城等活动平台，有意识地推广地理标志产品，提高消费者对地理标志农产品的关注度和认可度。面向生产主体，应使其提高地理标志品牌意识，对地理标志农产品的含义做一些普及工作，让农户知道地理标志的价值到底有多大，明确生产者应承担的责任、义务，转变生产经营方式，严格遵守地理标志农产品生产规程和要求，保持地理标志产品应有的品质特性和地域优势，切实发挥地理标志农产品“兴农富农”的作用。

（三）发挥地理标志农产品质量唯一性优势

地理标志农产品登记保护是发展现代农业和区域特色农业、保障农产品质量安全的重要手段，要加强对地理标志农产品的保护和管理，弘扬和传承农耕文明。尽快制订出台地理标志农产品发展规划、生产标准和制度规范，加强对地理标志农产品的质量抽检和授权使用情况抽查，确保品质提升和产品质量安全，让消费者购买到名副其实的地理标志产品。要培养消费者区分“李逵”和“李鬼”的能力，真正让“地理标志农产品”替代“土特产”。

16

湖州市绿色食品产业发展现状、问题及对策

刘　源

（湖州市农业局）

2018年中央“一号文件”《关于实施乡村战略振兴的意见》强调：“乡村振兴，产业兴旺是重点。必须坚持质量兴农、绿色兴农，以农业供给侧结构性改革为主线，加快构建现代农业产业体系、生产体系、经营体系，提高农业创新力、竞争力和全要素生产率，加快实现由农业大国向农业强国转变。”大力发展绿色食品产业，有利于提高农产品和食品质量，保障人民食品消费安全；大力发展绿色食品产业，有利于优化农产品结构，推进农业供给侧结构性改革；大力发展绿色食品产业，有利于培植农业精品品牌，促进农业产业化进程。多年来，湖州市委、市政府高度重视绿色食品工作，将绿色食品产业发展列入市政府“民生实事”项目，不断提高绿色食品奖励资金。2017年，全市发放的绿色食品奖励资金超过150万元。

一、湖州市绿色食品产业发展的现状

2018年上半年，全市新获批绿色食品17个（排名全省第一），面积1.07万亩，续展绿色食品33个。至2018年6月，全市有效期内绿色食品192个，面积15万亩。

二、湖州市绿色食品产业发展的困境

（一）获证主体方面

个别获证企业用标意识不强。从比较效益来看，贴标（印标）与否对价格影响不是很明显，优质优价没有得到真正的体现。个别用标企业，绿色食品标志印刷不够规范，有些还在印刷产品编码，而不是企业编码。70%地产绿色食品供往一线大城市，本地老百姓较难买到地产绿色食品。

（二）消费市场方面

批发市场索证的意识不强，能当场提供绿色食品证书的比较少。消费者对绿色食品的概念还比较模糊，缺乏标志识别技巧与查核知识。各超市粗加工绿色食品销售较多，而需求量旺盛的鲜活蔬菜、水果、水产品则较少。

（三）管理队伍方面

有3年以上绿色食品工作经验的骨干人才流动较大。

1. 部门职能重新划分。长兴县、安吉县绿色食品管理工作的职能原先在科教科，现在开始划分到质监科，工作职能转移了，但是人员并没有一并划转。

2. 人员职务变动。吴兴区、德清县“三品一标”管理机构负责人因职务变动调离本岗位，而交接的个别人员还未参加检查员资格考试，其他刚获证的检查员在材料审查、现场检查方面的经验也明显不足，绿色食品工作面临巨大挑战。该如何建立稳定、完善、高效的管理队伍，目前存在很大的困难。

（四）主体培育方面

近阶段湖州市农产品生产经营主体低、小、散的特点一时难以改善。根据《中国绿色食品发展中心关于进一步严格绿色食品申请人条件审查的通知》要求：粮油作物产地规模达到500亩以上、露地蔬菜产地规模达到100亩以上、设施蔬菜产地规模达到50亩以上、水果产地规模达到100亩以上、茶叶产地规模达到100亩以上、土栽食用菌产地规模达到50亩以上、基质栽培食用菌产地规模达到50万（袋）以上，方可申报绿色食品。各县（市、区）反应符合申报条件的主体数量有限，直接影响绿色食品产业的发展。

（五）产业发展方面

2017年，我市有效期内的192个绿色食品中，191个属种植业，1个属水产养殖业（长兴漾荡牌河蟹），畜牧业还未有获证（长兴蜂产品正在申报绿色食品）。种植、水产、畜牧等产业绿色食品数量严重不平衡，水产、畜牧产业申报绿色食品难度太大，申报费用（特别是检测费用）比较高。

三、湖州市绿色食品产业发展的对策

（一）加强政策扶持，提高财政补助

结合本地发展实际，在政策引导、资金扶持等方面制定激励措施，确保政策能够有力地推动绿色食品产业健康持续发展。继续提请市委、市政府将增加绿色食品生产面积列入十大民生实事项目，继续加大对获证绿色食品的奖励力度；推动县（市、区）政府根据本地实际情况，对辖区内获证绿色食品给予资金补助；鼓励乡镇（街道）政府对辖区内获证绿色食品给予资金补助。

（二）提高服务水平，强化审核工作

1. 加强指导服务。积极引导辖区内农业龙头企业、示范性农民专业合作社、示范性家庭农场等规范化主体申报绿色食品，在获得无公害农产品认定的主体中挑选条件优秀的主体申报绿色食品。积极指导申报主体规范填写申报材料、做好基地环境卫生、完善生产管理制度、完善投入品使用记录和生产记录，并定期对申报主体开展专业知识培训。

2. 严把入口关。严格落实检查员注册和签字负责制，按照绿色食品各项技术标准和准则要求逐项审查申报材料，现场重点检查申报主体投入品使用等情况。对于审核中不符合申报条件、投入品使用不合理的主体，本生产期禁止申报，确保审核工作的权威性。

（三）加强消费引导，提高品牌知名度

1. 结合农业部门开展的食用农产品质量安全科普宣传直通车“四进”（进社区、进校园、进企业、进基地）活动，向消费者积极推广绿色食品相关知识，引导消费。

2. 以农展会为载体，积极推广绿色食品。积极组织辖区内绿色食品企业参加国家、省、市农展会。

3. 以“区域公用品牌＋企业产品品牌”的母子品牌模式为载体，大力推进绿色食品品牌建设，提高品牌知名度。如德清县注册“德清嫂”区域公用品牌，优先给予获得绿色食品行政确认的诚信主体使用，积极组织会员单位参加浙江省农业博览会、名特优农产品展销会等各项活动，统一使用“德清嫂”诚信农产品商标，提升区域公用品牌知名度和绿色食品知名度。

（四）加强监督检查，落实主体责任

1. 完善追溯体系建设。将辖区内所有获得绿色食品证书的生产主体信息录入浙江省农产品质量安全追溯平台，并开展生产“全程可追溯”管理。

2. 加大获证产品监测力度。将绿色食品获证产品作为农产品质量安全监督抽查的重点，并纳入当年的农产品质量安全监测计划。

3. 落实主体责任。督促获证生产经营主体开展自查活动，组织生产企业、合作社等农业经营主体签订承诺书，并严格落实绿色食品内检员责任。严格执行《绿色食品企业年检工作规范》，以企业投入品使用、生产记录、包装标识等为重点，大力开展绿色食品企业年检工作。

4. 注重技术创新。大力推广绿色防控技术，不用或减少使用绿色食品国家标准中允许使用的高效环保农药，加强生态调控、物理防治、生物控制、科学用药等绿色防控技术的集成应用，推广优质栽培技术，达到安全水平高、产品优质营养的绿色食品内涵要求。

（五）强化队伍建设，提升服务水平

绿色食品发展面临的形势和任务对整个管理队伍的能力建设提出了更高的要求。各级农业部门应尽量保持绿色食品工作人员稳定性，并提供各种学习机会，提升工作人员业务水平。同时，在不得不实行人员变动时，要做好新老人员的交替衔接，并在平时注重新人培养，确保人员换岗而工作不落下。

（六）强化整体推进，提高供给能力

着力抓好精品绿色农产品基地建设，提升绿色优质农产品供给能力，提高

特色优势产业发展水平。推动精品绿色农产品基地建设相关的农业企业、农民专业合作组织、家庭农场及其他生产者全部按照农业农村部发布的绿色食品标准组织生产优质产品。凡符合绿色食品申请条件的,依法申请国家绿色食品标志许可确认,带标上市销售。

17

夯实基础　健全网络　强化机制

——嘉兴市农产品质量安全追溯体系建设调查与思考

方　帆　许　超　徐冬毅

（嘉兴市农业经济局）

民以食为天。近年来，随着我国经济的发展，社会对农产品质量安全的关注也变得越来越密切，消费者更加重视自己所购买的农产品品质。2015年，习总书记指出要用最严谨的标准、最严格的监管、最严厉的处罚、最严肃的问责，加快建立科学、完善的食品药品安全治理体系，充分体现了党中央对农产品质量安全的重视。近年来，我市积极开展农产品质量安全追溯体系的建设，通过物联网和云数据技术，融合政府监管、生产主体信息、农产品监测情况等强大功能，发挥平台惩处约束机制，保障农产品质量安全。

一、农产品质量追溯体系建设的意义

近年来，中央“一号文件”多次对农产品追溯管理做出重要部署。“十三五”规划也提出：通过5年时间的努力，基本健全农产品质量安全监管体系，以执法监管能力建设为重点，开展农产品溯源体系建设。

农产品质量安全追溯是对农产品从生产到到消费者手中进行全过程追踪记录。应用信息化手段记录生产主体农产品生产的总体情况，农业投入品的购销，生产过程的档案、农事操作、检测记录，追踪农产品的销售加工等过程，形成农产品监管信息数据库，实现农产品信息的有效追溯。通过农产品追溯管理，能有效保障农产品质量安全，实现多方共赢。对农业生产主体而言，通过利用追溯平台的大数据信息，整合涉农主体农产品质量安全信息，采用诚信指标体系对生产主体进行信用评估，形成一套诚信评估体系，帮助生产主体提高知名度和农产品的竞争力，实现优质优价。同时，生产者参与农产品质量安全追溯平台日常操作，帮助生产主体从平台和互联网学习新知识，创新农业生产经营理念。对消费者而言，消费者可以详细掌握所购买的农产品信息，通过扫描所购农产品的二维码了解该产品产地、检测等情况，提高消费者对农产品质量安全的认识，保障消费者的身体健康。对管理者而言，开展农产品质量安全追溯体系建设，建立农产品生产经营主体信息库，可以实现对农产品生产经营主体的档案化管理。通过农产品质量安全追溯，能够打破信息壁垒，构建信息通道，形成农产品信息有效和及时追溯，使得监督执法更加及时、准确，对推进政府农产品监管能力建设具有重要作用。

二、我市农产品质量追溯体系建设的现状与成效

2015年以来，我市按照高质量发展要求，大力弘扬“红船精神”，以农产品质量安全追溯试点县建设为抓手，结合《浙江省农产品质量安全规定》贯宣、“农产品质量年”工作，全面推进农产品追溯体系建设，实现辖区内县（市、区）全覆盖。

1. 夯实基础，做实农产品生产主体信息库。我市由质监处统筹协调，以各县（市、区）监管员为主，各乡镇（街道）监管员、各村协管员、生产主体相互配合，按照浙江省《关于其他具有一定规模农产品生产者的认定标准（试行）》（浙农质发〔2017〕10号）文件要求，全面排查摸底辖区内农产品生产主体信息，将核实的规模农产品生产主体纳入省农产品质量安全追溯平台。截至2018年，全市纳入省食用农产品质量安全追溯平台的生产主体5486家，其中农业企业301家，专业合作社701家，家庭农场1499家，其他规模生产主体2985家。

2. 健全网络，全面推进农产品质量安全智慧监管。我市探索以“大数据”为基础，构建农产品质量安全智慧监管APP。引入物联网和云数据技术，融合政府监管、主体生产、消费服务等功能，推出“各方共享、全程贯通”的农产品质量安全监管智慧信息平台。平台设有主体信息库、检测数据库、执法数据库、红黑名单、可追溯管理、投诉处理、应急服务、统计分析八大功能模块，为信息可共享、源头可追溯、数据可定位、风险可防范的现代农产品质量安全监管平台。平台建成之后，仅嘉善县就上传监管信息3.5万余条，高效监管的能力得到全面提升。

3. 创新机制，强化农产品质量安全监管。①进一步创新监管模式。全面履行“党政同责、一岗双责、失职追责”，不断优化监管体系和安全承诺制度，创建农产品质量安全四级（市、县、乡镇、村）网格化监管体制。②全面推进以“一证一码”为主导合格证追溯管理机制。“一证一码”即将合格证与二维码追溯等结合起来，合格证上记录农产品名称、生产经营者、产品合格方式、生产日期等相关信息，一方面强化了生产经营主体产品质量安全意识，另一方面做到了农产品生产有记录、产品可追溯、质量有保障。同时将农产品加贴“三品”标识、畜禽（生猪、湖羊、肉禽）使用动物检验检疫证书等标志广泛运用于水果、蔬菜、畜禽等农产品，既实现农产品信息可追溯，又保障农产品质量安全。③借助智慧监管APP，创新农产品质量安全巡查机制。基层农产品质量安全监管员配备移动终端，可以对日常巡查实施监控，并将巡查、抽检、检测等信息及时上传并形成动态信息，提升实时监管能力。

4. 制定标准，加快推进标准化生产。进一步加大制标贯标力度，提高农业标准化生产比例，保障农业生产环节质量安全。全市已制定各类农业标准500多项，其中，县级以上标准示范创建项目23个，项目面积4.49万亩，辐射面积45.90万亩。农业标准化的内容已从原来单一的生产技术扩大到产地环境、产品质量、种苗生产、投入品质量、检验检测等方面，农产品生产基本实现了有标可依。此外，我市积极开展“三品一标”认定工作，积极实施“三品一标”“5510”行动。通过强化监管、加大宣传等手段，进一步提升我市“三品一标”产品的品牌公信力及规范标志使用行为，切实维护农产品生产者和消费者的合法权益。我市有效期内无公害产品数量583个，产地面积101.2万亩；有效期内绿色食品数量128个，产地面积10.76万亩；有效期内有机农产品数量20个，产地面积700亩。

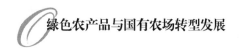

我市农产品质量安全追溯体系建设的全面实施，不仅有效地提升了我市农产品质量安全监管能力，也进一步提升了辖区内生产经营主体责任，但仍存在不少问题，集中表现在：

1. 农产品质量安全追溯体系基础薄弱。一方面，我市农产品规模生产主体的文化程度不一，大多农业生产主体只是小学初中的文化水平，许多不会操作电脑，直接影响了我市农产品质量安全追溯的开展。另一方面，许多农业生产主体质量安全意识、品牌意识不强，对农业投入品档案记录认识不足，生产主体标准化、规模化程度不高，在权衡利益与责任、效益与成本之后，对开展农产品质量安全追溯工作的主观意愿不够强烈。

2. 基层农产品质量安全网格化监管有待加强。我市乡镇（街道）农产品质量安全监管机构存在设备简单、经费不足、检测能力薄弱等问题。同时，农产品质量安全追溯平台建设、完善需要将信息技术和农业融合的专业人才，但目前我市乡镇（街道）农产品质量安全监管员、村协管员缺乏专业知识，难以实现平台信息整合。

3. 农产品质量安全追溯体系建设的体制机制不健全。目前，我国现行的《食品安全法》《农产品质量安全法》等比较笼统、抽象，对开展农产品质量安全追溯体系建设缺乏约束力，特别是农产品产地准出与市场准入对接机制不健全。

三、深化完善农产品质量追溯体系建设的对策与建议

1. 加强农产品生产主体追溯体系建设的宣传和引导。加强《浙江省农产品质量安全规定》等法律法规宣传，引导各政府机关、企事业单位、学校、工厂等及个人消费者优先选购有合格证、追溯码、“三品一标”等标志标识的农产

品，从而倒逼生产主体开展农产品质量安全追溯。各地根据实际情况，建立相应的奖惩机制，对落实农产品质量安全追溯的主体给予一定的经济资助，对不履行或应付了事的生产主体加大惩戒力度。同时，积极引导生产主体参与追溯体系建设，促进农业产业化发展，提升品牌价值，实现农民增收。

2. 强化基层农产品质量安全监管队伍。落实基层农产品监管检测专项经费和专人负责农产品生产主体监管工作。对专职人员开展业务和法律法规等培训，保证专职人员熟练操作浙江省农产品质量安全监管平台。专职人员需加强对文化程度低的主体的业务指导，保证规模生产主体的设备设施正常运行。充分运用农产品智慧监管APP，开展农产品质量安全日常巡查检查，将巡查、抽检、检测等信息及时上传，利用“大数据”提升农产品质量安全实时监管水平。

3. 进一步完善农产品质量安全追溯体系建设的体制机制。要结合各地的实际情况，完善相应制度、机制，保障农产品质量安全。以全面贯彻实施《浙江省农产品质量安全规定》为抓手，深化、强化、细化农产品质量安全追溯体系建设工作。同时农业部门要强化同市场监管等相关部门的协调配合，确保农产品进入市场与溯源管理无缝对接，保障农产品从田边到餐桌的全程追溯。加快建立以食用农产品合格证为核心内容的产地准出管理与市场准入管理衔接机制。

18

嘉兴市“三品一标”发展现状及对策分析

徐冬毅

（嘉兴市农业经济局）

近年来，嘉兴市按照现代都市型生态农业建设和浙江省农业厅《关于实施“5510行动计划”推进“三品一标”持续健康发展的意见》的总体要求，以保障农产品质量安全、提升农产品竞争力为目标，结合现代农业园区、粮食生产功能区建设，坚持数量与质量并重、认定与监管并举的工作举措，稳步扩大总量规模，切实加强监管力度，“三品”工作持续推进。发展“三品一标”产业，对推进农业标准化生产、提升农产品质量安全水平、促进农业供给侧结构性改革和农业发展方式转变有着重要意义。本文通过对嘉兴市“三品一标”产业发展现状的调研分析，总结产业发展中存在的问题，并提出了相应的对策。

一、发展现状

1. 认定规模持续扩大。“三品一标”认定数量是衡量一个地方农产品质量安全的重要指标。目前，嘉兴市“三品一标”工作紧紧围绕加快农业农村经济建设和实现现代农业这一宏伟目标，充分发挥资源优势，着重突出区域重点，以农业增收、农村经济增强、农民收入增加为工作的着眼点和落脚点，开拓思路，创新机制，强化措施，由单一产品认定向规模化产业化发展迈进。主要表现在以下几个方面：①认定产品逐年增加；②产量产值逐年增多；③农民收入逐年提升；④生产主体变化大。以前认定的“三品”标志中以乡镇（街道）政府及下属单位、县（市、区）农技推广单位和种养殖业协会为认定主体的占总量的60%以上，近几年来新认定的生产主体基本上是公司、公司＋农户、公司＋农户＋基地、农民专业合作组织、家庭农场等。这说明嘉兴市“三品一标”认定工作在政府的引导下已经发展到从成长期到成熟期过渡的关键阶段。截至2018年6月30日，全市有效期内无公害农产品共510个、认定面积83.45万亩，绿色食品125个、监测面积11.4万亩，有机农产品68个、监测面积0.42万亩，地理标志保护产品3个、保护面积1.442万亩。

2. 环境保护不断推动。嘉兴市大力推动现代生态循环农业建设，明确我市现代生态循环建设目标和农业生产“一控两减三基本”任务，积极协调开展畜禽养殖污染治理、化肥农药减量、生态渔业洁水、清洁田园推进、农业节水、产品优质化等行动。通过推广商品有机肥、秸秆全量切碎还田、测土配方施肥、调整酸度、加深土壤耕作层，提倡施用作物配方肥、改善土壤通透性等措施，减轻面源污染，努力提高地力及其综合生产能力，为“三品一标”发展提供较好的产地环境。

3. 证后监管不断强化。多年来，把“三品一标”作为引领标准化生产的重要抓手，实施严格的产地认定和产品认定制度，切实加强证后的有效监督，强化上市产品“生产有记录、流向可追踪、信息可查询、质量可追溯”，保证了生产的规范化和产品的安全性，“三品”质量保持在较高水平。按照工业化思维、规范化管理、标准化生产的思路，建立了一套“从农田到餐桌”全程质量控制的技术标准体系，创建了“以技术标准为基础、质量认定为形式、证后监管为手段”的发展模式，成为引领农业标准化生产的主要载体。每年我市定期或不定期组织开展“三品一标”专项检查、规范提质百日专项行动、农产品地理标志综合检查等，发放质量安全告知书，签订质量承诺书，坚持产地环境监控与农产品生产档案管理相结合，规范投入品使用与开展生产技术和服务相结合，包装标识管理与市场准入管理相结合，查处违法违规行为与强化获证单位质量安全意识相结合，指导企业完善产品质量监测、包装标识管理、全程可追溯管理、应急处置预案等监管制度，逐步实现“三品一标”监管工作的科学化、规范化和制度化。

4. 政府支持力度不减。一方面，强化了工作目标责任考核，把发展“三品”工作细化和量化，列入各级政府、农业部门的综合考核和生态建设、食品安全考核等专项工作目标责任考核体系；农业部门内部也建立了专项责任制，进一步明确各部门、各单位、各环节的工作职责和目标任务。另一方面，各级政府出台政策措施，重点鼓励支持无公害农产品产地整体认定和“三品一标”产品认定。目前，嘉兴市《支持现代都市型生态农业和农村发展若干财政政策意见》中明确了对“三品一标”的财政支持政策：嘉兴市财政对经“三品”认定并新获得市名牌农产品称号的，给予一次性20万元奖励；对经“三品”认定并新获得省名牌农产品称号的，再给予一次性10万元奖励；对复评获得省、市名牌农产品称号的，给予一次性差额奖励；对新通过国家级（农业部）农产品地理标志保护产品认定的，给予一次性10万元奖励。嘉兴市财政每年安排一定资金，用于无公害农产品认定、绿色食品标志许可等新获证、复查换证（续展）的奖励。各县（市、区）也相应出台了支持“三品一标”发展的财政补助政策，为“三品一标”工作确立了强有力的政府导向。

5. 品牌效应不断提升。嘉兴市把无公害农产品作为农产品质量安全市场准入的免检入市基本要求。绿色食品作为安全优质精品，已成为许多大型连锁经营企业市场准入的重要条件，品牌形象深得社会各界的推崇，品牌效应进一步增强。嘉兴市农产品博览会作为我市规模最大的政府农产品展示展销平台，把取得“三品”证书作为入会展销的基本条件，吸引了大批“三品”企业入会参展，一批“三品”企业被评为金奖、银奖，极大地提高了“三品”的社会影响力。目前已形成秀洲槜李、凤桥水蜜桃、姚庄蘑菇、斜桥榨菜、桐乡杭白菊、嘉善杨庙雪菜、金平湖西瓜、海盐葡萄等具有较高知名度与美誉度的产品和品牌。

二、存在问题

虽然我市“三品”工作取得了一定的成绩，但我们在“三品”检查中也发现了一些问题，主要表现在：

1. 不重视品牌后续管理。在"三品一标"发展过程中，重申报、轻证后管理的局面还没有得到根本性改变，出现部分"三品"生产主体生产记录依旧不规范、不按时复查换证或续展、标识使用不规范等。在对市场和超市检查中发现，使用"三品"标志的产品不多，特别是畜牧业和水产业的无公害产品基本不使用标识，此外还存在产品包装名称和认定产品名称不一致等违规用标问题。

2. 优质不优价现象突出。获证产品需要按照无公害农产品、绿色食品或有机农产品标准进行生产，使用的都是国家规定的高效低毒低残留农业投入品，比普通农产品的生产投入成本高，而产量低，经济效益没有明显提高。但由于大众消费观念落后，获证产品优质不优价现象较为突出，加上年检、续展等费用较高，部分获证企业不愿意复查换证或续展，在一定程度上影响了生产主体创品牌农产品的积极性。

3. 监管队伍建设不够完善。目前，嘉兴市本级和五县二区均未单独设立专门"三品"管理机构，基本都是挂靠在农产品质量安全监管处(科)或科教科等部门，而且大部分人员为兼职。由于工作量越来越大而工作人员少，且从事"三品"管理的工作人员需要具备相应资质，如遇人员调离，新上任人员的要培训后才能取得资质，在这个时间段内会出现前后工作因无法衔接而受影响的情况。

三、发展对策

1. 稳步扩大产业规模。加快推进农业"两区"无公害农产品产地整体认定，着力推进无公害农产品认定，进一步扩大总量规模，大力推动开展规模化的无公害农产品生产基地创建，结合本地特色主导产业提升。选择一批当地生态环境优、标准化生产水平高的主导产业发展绿色食品，加快建设绿色食品原料标准化基地，强化产销对接，促进基地与加工(养殖)联动发展。推进有机农业示范基地建设，适时开展有机农产品生产示范基地(企业、合作社、家庭农场)创建。扎实推进以县域为基础的国家农产品地理标志登记保护示范创建。

2. 提升审核监管质量。严把获证审查准入关，加大获证产品抽查和督导，防范系统风险隐患，严肃查处不合格产品，严格规范绿色食品和有机农产品标签、标识管理。①加大"三品"质量安全例行监测力度，实行"三品"质量抽检工作规范化和制度化。采取市场随机抽检与定点生产企业产品抽检相结合的方式，适当增加对蔬菜、畜产品、水产品等高风险产品的抽检比重和频率，及时发现问题、消除安全隐患，建立完善“三品”质量诚信和管理机制，把企业自律和政府监管有机结合。②加强“三品”企业责任落实。加强企业内检员制度建设，完善内控机制。按照无公害农产品、绿色食品“先培训、后申报”的要求，重点做好培训管理和技术业务指导，强化加工环节质量控制和企业自律能力。③加大对获证单位的督导巡查，重点检查获证单位的产地环境、投入品使用、生产操作、档案记录、包装标识、标志使用和质量追溯管理等相关制度落实情况。④严格认定程序和标准，特别是在现场检查环节，要重点检查产地环境、投入品使用、生产档案建立、销售记录等情况，切实把好入口关，对证书有效期内出现过不良记录的产品以及高风险产品要重点审核把关，对不符合标准要求的产品要责令限期整改，确保认定数量、规模、质量的同步提高。

3. 注重品牌培育宣传。做好“三品一标”获证主体宣传培训和技术服务，督导获证产品正确和规范使用标识，不断提升市场影响力和知名度。加大推广宣传，配合上级部门积极办好绿色食品博览会、有机食品博览会、地标农产品专展等专业展会。要依托现有各种信息网络媒体和教育培训公共资源，加强“三品一标”等农产品质量安全知识培训、品牌宣传、科普解读、生产指导和消费引导工作。

4. 强化体系队伍建设。“三品”工作是社会发展和农业生产进入新的发展阶段应运而生的一项全新工作。要做好这项全新的工作，就必须要有新的举措。有关部门要加强从业人员业务技能培训，完善激励约束机制，加大组织机构建设力度，配足、配强工作人员，充实监管队伍，强化依法管理、科学管理和绩效管理。

5. 加大政府支持力度。各级党委、政府都要高度重视，并采取有效措施，建立或扩大“三品一标”奖补政策与资金规模，建立激励机制，不断提高生产经营主体和广大农产品生产者发展“三品一标”的积极性，让生产企业真正得到实惠，加快生产和开发高、精、尖农产品，逐步提升获证产品市场竞争力，从而解决其生产成本与收益不对等的矛盾。

19

绍兴市绿色食品发展的特点、存在问题及对策建议

陈建兴　徐亚浓　杨光瑞

（绍兴市农业局）

绿色食品，是指产自优良生态环境、按照绿色食品标准生产、实行全程质量控制并获得绿色食品标志使用权的安全、优质食用农产品及相关产品。经过近20年的发展，绿色食品产业取得了显著成效，对保护农业生态环境，推进农业标准化生产，提高农产品质量安全水平，促进农业增效、农民增收和农业可持续发展发挥了重要的示范引领和带动作用。

一、绍兴市绿色食品发展现状

截至2017年底，全市效期内的绿色食品有92个产品，其中茶叶30个、蔬菜19个、水果30个、林产品10个、食品2个、食用菌1个。面积共约7万亩，其中茶叶7063亩、林产品55092亩、蔬菜2348亩、水果5395亩。绿色食品生产企业总数达到62家，产品总产量达16306吨，产值约12.3亿元。绍兴绿色食品产业发展呈现以下特点。

1. 发展阶段明显。自1990年国务院批准发展绿色食品以来，我市绿色食品产业发展经历了三个阶段。①起步阶段（2001—2010年）。2001年，我市实

施启动以“制定绿色标准、建立绿色基地、发展绿色企业、创建绿色品牌、培育绿色市场”为重点的“五绿工程”，对每家新申报绿色食品的企业给予奖励3万元，到2010年底，全市有效期内的绿色食品52个。②稳定发展阶段(2010—2016年)。在这一阶段，我市的奖补政策从每家绿色食品企业奖励3万元转变为每一个获证产品奖励2万元，对续展获证的产品，每个给予奖励1万元，促进生产企业提高绿色食品续展的积极性，到2016年底，全市有效期内的绿色食品发展到73个。③快速发展阶段(2016年至今)。2017年，省政府工作报告提出新增10万亩绿色农产品基地的要求，我市每年以新增绿色食品基地9000亩的速度递增，仅2017年就新增绿色食品28个，到2017年底，有效期内绿色食品总数达到92个。

2. 发展前景良好。经过近20年的发展，我市培育出一批成长性良好、质量安全管理规范、质量安全意识强的龙头企业，在产业发展中占据主导地位。如茶叶行业中，我市有省级农业龙头企业浙江省诸暨绿剑茶业有限公司和浙江省新昌县澄潭茶厂；在香榧行业中，有省级农业龙头企业冠军集团有限公司和浙江老何农产品开发有限公司；在蔬菜行业中，有省级农业龙头企业浙江飞翼生态农业有限公司和浙江瑞丰农业开发股份有限公司；在水果行业中，有通过GAP(良好农业规范)认证的葡萄种植企业新昌县来益生态农业发展有限公司。根据统计，62家绿色食品生产主体中，有省级骨干农业龙头企业7家、省级示范性合作社7家、省级示范性家庭农场2个、中国驰名商标企业1个、省级著名商标企业13个、省级名牌产品企业9个。生产企业申请绿色食品行政确认的积极性高，从对50家绿色食品生产企业的问卷调查来看，续展意愿高达92%；对绿色食品品牌的认可度也较高，有94%的企业认为绿色食品可以提高企业知名度。

3. 产品质量稳定。在近三年农业部、省农业厅、市农业局三级监测中，绿色食品的合格率达到99%以上，总体产品质量保持稳定态势。

二、主要做法

（一）以工作制度化促绿色食品发展

1. 纳入岗位目标考核。将发展绿色食品纳入生态市建设考核内容和市农业局对县(市、区)农业局岗位目标责任制考核内容,以考核为抓手,明确目标、强化责任,促使工作落实到位。

2. 加强管理队伍建设。市、县两级均有专人负责绿色食品工作,确保每个县(市、区)有两三名获证监管员和检查员,严格检查员签字负责制。市、县两级管理人员紧密配合,按照绿色食品的各项技术准则,严把审核关,优化服务,提高工作效率。

3. 加大财政保障力度。市、县两级采取以奖代补的奖励措施,鼓励生产企业申报绿色食品,保障绿色食品产业发展。据不完全统计,近三年全市用于奖励绿色食品获证主体的经费达到200万元。

（二）以监管日常化促绿色食品发展

1. 建立质量追溯体系。2014年,我市在全省范围内率先探索建立地产农产品质量安全主体追溯信息系统,将产品信息、质量认定类型、生产者基本情况、检测结果等纳入追溯平台,通过将追溯标签张贴到产品包装上随市销售,实现追溯信息传递,促进地产农产品标识化、品牌化销售,提高绿色食品获证企业的知晓率。目前,全市绿色食品追溯体系建成率达到100%。

2. 做好绿色食品信息化管理工作。自2013年金农工程绿色食品网上审核与管理系统运行以来,全市20余名绿色食品检查员、监管员充分发挥其作用,在提交绿色食品申报纸质材料的同时,在金农工程系统录入企业信息、现场检查、环境监测、产品检测等内容,提交浙江省农产品质量安全中心。也可以通过金农工程系统查询企业申报进度、企业信息、证书编号等内容,实现绿色食品审核、颁证、统计、监管等工作的信息化,进一步简化工作程序,有效缩短审核和颁证时间。

3. 开展检查行动。①采取与各级农产品质量监督监测相结合,与绿色食品续展工作相结合，与部、厅、局开展的农产品例行检测工作相结合的方式，将我市绿色食品纳入农产品质量安全监管范围。②开展“三品”规范提质百日专项行动，对“绿色食品”获证基地、农批市场、大型超市等进行监督检查，健全退出机制。

（三）以宣传多样化促绿色食品发展

1. 做好基地宣传。①统一印制、发放“三品一标”承诺书、内检员职责、绿色食品农药使用准则、肥料使用准则、食品添加剂使用准则。嵊州市在绿色食品基地统一制作农产品质量安全公示牌，向社会公示各类基本信息，自觉接受社会监督。②开展“绿色食品基地行”活动，邀请新闻媒体和大专院校学生参观绿色食品基地。

2. 开展进社区进农村活动。通过分发资料、展板展示、实物展示、设咨询台等形式宣传绿色食品知识。利用“3·15”宣传日、食品安全宣传周等开展咨询活动，引导消费者和市场经营主体正确识别、选购无公害农产品、绿色食品。

3. 开展内检员业务培训。每年组织人员参加全省绿色食品检查员、监管员暨农产品地理标志核查员培训班，连续五年举办绿色食品内检员培训班。到2017年底，绍兴市有效期内的绿色食品内检员共有130人。

三、存在问题

1. 绿色食品总量少，结构不合理。从总量分析，全市有效期内的绿色食品总数为92个产品，约占全市产业总量的10%；面积7万亩。从产品结构来看，初级农产品占比高，深加工产品比重偏低，没有畜产品、水产品绿色食品；产业链条对接不够紧密，原料基地、绿色生产资料、产品生产、专业营销各环节需要进一步打通。

2. “绿色”价值难体现。目前市场流通不顺畅仍是优质农产品销售的最大短板，张贴有绿色食品标识的产品在超市是凤毛麟角，在农贸市场更是难觅身影，我市的部分水果绿色食品基本上靠本地采摘游、礼品瓜形式销售，茶叶、香榧等绿色食品以专卖店形式销售，蔬菜绿色食品用标率相对较低。消费者对绿色食品的认知度也不高,绿色食品优质优价机制难以有效形成。

3. 绿色食品持证成本高。绿色食品费用由环境监测费用、产品检测费用、审核费和标志使用费四部分构成。每新增一个绿色食品,持证成本约2万元以上。每续展一个绿色食品,除了产地环境不需要重新监测外,其他费用等同于新申报产品费用,与无公害农产品认定相比普遍高1万多元(无公害农产品复查换证不需要费用)。因持证成本高,生产企业续展积极性降低,使得绿色食品产业发展速度缓慢。

4. 绿色食品标准普及难。从目前检查情况看,绿色食品生产主体缺少一套可操作的、有指导意义的生产操作规程。如绿色食品茶叶企业,缺少绿色食品茶叶生产操作规程,绿色食品全程生产过程中缺少标准技术指导。绿色食品农药使用准则中的农药使用目录更新太慢,目前目录中的一部分农药已经是国家限制使用农药,容易造成误解。有些农药在生产中残留量大,容易被检出或残留超标,如腐霉利、多菌灵等等。

5. 绿色食品管理队伍不稳定。在我市绿色食品管理队伍中普遍存在着队伍不稳定、工作人员力量不足、业务知识不精、廉政风险高、工作意愿不强等等问题。

四、对策建议

1. 科学规划,促进绿色食品产业健康、可持续发展。大力发展绿色食品,是农业农村工作的重要组成部分,是生态文明建设的助推器、农业发展方式转变的排头兵、农产品安全优质消费的风向标。新时期,绿色食品发展要与农业产业转型升级、农产品质量安全监管相融合。要以创建省级农业产业集聚区、省级农业综合园区为契机,坚持地理标志产品与绿色食品整体推进的原则,建立“一个地理标志农产品、一套绿色食品标准体系、多个经营主体的”绿色食品发展新思路。

2. 加大扶持,不断扩大绿色食品总量。农业是弱势产业,发展优质农产品离不开政府的政策扶持。要继续实施补贴制度,加大对绿色食品生产企业、标准化生产示范基地与示范园的奖补力度，不断提高企业发展绿色食品的积极性。要把发展绿色食品纳入现代农业示范区、“五园一场”等创建项目内容，统筹利用各种国家强农惠农政策与资源，实现农业项目建设与绿色食品发展相辅相成、相得益彰。

3. 加强宣传，提高绿色食品知名度。充分利用一切可利用的形式，如报纸、广播、电视、互联网媒介（如微信、抖音）等媒体舆论工具进行宣传，强化消费者对绿色食品的认识，加深社会对绿色食品工作的关注，创造良好的外部环境。要引导消费者充分认识了解绿色食品及其对保护生态环境、促进人体健康、提高农业和食品加工业经济效益等方面的作用和意义，从而让更多的人接受和消费绿色食品，形成良性循环。同时要进一步加快绿色食品市场营销渠道建设，推动绿色食品进超市、进社区。

4. 加强监管，维护绿色食品的公信力。建立“以属地监管为原则、行政监管为主导、行业自律为基础、社会监管为保障”的综合监管运行机制。认真落实企业年检、产品质量年度抽检、绿色食品标志市场监察与质量风险预警等监管制度。加强绿色食品企业内检员队伍建设，开展绿色食品企业诚信体系建设，确保我市绿色食品产业健康发展。

5. 完善队伍建设，确保绿色食品工作规范有序运行。要培育专业对口的绿色食品检查员，抓好检查员、标志监管员的培训工作，使其强化服务意识、提升工作能力。要充分发挥绿色食品专家队伍在理论研究、标准制定与修订、技术开发、风险评估等方面的重要作用，加快绿色食品生产操作规程的制订，进一步完善绿色食品农药使用准则，加快更新绿色食品允许使用农药清单，确保绿色食品投入品使用更加符合生产实际需求和保障产品质量的需求。

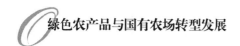

20

舟山市农产品地理标志产业发展思考

徐　波

（舟山市农林与渔农村委员会）

农产品地理标志，是指标示农产品来源于特定区域，产品品质和相关特征主要取决于自然生态环境和历史人文因素，并以地域名称冠名的特有农产品标志。

舟山市地处我国东部海岸线与长江黄金水道的交汇处，是我国第一个以群岛建制的地级市，神奇的“北纬30度”线横穿整个群岛，由此产生具有海岛品质的特色农产品。虽然舟山土地资源稀缺，资源禀赋，但是生产的农产品一点不比大陆的差，岛上已经有普陀佛茶、舟山晚稻杨梅、金塘李、登步黄金瓜、岱山双洋晒生、皋泄香柚等知名农产品品牌，有的甚至是舟山特有的乡土品种，它们都有几十年的栽培历史，有的已经有上百年的栽培史。如何保护传承海岛特色农产品，是我们值得研究的课题。

一、我市农产品地理标志保护现状

从2010年开始，我市着手启动农产品地理标志登记保护工作，舟山晚稻杨梅、普陀佛茶分别于2010年、2011年通过农业部农产品地理标志登记保护，其中舟山晚稻杨梅登记保护面积43035亩，普陀佛茶登记保护面积9405亩。“十三五”以来，我市更加注重农产品地理标志登记保护工作。如2016年开始金塘李登记工作，于2017年通过农业部审核，确定为我市第三个农产品地理标志产品。2018年又开始岱山双洋晒生登记保护工作。我市对具有海岛特色的农产品进行了摸底，像普陀观音米、普陀观音莲花茶、皋泄香柚等农产品已初步符合农产品地理标志要求。

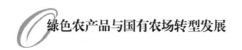

二、农产品地理标志保护的现实意义

（一）有利于增加农民收入

一方面，我市农产品地理标志与农村海岛自然资源有着天然的联系；另一方面，它与特定海岛地域范围内农民特有的生产方式、传统生产技术及工艺密切相关，也可以说是农民在长期从事农业生产过程中积累的智慧结晶。地理标志具有一定的区域功能，有别于其他农产品。这些农产品的品质、信誉等特征与人文、历史密不可分，而农民又是直接的生产者和加工者，所有收益主体就是那些地理标志保护区内的农民。农产品一旦获得地理标志保护，无形中就增加了产品的知名度，给农户带来了价值的上升，就有利于农民增收。

（二）有利于促进农产品标准化生产，提高农产品质量

地理标志既是产品的标志，也是产品的质量保证。农产品受到地理标志保护后，对农产品的质量、特性等方面提出了更高的要求，就倒逼农民按标准生产。而且地理标志具有严格的地域性，地域外的产品没有资格进行同样的认证，也不能进行转让。因此，对地理标志农产品的保护将有力推动农产品的标准化，进而保证农产品质量安全。

（三）有利于农业产业化经营，促进海岛特色农业发展

海岛的地域特征决定了海岛土地资源的稀缺性，舟山本身农业的小规模及多年来出现的分散经营状态，决定了舟山农业组织化、产业化程度低下，也不具备规模化和产业化经营的条件。而地理标志保护后，农产品具有了集体品牌，个体农户避免了必须自创品牌的烦恼，而且单打独斗难以形成一定的规模，地理标志保护在这方面能起到一定的积极作用。通过注册农产品地理标志，形成区域品牌，促进舟山海岛特色农产品的区域化、产业化发展。

三、我市农产品地理标志保护存在问题

（一）标准体系不健全

地理标志农产品是基于独特环境而形成的具特殊品质的农产品。我市目前一些海岛特有品质的农产品标准不一而且不明确，所以得不到应有的保护。

（二）后续监管难度大

地理标志保护无期限性，一旦申请通过，可无限制使用，所以农户为了追求产量和效益，大量使用化肥农药，导致有特色的农产品品质下降，监管存在一旦难度。

（三）产业化程度低

地理标志农产品需要一定的生产规模。由于我市耕地面积匮乏，而具有海岛特色的农产品覆盖面也基本上以县域为主，目前得到保护的产品普遍面积较小，产业化程度低下。

（四）品牌意识不强

近年来，我市绿色农业得到一定的发展，安全、优质的农产品也不断涌现，但是大众对地理标志农产品认识不足，消费者对地理标志产品认知度不高。

四、对我市农产品地理标志保护的建议

（一）大力宣传，积极营造氛围

舟山是海岛，产业化比重低，长期以来以农户分散经营居多，农产品地理标志保护还没有引起海岛农民足够的重视。一些农民品牌观念、市场观念等都比较淡薄，对地理标志的认识模糊，甚至还不知道农产品地理标志保护是怎么回事。所以农业部门应加大宣传力度，让地理标志保护深入人心。采取各种宣传方式，如发放《地理标志指南》等资料，利用各种培训机会，举办地理标志保护讲座，或通过微信公众号等新媒体，广泛向农民宣传和普及农产品地理标志保护的有关知识。利用一些农业展会加大宣传，使更多的老百姓知晓什么是地理标志农产品，扩大消费群体，从而解决产品的销路问题，促进增收。

（二）明确职能，发挥主体作用

《农产品地理标志保护办法》规定：“地理标志保护申请，由当地县级以上人民政府指定的地理标志产品申请机构或人民政府认定的协会和企业提出，并征求相关部门意见。”因此，要明确政府的服务职能，安排专门的机构进行管理，充分发挥政府职能部门的服务作用，加强区域内地理标志产品的监督与管理，政府部门要安排一定的财政资金支持地理标志产品的保护与开发，并支持地理标志产品的品牌营销；同时要积极调动地理标志申报主体的积极性，做好品牌推广与标志使用工作。地标产品的生产者往往是单个的主体，他们对市场的了解是有限的，不能更多地去开拓市场，这就需要以组织的名义去开发市场，搞好市场营销。这个时候地理标志的持证单位就应该发挥应有的服务作用，把农产品生产者组织起来，形成一股合力进行市场开拓和促销。

（三）加强管控，提升产品质量

要加强地理标志产品的质量，是发展绿色、生态农业的必经之路，也是产业兴旺的内在需求，务必加强对地理标志产品的质量管控，加强“三品”认证。我市地处海岛，生态环境极佳，为保证具有海岛特色农产品的品质提供了独有的生产环境保障。地理标志农产品要根据自身的特性，因地制宜选择生态的发展方式，保证品质要求，积极开展“三品”认证。要根据地理标志农产品的产地环境条件、生产技术规范和质量安全技术规范进行生产，对于不符合标准规定要求的产品，不准使用地理标志。

21

领导重视　分类指导
推进国有农场社区社会管理属地化

李小龙
（台州市农业局农场管理站）

台州地处浙江东部沿海，是国有农场较为集中的地区之一。现有企事业农场13家，其中农垦企业7家，事业三场6家。农场土地总面积29581.18亩，其中农垦企业27616.18亩，事业三场1965.00亩。总人口12254人，其中农垦企业8805人，事业三场3449人。近年来，台州市国有农场工作者认真学习贯彻落实中央和浙江省委关于国有农场改革的文件精神，充分认识国有农场改革是全面深化改革与乡村振兴战略的重要内容，国有农场土地确权登记发证与国有农场社区社会管理属地化是国有农场改革的重要内容。台州市坚持从实际出发，围绕体制机制建设有新完善、发展现代农业有新作为、民生服务保障有新突破的建设目标和两项改革任务，因地制宜推进改革，不断激发国有农场发展活力，充分发挥国有农场在农业现代化建设中的作用，为推动台州市农业农村社会经济的新一轮跨越发展和全面实施乡村振兴战略做出新贡献。台州市国有农场土地确权登记发证率达98.75%，位列浙江省前列。台州市农业局根据《浙江省农业厅等3部门关于印发推进国有农场社区社会管理属地化实施方案的通知》（浙农专发〔2017〕55号）精神及部署，扎实推进我市国有农场社会管理属地化，提高农场的内生动力、发展活力和整体实力。台州市有关县（市、区）委、县（市、区）政府办公室全部出台了国有农场社区社会管理属地化实施方案文件，其中10个国有农场已经完成社会管理属地化。

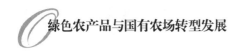

一、领导重视、部门协同

台州市农业局高度重视国有农场社区社会管理属地化工作，召开了由农场所在县（市、区）农业（农林）局分管领导、科室负责人和农场场长参加的全市国有农场工作研讨会，确定了农场改革发展“两个标杆”，即靠近城镇的以临海市良种场为标杆，远离城镇的以三门县凤凰山农垦场为标杆，并要求辖区内农场所在地就“两个三年”目标任务签订承诺书。台州市农业局于2017年12月印发了《台州市国有农场社区社会管理属地化实施方案》，要求各县（市、区）成立农场社区社会管理属地化领导小组，明确各成员单位责任。各成员单位各司其职、各负其责、密切配合，协调好各方利益，及时化解各类矛盾和问题，确保工作任务和政策措施落实到位。对思想不重视、措施不落实、进展缓慢的单位，发督办函，通报批评，约谈。局领导及时了解工作进度，加强对县（市、区）的督查。主动与市民政局沟通联系，共同推进国有农场社区社会管理属地化工作。各县（市、区）成立以县（市、区）委副书记或县（市、区）政府副县（市、区）长为组长的农场社区社会管理属地化领导小组，领导小组下设办公室，县（市、区）农业（农林）局局长或分管局长任办公室主任。椒江区委、区政府领导高度重视，成立以区委副书记为组长的领导小组，区委副书记要把实施椒江农场社区社会管理属地化工作作为重点来抓，切实抓紧抓好。椒江区改革领导小组听取汇报，实施方案提交区政府常务会议通过，前后多次召集相关部门召开讨论会、征求意见会、协调会，实施方案由区委办公室发文，并对深化改革进行风险评估。台州市路桥区农林局局长表示：即使放弃休息，也要把台州市农垦场社区社会管理属地化工作做好。椒江区、黄岩区、路桥区、临海市、仙居县、三门县农业（农林）局局长多次向当地县（市、区）委、县（市、区）政府领导汇报工作，得到上级领导的高度重视与支持。各级领导的高度重视，有力地推动了国有农场社区社会管理属地化工作。

二、上下联动、合力推进

台州市各级农场管理部门认真学习中共中央、国务院及省委、省政府的农场政策，结合本地实际开展讨论，统一思想认识。结合本地国有农场实际，做好实施方案的制订工作。台州市农业局为了《台州市国有农场社区社会管理属地化实施方案》制订得更科学、更符合农场实际、更具有可操作性，要求县（市、区）国有农场主管单位将实施方案初稿先报送台州市农业局。台州市农业局加强对县（市、区）做好国有农场社区社会管理属地化工作的指导，在椒江区召开讨论会，与台州市椒江区农业林业局、台州市椒江区民政局、台州市椒江区三甲街道办事处、椒江农场负责人一起讨论椒江农场社区社会管理属地化工作，通过讨论，大家的认识得到了统一。椒江农场远离城镇中心，没有条件纳入社区居委会管理，椒江农场人口1684人、789户，居民户数少于3000户，不适宜单独建立社区，且周边无社区可以挂靠，因此将农场目前负责的社区性管理职能独立出来，在农场场部设立社会事务管理办公室，由其承担相应职能。由椒江农场向椒江区人民政府提出移交申请，将建设村和呈龙村成建制划归三甲街道，两村原由椒江农场所承担的各类社会行政性、事业性和服务性职能全部移交三甲街道统一管理。台州市农业局在临海召开国有农场社区社会管理属地化工作讨论会，临海市农林局、临海市经济开发区管委会、相关镇政府（街道办事处）、临海市良种场、临海市蚕种场、临海市特产场相关领导参加会议，通过讨论，进一步统一思想，提高认识，推动国有农场社区社会管理属地化工作。

三、因场制宜、分类指导

台州市农业局加强调研，把全市13个农场分为5种类型，对不同类型的农场提出不同的工作要求。无户籍在农场的国有农场是台州市椒江区水果场，该场主要做好农场职工以及退休职工的户籍衔接工作。已经纳入社区或居委会的农场有台州市原种场、温岭市原种场、玉环县良种场、玉环县文旦良种场，这些农场主要加强与所在社区、居委会的联系，按照上级文件的精神，做好完善工作，抓好工作的落实，有条件成立居民小组的成立居民小组。临海市良种场辖区较为分散，位于城区，有条件纳入周边社区，该场主要任务是理清目前负责的社区管理职能，将它们移交给临近社区。三门县凤凰山农垦场设立农场居委会（社区），由居委会承担社会管理和服务职能，居委会成立基层党组织，党组织与居委会隶属于三门县健跳镇党委和健跳镇人民政府。农场成立浙江省三门县凤凰山农垦场有限责任公司，承担经营管理职责，主管单位为三门县农业林业局，农场的国有资产管理等职能隶属关系不变。台州市黄岩区头陀镇人民政府成立台州市黄岩百丈柑橘场社会事务管理办公室临时机构，承担台州市黄岩百丈柑橘场征迁改制过渡时期的农场社会事务管理职能；在台州市黄岩百丈柑橘场征迁安置完毕后，依法组建百丈居，明确百丈居由台州市黄岩区头陀镇政府管辖，承接台州市黄岩百丈柑橘场社会事务管理职能，同时撤销台州市黄岩百丈柑橘场社会事务管理办公室临时机构。台州市农垦场、临海市蚕种场、临海市特产场、仙居县柑橘场等农场不适宜单独建立社区，且周边无社区可以挂靠，根据实际情况，将农场目前负责的社区性管理职能独立出来。以政府购买服务的形式在农场建立居民管理点，设立农场社会事务管理办公室，挂靠所在镇人民政府（街道办事处），农场社会事务管理办公室基本运行经费、管理人员费用纳入财政预算。如仙居县财政局每年给仙居县柑橘场社会事务管理办公室8万元，以后根据情况给予适当调整。

四、明确目标、有序实施

第一步：国有农场根据中共中央、国务院、省委、省政府、省农业厅、省民政厅、省财政厅有关文件精神，结合国有农场实际，制订国有农场社区社会管理属地化实施方案（初稿），报县（市、区）国有农场主管单位。第二步：县（市、区）国有农场主管单位召集相关单位召开讨论会征求意见，并征求台州市农业局意见，根据意见进行修改，报县（市、区）政府。第三步：县（市、区）政府召开协调会，国有农场主管单位、县（市、区）民政局、县（市、区）财政局、当地乡镇（街道）政府、国有农场参加，进行讨论，对实施意见进行修改。第四步：县（市、区）党委、县（市、区）政府发文。如临海市政府在政府官网公开征求意见，征求意见结束后，由市法制办领导签字，最后由市政府领导签发。第五步：组织实施。

五、深化改革、促进发展

台州市把推进国有农场社区社会管理属地化工作与深化国有农场改革紧密结合起来。台州市黄岩百丈柑橘场地处山区，人多地少，经营性收入少，历史包袱沉重，农场没有能力为职工缴纳社会保险费，基本养老保险一直由职工自筹经费缴纳。黄岩区委、区政府高度重视百丈柑橘场深化改革工作，12名副处级及副处级以上干部参与农场深化改革与住房迁建工作。台州市农业局与黄岩区农林局、头陀镇政府领导一起到省农业厅农场局管理汇报百丈柑橘场深化改革工作，并对深化改革进行深入研讨。在深化改革中，确定了百丈柑橘场社区社会管理属地化工作，改革方案由职工大会通过，取得了三大成果：欠职工的养老保险费得以付清，解决了职工医疗保险问题，解决了职工的住房问题。三门县把农场社区社会管理属地化与农场企业化结合起来，成立浙江省三门县凤凰山农垦场有限责任公司，承担经营管理职责。台州市坚持把农场社区社会管理属地化与发展农场经济结合起来。三门县凤凰山农垦场开展国家现代农业庄园创建工作；临海市良种场建设国家级小微企业创业创新示范基地；台州市农垦场规划建设美丽田园综合体。台州市路桥区农林局成立专门工作班子，进驻台州市农垦场2个月，推进台州市农垦场社区社会管理属地化工作、民生工作、全面深化改革工作。

六、查找短板、着力提升

国有农场社区社会管理属地化工作取得了一定成效，但也存在一定的困难与问题，要坚持目标导向、问题导向，切实抓好落实，做好提升文章。个别领导对国有农场了解比较少，认为国有农场社区社会管理属地化是一项改革，担心引起国有农场的不稳定。因此，在今后工作中要多宣传国有农场，多向相关领导汇报，多引起各级领导对国有农场的了解、关注、理解与支持。个别部门对国有农场社区社会管理属地化工作支持的力度不够，配合得不够理想。因此，在今后工作中要多与相关部门沟通，取得相关部门的配合与支持，共同推进国有农场社区社会管理属地化工作。个别乡镇(街道)领导对接收国有农场社区社会管理属地化工作持抵触情绪，因此，在今后工作中要进一步加强与乡镇(街道)的工作联系，按照政策，明确相关单位的责任清单，密切合作，切实抓好国有农场社区社会管理属地化工作。个别部门认为国有农场社区社会管理属地化列入财政预算的经费没有标准可依，存在畏难情绪，因此，在今后的工作中要进一步向相关部门汇报国有农场的改革成果、目前存在的困难，争取财政部门的支持，为国有农场社区社会管理属地化工作争取与工作量相适应的经费支持。通过总结经验、查找短板、发现问题、解决问题、理清思路、落实措施，更好地推进国有农场社区社会管理属地化工作，达到国有农场社区社会管理属地化工作与经济发展工作、国有资产保值增值工作相得益彰，推进国有农场经济与社会更好、更快的发展。

22

浅析丽水国有农场发展面临的困境及对策

叶国军

（丽水市农业局）

农场是在特定历史条件下为承担国家使命而建立的。在新中国成立初期，我国农业基础薄弱，为解决庞大人口的吃饭问题、维持社会秩序的稳定，全国涌现出很多国有农场。国有农场曾在完成国家特殊任务、保障粮食安全生产等方面发挥了积极的作用，促进了农业经济的快速发展，成为社会主义经济中的重要组成部分。然而面对我国社会主义市场经济发展程度的逐步加深、经济全球化发展进程的加快、国内国际市场新发展形势的出现，如何深化国有农场改革、调整国有农场产业结构、创新国有农场经营管理机制等，已成为摆在我国农业发展面前的一项重点课题。笔者基于浙江省农业厅农场管理局开展的"大调研，谋新篇"活动，对丽水市国有农场开展了调研，分析了面临的问题，并提出促进国有农场发展的具体建议。

一、发展现状

丽水市下辖9个县（市、区），原有10个国有农场。从新中国成立之初，经过几十年的改革与发展，由于错综复杂的原因，丽水国有农场逐渐表现出效益下滑、土地减少、资金短缺、亏损扩大和负担加重等问题，部分县(市、区)的国有农场严重亏损，破产倒闭，被依法改制撤销。截至2018年6月，全市有3个县(云和、遂昌、缙云)的国有农场依法撤销改制，现仅存7家国有农场。其中，事业场5家，分别是莲都区农场、龙泉市农场、庆元县联合农场、松阳县良种繁育场、景宁县良种场；企业场2家，为丽水市农垦场和青田县峰山茶场。农场国有土地面积6967.45亩，其中，建设用地102.45亩，农用地1776.00亩，其他用地5089.00亩。大部分农场收入主要靠出租土地和商业用房，其他农场则以现有土地资源发展小规模种、养殖来维持运营，尚未更好地挖掘和整合资源。2017年实现经济收入69.4万元，同比增长59.91%，但利润仅有0.4万元。

二、存在的主要问题

1. 思想观念问题。由于国有农场一开始就处于社会化大生产的体制下，受长期计划经济体制的束缚，逐步形成了农场人特有的思维定式，既没有强烈的危机感和紧迫感，也缺乏参与意识与竞争意识。部分农场班子对分析形势、研究市场、发展新产业、创造就业不积极主动作为，沉迷于“等靠要”的幻觉之中，墨守成规，不思进取，不敢革新，更不敢主动对接，无法从改革中寻找更多的发展机遇；在推进改革过程中，部分农场把个人利益、小团体利益看得很重，不主动协调解决改革中存在的问题，出现抵触情绪，工作马虎应付，甚至存在今朝有酒今朝醉的消极思想和行为。

2. 土地资源问题。土地资源是农场最重要的生产资料，在市场经济中，土地资源也是一种资本。充分利用稀缺的土地资源，实现土地资源向土地资本转化，充分发挥土地的价值，是国有农场新的使命。然而随着城市化和工业化的发展，土地资源的稀缺性和升值潜力日益突显出来。农场拥有的土地不断地被周边农村蚕食。一些地方违反规定使用农场土地，存在征地手续不全、未批先用、少批多占、圈而不用的问题，导致农场土地资源被无序开发利用，农用地不断减少，从而影响了国有农场农业和事业经济的发展。通过调查发现，丽水市农垦场、莲都区农场等均与周边农村发生权属纠纷，影响农场发展；云和、缙云、遂昌等县的国有农场因经营效益低下，农场土地不断被征用，从而纷纷破产改制；丽水市农垦场从2001年开始土地陆续被征用，原有的200多亩土地仅剩余20多亩，已严重影响农垦场资产做大做强和产业的可持续性发展。

3. 人才缺乏问题。通过丽水国有农场调查发现，在农场成立之初，由于农场的地理位置偏远，生产生活环境艰苦，交通不便，当初农场人员因大中专院校计划分配、自身招聘、其他企业改制划转等而来。后来随着市场经济大潮的不断推进，因经济效益低下，有些农场企业人员调离农场或自谋职业，造成农场人员越来越少，队伍越来越薄弱。同时，农场管理人员队伍年龄严重老化，知识结构很不合理，不少专业的人才紧缺，特别是专业性强的岗位和重要管理岗位人才严重缺乏。如丽水市农垦场于1988年成立，最多的时候农场职工有30多人。后来，农场整体效益低下，员工生活困难，大部分员工纷纷离开农场自谋职业。截至2018年6月，农垦场仅留下2人负责管护农场资产资源，原有的尚未退休人员均在外出务工或经商。曾有段时期，农场场长都没有人员愿意回来担任，无奈之下丽水市农业局派干部去临时兼任场长。

三、发展的对策建议

1. 转变观念，强化担当。要深入学习宣传贯彻党的十九大精神，以习近平新时代中国特色社会主义思想为指导，进一步加强农场自身建设，准确把握农垦改革发展政策精神和重点，扎实推进农场改革发展。农垦管理部门要转变观念，要把农场事业发展纳入大农业中，通盘考虑、谋篇布局、主动作为、创造条件，把农垦工作融入落实乡村振兴战略大局中去，融入各级党委、政府的重点工作中去，把目光放远、视野放宽，这样才能有效解决我们自身力量不足的问题，形成推动农垦改革发展的强大合力。

2. 深化改革，抢抓机遇。党的十九大提出实施乡村振兴战略，我省深入践行“八八战略”，浙江的经济、文化、环境等各项工作取得丰硕的成果。全省农业农村发展展现出新活力，新时代美好农场改革发展展现出广阔前景。我们要深入贯彻浙江省委、省政府《关于进一步深化改革加快推进现代国有农场建设的实施意见》（浙委发〔2017〕2号）文件精神，坚定信心，抢抓机遇，坚定不移地推进农场改革发展，承担起引领示范的农场使命。尤其是在农场改革发展正处于逆水行舟、不进则退的关键时期，我们更不可有丝毫退缩和松懈，绝不能再有“等等看，拖着干”的想法。在调研中发现，部分农场干部对农垦改革的重要性、紧迫性认识不够，改革动力不足，还存在畏难情绪，以及求稳怕、不想改、不敢改、不会改、“等靠要”等思想。这些问题不彻底改掉，就会成为推动农场改革的巨大阻碍。

3. 发挥优势，抓住关键。农场作为农业领域的国家队，拥有大量的国有土地资源，这也是有别于其他经济体的最大优势。因此，我们要充分发挥土地资源优势，变固产为动产，盘活资产资源，转换经营机制，放大国有资本功能。按照国土资源部、财政部、农业部《关于加快推进农垦国有土地使用权确权登记发证工作的通知》(国土资发〔2016〕156号)文件精神，要抓紧完成国有土地使用权确权登记发证，做到应确尽确，不留尾巴。同时，要加快创新土地经营管理制度。采取切实可行的措施，逐步规范和完善土地承包办法，在保障农场职工根本权益的基础上，解决好土地集中经营问题。同时，鼓励先行先试、大胆探索，采取土地资源评估入账、作价出资入股和授权经营、农用地抵押担保等方式，打通资源变资产、资产变资本、资本变股本的实现路径，这是实现农场集团化、企业化的根本源泉。

4. 完善机制，增强活力。进一步深化《关于进一步深化改革加快推进现代国有农场建设的实施意见》(浙委发〔2017〕2号)和《浙江省农业厅等3部门关于印发推进国有农场社区社会管理属地化实施方案的通知》(浙农专发〔2017〕55号)两个文件精神，加快推进国有农场体制改革步伐。地方党委、政府要将国有农场的发展纳入地方经济社会发展规划中，在基础设施、扶贫开发、公共服务等经济和社会事业建设中给予一定的项目支持和资金保障。要进一步理顺国有农场的关系，以推进社企分开为方向，以服务国有农场集团化、企业化改革为主线，加快推进国有农场社区社会管理属地化，提高国有农场的内生动力、发展活力和整体实力。要树立人才资源是企业最优质资源的理念。加强农场人才队伍建设，建立不同层次人才需求、培养目标、培养计划，满足国有农场改革发展所需各专业、各层次的人才，从而提升企业的影响力和竞争力。

23

发展绿色品质农业　打造安全优质公共品牌

胡惠生　周　平　刘舒童　洪雪敏

（余杭区农业局）

无公害农产品、绿色食品、有机农产品和农产品地理标志（以下简称“三品一标”）是我国重要的安全优质农产品公共品牌。我区开展“三品一标”工作十余年来，产业规模不断扩大，产品品质不断提升，品牌效应不断增强。但随着工作的不断深入，我区“三品一标”的数量和规模增长缓慢，证后监管和品牌长效发展问题日益凸显。

一、基本情况

截至2017年，余杭区通过无公害农产品认定的基地339个、产品373个，绿色食品基地13个、产品37个，有机农产品基地23个、产品52个。塘栖枇杷已经获得农业部农产品地理标志登记；径山茶正在公示当中，争取2018年能够获得正式登记。

从每年的“三品一标”发展情况来看，总量增长缓慢，每年有效期内的数量甚至有不升反降的趋势。从产业来看，种植业获证产品丰富多样，而畜牧业和水产品的获证产品相对比较单一。

二、“三品一标”工作带来的积极效应

（一）提升农产品质量安全水平

“三品一标”是优质农产品供给能力的重要评价标准。我区“三品一标”通过推行标准化生产和全程控制，实施严格的产品认定制度，将农产品质量安全源头控制和全程监管落实到农产品生产经营环节，实现“产”“管”并举，从生产过程提升农产品质量安全水平。在规范自身生产的同时，“三品一标”企业、合作社和种养大户还辐射带动周边的农户，普及“三品一标”生产管理模式，全区农产品质量安全水平得到进一步提升。

（二）增强农产品品牌效应

随着“三品一标”工作的不断推进和群众食品安全意识的提升，“三品一标”作为政府主导推进建设的安全优质农产品公共品牌，其影响力和受关注度日益增强。我区越来越多农民专业合作社、农业龙头企业和家庭农场主动申报“三品一标”，品牌知晓率和消费者满意度逐年提升，品牌效应不断增强。通过品牌带动，推行基地化建设、规模化发展、标准化生产、产业化经营，有效提升农产品品质和市场竞争力。

（三）满足公众的消费需求

现阶段，消费者对农产品质量安全的要求快速提升，优质化、多样化、绿色化日益成为消费主流需求，对安全、优质、品牌农产品需求旺盛。保障人民群众吃得安全优质是重要民生问题，而“三品一标”农产品涵盖安全、优质、特色等综合要素，正好满足了公众对健康营养农产品消费的需求。

三、今后的发展方向

（一）注重规模和发展质量两手抓

鼓励规模以上农产品生产主体积极申报“三品一标”，以及复查换证、续展，寻求工作新突破。进一步优化结构，引导农产品生产主体开展多品种、多种类的认定。强化证后监督检查和农业投入品使用监管，加强包装标识监管。

（二）积极引导与拓展市场相结合

加大宣传教育，引导消费者正确认识“三品一标”，树立安全农产品优质形象。探索“三品一标”农产品“快捷入市、顺畅销售”的有效途径，积极培育农产品电子商务经营主体和区域平台，促进产销对接。

（三）树立品牌和提升竞争力共发展

无公害农产品立足安全管控，充分发挥产地准出功能；绿色食品突出安全优质和全产业链优势，引领优质优价；有机农产品彰显生态安全特点，因地制宜，满足公众追求生态、环保的消费需求；农产品地理标志要突出地域特色和品质特性，带动优势地域特色农产品区域品牌创立。

四、推进工作的具体措施

（一）大力发展“三品一标”

保持“三品一标”个数和面积稳中有增，实现主要食用农产品认定比例达到55%以上。鼓励规模以上农产品生产主体申请“三品”认定，以及复查换证、续展，积极探索农业“两区”无公害农产品产地整体认定。进一步优化结构，引导农产品生产主体开展多品种、多种类认定。

（二）加大政策扶持力度

在原有政策扶持的基础上，进一步提高资金补助金额。同时，新增关于粮食功能区整体认定的补助，扩大认定面积。通过加大资金扶持力度，提高符合条件的生产主体申报积极性，确保“三品”工作持续推进。

（三）发展农业部农产品地理标志

地理标志品牌作为农产品区域公用品牌建设的重要载体，充分发挥地理标志农产品天然品牌化、区域性优势，加大地理标志农产品挖掘、培育、登记和保护力度，促进地理标志品牌与产业协同发展。着力推进径山茶农产品地理标志工作，争取2018年能完成并取得农产品地理标志证书，以进一步打造具有地方特色的农业品牌，提升余杭农产品在全国范围内的影响力。

（四）强化证后监管和标志使用管理

加强产地环境和产品质量监管，加大例行抽检、执法抽查比例和频率，坚决淘汰不合格的产地和产品。加强农业投入品使用监管，督促企业落实质量控制措施和生产操作规程，建立健全生产记录档案。加强包装标识监管，重点检查用标产品的有效性、用标企业的真实性和标识使用的规范性等，确保“三品一标”品牌的市场信誉度。贯彻有关文件精神，深入推进食用农产品安全入市工作，落实将“三品一标”标识视为食用农产品合格证的要求，鼓励和督促获证主体规范用标、带标上市，倒逼规模生产主体发展“三品一标”。

（五）提升“三品一标”品牌价值

加强品牌培育，做好“三品一标”获证主体宣传培训和技术服务，不断提升市场影响力和知名度。加大推广宣传，积极组织获证主体参加绿色食品博览会、有机食品博览会、地标农产品专展等专业展会。依托“余杭三农”、农民素质教育培训等新媒体和培训机构，加强“三品一标”等农产品质量安全知识培训、品牌宣传、科普解读、生产指导和消费引导工作，全力为“三品一标”构建市场营销平台和产销联动合作机制。

广泛宣传“三品一标”产地环境优良、认定程序严格、监管法制健全、产品安全优质的品牌形象，提高消费者对“三品一标”品牌的认可度。探索“三品一标”农产品“快捷入市、顺畅销售”的有效途径，借鉴杭州市以肉菜鱼为重点的“品质食品示范超市”创建经验，组织“三品一标”进超市试点。积极培育农产品电子商务经营主体和农村淘宝等区域平台，促进产销对接。

24

余杭农垦区域集团化改革实践与探索

唐　辉

（杭州余杭农林资产经营集团有限公司）

一、余杭农垦基本概况

浙江余杭农垦现由杭州余杭农林资产经营集团有限公司（以下简称农林集团）统一管理。农林集团成立于2008年3月，为余杭区政府直属国有农垦企业，按照现代公司制度法人治理结构要求，依据公司章程规定分别建立董事会和监事会，并建立健全党委、纪委和工青妇等党群组织体系。

（一）土地资源

与区内13个乡镇（街道）毗邻。拥有土地面积8.35万亩，其中，建设用地1400余亩，农用地3.3万余亩，林地3.5万亩，外荡水面1.5万余亩。

（二）资产经营和机构人员

农林集团2017年实现收入9742万元，净利润为2485万元。截至2018年6月底，农林集团资产总额达100.2亿元，净资产60.1亿元，资产负债率40%；政府性负债余额约13.2亿元；集团本部设有6个职能部门，下设9家全资子公司、2家控股公司、4家参股公司。现有在职员工545名、离退休人员4360名、退养人员74名、身份置换人员663名。

（三）主要工作职责

1. 负责国有农林资产资源及区政府授权的国有资产经营管理和开发利用。

2. 以现有农林资产作为投融资基础，筹措农林场改革发展资金。

3. 深化国有农林场改革，加快农林场经济发展工作。

4. 承担区级重点水利、园林绿化等基础设施建设与投资工作。

5. 为农业龙头企业、专业合作社和集体经济组织等提供担保服务。

6. 开展现代都市农业建设和农业、林业生态休闲旅游开发工作。

7. 开展农林场职工住房解困及安置房建设工作。

8. 开展国有农林场社会管理工作，确保农林场社会稳定等。

二、农垦改革实践与探索

余杭是浙江国有农场相对集中的地区之一。余杭的国有农场大多数创建于20世纪50年代，地处杭州市郊的余杭西北部丘陵地带，地理位置相对偏僻，基础设施较差，生产生活条件比较艰苦，历经艰苦创业期、辉煌发展期和低谷彷徨期，曾为余杭农业生产、种子种苗产业、发展工业企业及军属企业地方建设、城市知青安置等做出较大贡献。但在20世纪90年代，随着社会主义市场经济体制的逐步建立和不断深化，农场的管理经营体制已明显落后，导致生产经营面临困难，经济效益直线下降，大批企业关停，隐性下岗、失业人员较多，农场职工收入普遍低于农民收入，职工生活水平较低。到2001年底，农场职工年平均收入仅为当地农民纯收入的68%，全区国有农场负债总额达2.6亿元，资产负债率高达334%。历史遗留问题包袱多、社会职能负担重、资产质量差且严重资不抵债，致使农场生存难以为继，改革势在必行。为此，浙江余杭农垦下定决心启动实施了国有农场第一轮改革攻坚任务。

（一）改革攻坚，破旧立新，有效推动余杭农垦企业化改革（第一阶段：2001—2007年）

以改革攻坚为切入点，建立农场企业化运作机制。“步履维艰心思变，大刀阔斧革旧制。”2002年，余杭农场已经到了资不抵债、矛盾迸发、生死存亡的危难关头，余杭区委、区政府对农场改革做出重要部署。①成立由区长任组长的农场改革指导协调小组，全面启动农场改革攻坚任务。②按照统筹管理原则，对于企业农场和事业农场（共11家），按“政策分类、整体推进、分步实施”的方式，大胆创新，克难攻坚，花了近5年时间，实现了统一经营管理的公司化改组目标。③以产权制度改革为突破口，以建立现代企业制度为目标，破除原企业场和事业场分隔局面，优化组合土地等资产，成立杭州余杭区农业资产经营有限公司，成为“产权清晰、权责分明、政企分开、管理科学”的国有农业企业。

以政策配套为支撑点，护航农场改革稳妥推进。以人为本、因地制宜，依法制定一系列切实可行的农场改革配套政策，集财聚力，全力以赴，取得了来之不易的改革成果。特别在当时的情况下能啃下了“农场社会管理属地化和土地确权登记”这两块硬骨头，实属不易。①彻底解决历史债务。通过盘活土地筹措资金，解决了农场1.3亿元的历史债务。②改制农场所属企业。通过转制、拍卖、租赁或破产等形式，完成农场下属50余家场办企业改制，并移交属地乡镇（街道）管理。③职工身份全部置换。4265名农场职工全部置换身份，合计支付经济补偿金和补发职工欠发工资、医药费等共1.13亿元。④推进农场社会管理属地化。把职工社会养老保障体系纳入政府管理。共筹措1.06亿元，将5000多名离退休、退养、协缴人员全部剥离到当地社会保险机构；把公安、子弟学校、卫生院等纳入政府公共管理体系；把退休职工全部纳入当地社区管理。⑤开展土地确权登记。对各农场全部土地进行依法确权发证，当时共确权的土地证434本，土地面积55672亩，外荡水面14978.6亩。到2009年，农场全部土地的确权工作基本完成。

（二）夯实基础，资源整合，大力推进余杭农垦集团化发展（第二阶段：2008—2015年）

2008年，余杭区政府结合余杭组团式、区域化、城市化发展进程，按照抱团发展、做大做强原则，对全区15家农林牧副渔场进行大整合，组建了余杭农林集团，拉开了余杭农场区域集团化发展序幕。

以保障民生为出发点，不断增进农场职工福祉。改善职工民生是改革取得成功的基石，农林集团重点围绕职工住房解困和解决职工历史遗留问题等做了大量富有成效的工作。十年来，共投入12.8亿元，在8个区块建造了34余万平方米职工安置房，完成3708户安置房配售；设立每年100万元的扶贫帮困和每年50万元的信访化解专项资金，并累计投入6470万元化解资金，对职工历史遗留问题进行妥善处置。

以土地利用为突破点，充分挖掘农场发展潜力。为充分挖掘农场在社会新一轮发展中的潜力，将土地评估、垦造耕地和土地储备与出让，列为阶段性最基础、最关键的中心工作来抓。①完成5.47万亩较为优质土地作价评估，将评估总价值41.5亿元注入农林集团，转增国有资本金，壮大集团资产规模。②累计完成垦造耕地6353亩，获得政府补助资金3亿多元，也为余杭城市空间拓展做出贡献。③充分利用区政府对农林集团土地出让金全额返还的特殊政策，2017年已完成做地及储备的土地1600余亩，一旦出让，农场改革资金、历史遗留问题处置、职工民生项目建设资金缺口得以有效解决，更为农场下一步发展提供强有力的资金保障。

以项目建设为着力点，打造一批现代农业园区。农林集团充分利用8.35万亩土地资源禀赋，按照自主经营、合作经营、招商经营模式，大力发展现代农业产业园区建设。在巩固和继续发扬种猪产业、粮油种子、农业金融优势主导产业的基础上，大力引进现代农业项目。已累计引进农业大项目15个，投资额达6.6亿元，主要有海亮华东有机农业园、浙江茶叶博览园、蓝天循环农业生态园、浙江农夫乐园、利川绿景堂生态园、长乐创龄小镇等。截至2017年底，农林集团建有国家级现代示范农场1家、省级现代示范农场2家、区级以上现代农业园区10个。

（三）试点助力，改革深化，不断推出管理管控机制（第三阶段：2016年至今）

为认真贯彻落实中共中央、国务院《关于进一步推进农垦改革发展的意见》和浙江省委、省政府《关于进一步深化改革加快推进现代国有农场建设的实施意见》等文件精神，根据农业部农垦局，浙江省农业厅和余杭区委、区政府的工作指示，按照农业部办公厅《关于组织开展深化农垦改革专项试点工作的通知》工作要求，余杭农林集团认真开展“组建区域性现代农业集团”专项试点任务，也取得了新的成效。试点主要包括集团公司管理体制机制改革、母子公司管控体系完善、下属子公司股权多元化试点及现代农业产业体系打造等。

1. 深化管理体制机制改革。原余杭农垦管理机构分为余杭农林资产管理办公室和农林集团两块牌子和两套班子，经历了前一轮的改革过渡期，具备了实施政企分开、深化集团化改革的基础。为此，按照中央和省委关于国有企业和农垦改革的文件精神，余杭区委、区政府对农垦管理机构进行改革。在体制改革上撤销余杭区农林资产管理办公室，余杭农林集团直接隶属区政府管理。原农林资产管理办公室领导班子成员（属公务员身份）按自愿选择原则，选择继续留在农林集团的，身份彻底转换，由原公务员身份转为企业身份；选择保留公务员身份的，由区委组织部另行选调履职。至2016年8月底，完成“两块牌子、两套班子”机构整合任务，实现了余杭农垦“一块牌子、一套班子”的新管理体制，为集团确立市场经济主体地位奠定更坚实的基础。

2. 母子公司管控体系完善。一是整合重组集团所属公司。研究制定下属分子公司整合重组方案，2017年经余杭区政府批复后启动实施，完成集团公司定位及定职责、定机构数、定岗位数“三定”工作，压减公司层级，控制子及孙公司数量。对分公司按区域进行整合，对部分子公司进行重组，并按资源管理型和资本运作型进行分类。先后撤销7家分公司，整合重组8家子公司，集团下属分、子公司由原15家压减至9家全资子公司，集团总部职能部门由7个压减至6个。集团下属子公司法人治理结构已完善，二级公司班子干部选任已基本到位。二是完善子公司法人治理结构。对新组建的5家子公司和其他法人治理结构不健全的子公司，主要是杭州余杭南湖经营有限公司、杭州余杭径山经营有限公司、杭州余杭南山经营有限公司、杭州鸿信投资有限公司、杭州农林伏泰环境有限公司，按现代企业制度和法人治理结构要求逐步健全和完善。三是完善母子公司管控制度。重点从资产管理、经营管理、薪酬管理、财务管理、审计管理方面制定科学合理的制度，按管理型、经营型分类，以绩效考核为手段，对全资子公司、控股公司和参股公司推出新的管控方案。对以原农场为班底新组建的子公司，主要是转变经营管理理念，绩效考核目标侧重点从以原社会管理为主转为以经营目标为主，同时兼顾农场社会事务与和谐稳定建设；对以产业发展为主的子公司，改革的重点是产业转型升级与产业提升拓展，如种猪产业、种子产业、环境产业和农业金融担保行业。目前，农林集团聘请专业战略咨询公司完成了人力资源绩效管理体系建设和农林产业三年行动规划，母子管控体系日趋完善。

3. 推进股权多元化试点。在确保国有资本控股的前提下，在集团下属杭州市种猪试验场、杭州市农信担保有限公司两家单位先行开展股权多元化试点。在杭州市种猪试验场下属杭州大观山投资实业有限公司由以杭州市种猪试验场国有资本控股注入资金840万元，约占注册资本51%；其他49%（830万元）由实业公司38名职工股东集资入股筹集。具体筹集按经营骨干持大股，职工持小股方式进行。重组混改后，实业公司按照现代企业制度和法人治理结构要求建立了董事会和监事会，现已完成并投入运营。杭州农信担保有限公司是以国有资本、非公有资本交叉持股、相互融合而组建的混合所有制公司，2016年8月通过重组注册，注册资本5000万元，国有资本出资（农林集团控股）注册资本的57.4%，集体资本出资（供销联社参股）20.6%，社会民营资本共出资（7家当地民营农业龙头企业）22%。2017年7月又完成增资扩容任务，注册资本由5000万元提高至1亿元，各股东同比例增资。

4. 打造现代农业产业体系。发展现代农业是中央和浙江省委深化农垦改革发展的重要方向。2017年，农林集团启动实施“产业为王”战略，按照“对内提升、对外拓展、融合发展”的产业体系打造新思路，为实现集团产业转型升级、全面提升现代农业产业发展水平奠定基础。①对内提升。继续做强做优现有主导产业，主要是种猪产业、种子产业和农业金融服务业；持续做优做精现代农业园区。根据我区现代农业园区发展规划，进一步优化集团产业布局，有效提升现有十大现代农业园区建设水平。②对外拓展。实施走出去战略和产业外延战略，重点实施生猪产业拓展和美丽经济产业延伸。生猪产业：充分利用集团大观山种猪品牌和技术优势，2017年与上海光明集团和北京大北农集团合作成立江苏众望农牧科技有限公司，公司注册资金5亿元（农林集团投资1.5亿元），通过强强联合和垦区合作，提出了至2025年实现生猪养殖规模1000万头，确立了挺进中国生猪养殖第一集团军的目标定位。美丽经济：党的十九大报告提出美丽中国建设和乡村振兴战略，集团下属农林环境公司正是在这背景下应运而生。通过与国内环保领军企业合作，在余杭区内实施建筑垃圾处置、农村生活垃圾分类处置和垃圾减量综合体项目建设，逐步建立绿色生态循环产业经济，在履行国有企业社会责任的同时，培育集团美丽经济新业态。③融合发展。充分利用农场土地资源禀赋及生态优势、区位优势，大力发展产融项目。目前签约的重大合作项目是集团2018年重点发展方向，通过建设田园综合体、文化影视基地、林下经济等培育共享农业、创意农业、文化体验、特色经济等新的农业经济增长点，推动一二三产深度融合发展，构建集团现代农业产业体系新格局。

三、农垦改革成效与思考

余杭农垦在企业化、集团化改革过程中，按照“以人为本，合力共进，牢牢把握农垦改革正确方向”的改革方针，始终坚持社会主义市场经济改革方向，坚持国有属性，坚持以农业经营为主，创新管理机制，走集团化规模化发展道路。

1. 坚持正确的改革方向，是确保农场改革成功的根本保证。国有农场改革是一个非常复杂的系统工程，事关各利益主体既得利益的再调整，在当时浙江农场改革没有先例的情况下，余杭农垦为浙江中小垦区探索出一条行之有效的改革路径。归纳起来就是坚守农场企业化、集团化这条主线，坚持“国有属性不变、市场导向不变、分类指导不变”为改革的基本原则，不但没把农场改没了、改弱了、改小了，而且逐步把农场做大了、做强了、做美了。实践证明，余杭农垦资产从最初改革前的资不抵债，通过十年发展，实现了总资产破百亿元的初步目标。

2. 坚持凝聚共识的合力，是关乎农场改革推进的关键所在。余杭农垦集团化改革发展实践，始终离不开上级的指导与推动，离不开属地党委、政府的高度重视。只有属地党委、政府为农场改革切实履行属地管理主体责任，强化属地有关部门的责任落实，才能使农垦改革在各垦区或农场落地生根，开花结果。同时在具体改革实施过程中，在依法依规的前提下，要充分肯定农场的历史地位和作用，充分尊重职工的改革意愿，最大限度地维护好、保护好农场职工的切身利益，形成上下统一改革氛围和共识，是切实有效推进农场改革的关键所在。

3. 坚持发展才是硬道理，是巩固农场改革成果的重要保障。余杭农垦通过区域集团化改革，摒弃了旧体制的弊端，创新了管理体制和运行机制，打破传统体制形成的条块分割、各自为战的分散经营格局；通过资源整合和下属农场重组、法人治理结构的不断健全完善，有效提升了现代化管理水平。在此同时，不能离开发展和效益论改革，只有坚持改革促发展，真正把农场经济搞上去，农场实力壮大了，农场才能真正有作为、有地位，才能让广大职工共享改革发展成果。站在新起点，余杭农垦要以翻篇归零的姿态再出发，以勇力潮头的担当再前行，不断可持续发展，努力为浙江农垦改革与发展事业做出新的贡献。

25

加快推进临安区绿色食品工作的几点思考

卢秋红

（临安区农业林业局）

绿色食品是指产自优良生态环境、按照绿色食品标准生产、实行全程质量控制、经中国绿色食品发展中心批准许可使用绿色食品标志的安全、优质、营养的食用农产品及其相关产品。大力发展绿色食品，是现代农业的发展方向。本文就临安区绿色食品工作的现状、制约因素及对策进行探讨。

一、临安区绿色食品现状

临安区绿色食品工作起步于2006年，到2017年为止，全区有效期内共有9家单位的15个产品取得绿色食品标志使用权，基地总面积为16986亩，批准产量为5779吨。此外，先后有5家单位的5个绿色食品因各种原因放弃了续展。

二、制约绿色食品发展的原因

1. 绿色食品申报门槛高。绿色食品不仅安全水平高，而且产品优质营养。要想申报一个绿色食品，必须要达到绿色食品生产标准，如果达不到这个标准，那么企业想报也批不下来。绿色食品申报难度大。如临安正兴牧业公司，其生猪和肉羊产品在2003年就通过了无公害畜产品认证，前几年企业想提升产品档次，迫切要求申报绿色食品，但对照绿色食品养殖标准，因在养殖的过程中很难完全按这个标准去养殖，最终只能放弃申报。

2. 申报费用高。申报一个产品，审核费就要8000元，加上环境检测、产品检测、标志使用费等，一个绿色食品从申报到拿到证书，费用要在2万元以上。而且每年都要对绿色食品企业进行年度检查，企业感到压力大。而绿色食品在市场销售中优质却没有优价，价格优势没有体现出来。多数消费者只认价格不认品牌，使得绿色食品与普通产品的价格差别不大，直接影响了企业申报绿色食品的积极性。如临安山妹子食品有限公司，2006年申请了绿色食品“山核桃”，三年有效期到时却没有去续展，主要原因是没有价格优势，还有其他几家企业放弃续展主要也是这个原因所致。同时，证后政府的监管力度也比普通农产品要大。

3. 政府扶持力度不够。开始的几年，杭州市政府对新申报绿色食品有补助。2007年后，市政府取消了对新申报绿色食品的补助，改为对连续生产绿色食品4年或7年以上的分档奖励。临安区政府原来对申报一个绿色食品有5000元补助，2013年后连这5000元的补助也没有了，一定程度上影响了企业申报绿色食品的积极性。

4. 宣传力度不够。临安区农业林业局主管绿色食品工作的责任科室人员少、业务力量不强，主要精力仅仅是停留在完成省、市各级下达的一些目标工作任务上，主动对外宣传绿色产品的力度不够，很多消费者和企业对绿色食品缺乏了解，甚至乡镇（街道）的很多从事食品安全工作的同志对绿色食品的概念也是比较模糊的。

三、加快绿色食品发展的几点思考

1. 降低申报费用。建议像无公害农产品认定一样，由政府组织、推动，降低或者取消绿色食品申报审核费。临安大规模的企业少，绿色食品申报要这么一大笔费用，对很多中小型种养殖企业而言负担比较重。要重点鼓励具有一定经济实力、带动能力强的龙头企业申报绿色食品。

2. 加大宣传力度。要开展多层次的绿色食品宣传工作，形成绿色食品的品牌优势，特别要多向主要领导宣传，争取得到更多领导的支持。充分利用广播电视、报纸杂志、网络等各种渠道普及绿色食品知识，引导广大消费者熟悉绿色食品的含义、特性、标志，使更多消费者认识绿色食品。建议杭州积极争取举办绿色食品博览会，开设绿色食品专销区、超市专柜等，扩大绿色食品市场占有率和知名度。

3. 加大政府扶持力度。对绿色食品申报企业，政府要给予一定的经济补助。建议建立与农业扶持项目挂钩机制，将获得绿色食品证书作为项目申报的前置条件。

4. 推广绿色食品技术标准。加大对农业企业、专业合作社和专业大户绿色技术标准培训，推广有机肥和生物肥，以及物理防治、生物防治等绿色防控技术，提高种养殖技术水平。积极创建绿色食品生产示范基地和示范企业，建设一批管理规范、质量安全、效益明显的绿色食品示范企业和示范基地，成为农业标准化的先行区和绿色技术推广的示范区。

5. 加快建立健全管理队伍。加快人才队伍建设，各条产业线都要设立一名绿色食品检查员，争取各乡镇（街道）配备一名协查员，形成横向到边、纵向到底的工作机制。加强基层人员业务培训，提升管理队伍自身能力，以利于更好地开展业务工作，从而加快临安绿色食品的发展。

26

农产品地理标志:“建德草莓”的主要做法与成效

余红伟
(建德市农业局)

建德市有2860户、5520余人种植草莓1.62万亩,产量2.43万吨,产值3.26亿元;繁育草莓苗0.60万亩,产值1.49亿元。草莓主栽品种有红颜、章姬、阿玛奥、越心、越丽、白雪公主等。2011年,“建德草莓”成为农产品地理标志登记产品,到2017年,已授权5家草莓生产主体为标志使用人。我市先后启动“放心草莓”工程和“草莓三年行动计划”,着力推进实施“建德草莓”区域公共品牌和建设草莓小镇,推进莓旅结合、三产融合发展,提升草莓育苗、绿色防控等关键技术,拓展草莓线上线下多元化销售渠道,实现了草莓产业新提升。

一、主要做法

(一)草莓小镇建设,引领产业发展

1. 农旅结合效益提升。草莓产业示范园区建设完成后,环境质量、草莓园形象明显提升,采摘游客明显增多。据不完全统计,2017—2018年,草莓小镇采摘休闲游游客累计达8万人次,同比增长60%左右,最高一天游客达600余人次。草莓采摘结束时间由原来的4月上中旬延长至5月上旬,大幅度提升

中后期草莓价格和效益,草莓销售均价比周边地区提高20%,实现草莓产值1500万元。

2. 建德阳田农业科技有限公司、浙江小舍农业科技有限公司正式落户建德草莓小镇,助推建德草莓产业发展。

3. 草莓小镇在全国都有影响力和知名度,江苏、广东、贵州、北京、江西等17个省(自治区、直辖市)的相关人员前来小镇参观学习。2019年1月,我市举办第17届中国草莓文化旅游节,向全国推广草莓小镇模式。

(二)区域公共品牌创建,提升产业竞争力

1. 建立标准体系。制定《建德草莓栽培技术》和《建德草莓商品果质量要求》等系列标准,《“建德草莓”证明商标使用管理规则》《“建德草莓”包装管理办法》保障“建德草莓”统一质量和技术。

2. 品牌发布。2018年1月13日结合“建德新安江·中国草莓节”,正式发布“建德草莓”区域共用品牌。

3. 推荐宣传。先后赶赴深圳、西安等地进行“建德草莓”品牌推荐宣传,在建德莓农异地种植集中区域建立建德草莓异地种植示范基地。

4. 统一制作“建德草莓”进市场塑料包装、礼品盒包装、电商销售包装、基地采摘蓝等系列包装,拓宽草莓市场销售渠道。据悉,2017—2018年,建德草莓批发价格较上年度平均约提高4元/千克,全市莓农亩增收2300元以上;建德市红姬草莓专业合作社、建伟家庭农场等基地基本依托休闲采摘、线上销售、礼盒包装等渠道,亩增收上万元;以特色优新品种种植为基础的草莓新品种“白雪公主”,通过品牌包装在杭州市场销售价格达100元/千克,且供不应求。

(三)试验示范,提升草莓品质

1. 与浙江省农业厅、浙江省农科院、杭州市农科院等有关单位合作,在红姬草莓专业合作社、建伟家庭农场和航头草莓合作社等基地内试验示范土壤生态修复处理技术、病虫绿色防控技术、清洁化栽培技术、化肥减量增效技术等草莓新技术和草莓半基质栽培、悬挂式栽培、立体栽培等栽培新模式。

2. 在全市建立3个(共100亩)草莓安全风险管控示范基地。

3. 开展27个草莓新品种试验对比。

二、取得成效

(一) 效益优势不断提升

2017—2018年,本市草莓种植平均亩产值2.02元,最好的达4万元以上;异地种植平均亩产值4.35万元,好的达10万元以上。全市16个乡镇(街道)10390农户、22620人在本市或异地从事草莓种植、育苗或经营,草莓产业产值占本市农业产值50%以上,草莓产业惠及全市6%农民、10%农户家庭,成为我市惠及农户最多、比较效益最好、实现乡村振兴的标杆产业。

(二) 技术优势持续巩固

到2017年底,全市拥有"建德草莓师傅"证的人员7038人,草莓农民专业合作社27家,草莓农资专柜150家,全市通过无公害认定的基地8635亩,绿色食品2360亩。近年来重点研究推广的重茬地土壤生态修复、以螨治螨生物防治、基质育苗、清洁化栽培等技术处全国先进水平。2018年,江苏溧水和本省温州等省内外主要草莓产区先后组织30多批次人员前来我市参观学习,并在我市举办现场培训。我市成为全国性草莓新技术培训基地。

(三) 模式优势继续领跑

20世纪90年代,我市创新草莓与水稻轮作模式,实现"千斤粮万元钱",该模式成为至今仍在全国推广的先进模式。"草莓—瓜""草莓—蔬菜""草莓—甜玉米"等模式,取得良好效益,在省内外处于领先水平。目前,我市着力打造"建德草莓小镇",通过基础设施完善改造和清洁化栽培,集草莓生产、休闲采摘、农事体验、线上线下多元销售、加工延伸产品、草莓文化科普展示等功能于一体的农旅融合模式,是当前全国草莓产业发展的方向,标志着我市草莓产业实现第三次跨越。

27

农产品地理标志:淳安"鸠坑茶"可持续发展及其经验启示

方伟文　胡务义　杨佩贞　金卫洪

(淳安县农业局)

淳安县位于浙江西部、钱塘江上游,是典型的山区县,享有"国家级生态县""中国名茶之乡"和"全国重点产茶县"等美称。2005年以来,淳安县委、县政府通过调整农业结构、发展生态效益农业,逐渐形成了以茶、桑、果、竹为主导农业产业和以食用菌、中药材、蔬菜等为新兴农业产业等一批块状、带状农业经济亮点和增长点。其中,2017年茶叶总产值73781.7万元,占全县农业总收入的15%以上。作者以淳安"鸠坑茶"的品牌培育为例,通过分析农产品地理标志及其品牌可持续发展的基本内涵和必要性,重点探讨农产品地理标志品牌可持续发展的有效手段,可为我省其他地区的地理标志农产品的可持续发展提供参考。

一、农产品地理标志及其品牌可持续发展

最早对地理标志有明确定义的是国际欧盟组织所通过的《与贸易有关的知识产权协定》(TRIPs协定)。地理标志(geographical indications,GI)是确定某商品原产于某一缔约国的区域内或者某地区、某地点的标志,该商品的质量、

声誉或其他特征实质上取决于其地理上的原产地。地理标志品牌的最初应用就是区分国际市场上的特定国家产品,不仅仅是为了区分产地,也包括其质量、声誉等。农业部于2007年12月颁布的《农产品地理标志管理办法》中对农产品地理标志的定义是:“标示农产品来源于特定地域,产品品质和相关特征取决于自然生态环境和历史人文因素,并以地域名称冠名的特有农产品标志。”我国规定的地理标志一方面要有强烈的地域性,即根据特定的区域进行命名,表明该产品来源于特定的地域;另一方面就是产品品质的标志,注明地理标志产品特定的属性和质量,表明该产品特定的质量水平。我国地大物博,幅员辽阔,有着悠久的历史和文化,是农业大国,也是地理标志资源大国。自2000年“绍兴酒”成为我国第一个原产地地理标志产品,经历十多年的发展,我国农产品地理标志的产地规模、认证与登记产品数量稳步增加,产品抽检合格率继续保持较高水平,标志使用率大幅上升,已由相对注重发展规模进入更加注重发展质量的新时期,由树立品牌进入提升品牌的新阶段,涌现出一批有影响力的地理标志品牌,形成了安溪铁观音、中宁枸杞、西湖龙井、金华火腿、绍兴黄酒、临安山核桃、五常大米、陕西苹果等一批享誉中外的地理标志产品。相关资料表明,各地对地理标志品牌的开发水平参差不齐,地理标志存在注而不用、用而不管、管而不畅的情况,即重申请注册,轻使用管理,对地理标志乱局不采取措施,对广大的中小企业和农户使用地理标志不备案、不管理、不作为、不服务。随着地理标志品牌的成长,产业规模与生产规模越来越大,对资源的消耗越来越多,其赖以形成并发展的内部资源与基础优势或者比较优势可能衰退甚至衰竭。而且地理标志品牌发展到一定阶段之后,必然面临着市场需求的变化。此外,地理标志品牌的公共产品属性导致的搭便车行为、行为主体多元性导致的利益冲突等都会影响到地理标志品牌的发展。因此,促进地理标志品牌的持续、健康发展成为当务之急。地理标志品牌可持续发展的重点不在自然环境与人类社会的协调发展上,而是地理标志品牌本身发展的可持续性。在可持续发展机制的作用下,使地理标志品牌由低级到高级,由低水平至高水平,由不知名到知名,从而最大限度地利用农产品地理标志品牌效应提升农产品的附加值,有效促进区域特色农业的发展,增加农民的收入。

二、淳安“鸠坑茶”品牌建设现状

(一)培育过程

淳安古称睦州。鸠坑茶原产地就在淳安县鸠坑乡鸠坑源一带,距今已有一千多年历史。唐李肇《唐国史补》载:“茶之名品……,睦州有鸠坑。”五代十国毛文锡《茶谱》载:“茶,睦州之鸠坑,极妙。”南宋陈咏《金芳备祖》载:“睦州鸠坑,名茶之地。”明王象晋《群芳谱》载:“睦州鸠坑,茶之极品。”清末,鸠坑茶开始远销国外并享有盛誉。

1956年,鸠坑乡试制手摇茶叶杀青机成功,并在全县推广。此举得到朱德委员长的高度评价,说这象征中国茶叶初制半机械化的开始。1983年,茶界泰斗、浙江省茶叶学会名誉理事长庄晚芳教授在鸠坑参观,品尝鸠坑茶后挥毫题诗:“梅雨清溪访古茗,湖光景色倍增添。鸠坑陆羽茶经颂,味携香清传世间。”著名茶学专家陈缘、中茶所院士陈宗懋纷纷为“鸠坑茶”题词留言。而鸠坑茶的生产品种——鸠坑种在20世纪50年代被誉为全国推广十大茶树品种之一。1984年,鸠坑茶种被审定为国家首批30个茶树良种之一,称为“华茶23”。20世纪60年代,鸠坑茶种先后被日本、越南、苏联、几内亚、摩洛哥、阿尔及利亚等10多个国家引种,成为中国茶种推广的代表。2003年,鸠坑茶种更是乘“神舟五号”遨游太空,名扬海内外。

茶叶是淳安农业的主导产业,全县现有种植面积11330公顷,其中,鸠坑群体及其选育品种达6500公顷,占茶叶种植总面积的57%。20世纪80年代以来,在浙江省农业厅、财政厅,杭州市科委的大力支持下,淳安县成立“鸠坑种提纯复壮”研究课题组,组织科技人员认真普查,精心筛选鸠坑种单株。2003年,优选“鸠坑早”参加第三轮全国茶树品种区域试验,并在县内外推广试种。此外,县委、县政府高度重视,每年投入400万元开展鸠坑原种区域的保护工作,在鸠坑茶适制性和机械化加工方面也取得可喜成果。2013年,鸠坑茶被评为杭州十大名茶。2015年,鸠坑茶制作技艺被列入杭州市非物质文化遗产,在

“中茶杯”、茶博会、国际名茶评比中屡获金奖；同年，鸠坑茶“农产品地理标志登记”申请工作启动。2017年9月，鸠坑茶以优美纯净的生长环境、悠久深厚的文化底蕴、优异独特的品质特征得到农业部专家组一致认可，顺利通过农业部的“农产品地理标志登记保护”评审，“叶肥耐冲泡、栗香味鲜浓”的品质特点成为鸠坑茶的独特印记。到2017年底，全县已培育省级或市级茶叶龙头企业8家、县级22家，有省市级以上示范合作社6家。淳安也先后被评为浙江省农业特色优势产业茶叶强县、全国无公害茶叶生产示范基地县等。

“一叶知千岛，问茶鸠坑源。”鸠坑茶以其千年的古润、持久的香气、鲜醇的滋味、嫩绿明亮的汤色、绿亮厚实的叶底为国内外茶客所喜爱，产品远销日本、俄罗斯、德国、法国、埃塞俄比亚等。全县上下着重以鸠坑种质资源保护与开发、鸠坑有机茶乡打造为目标，紧紧围绕“品种、品质、品牌”的提升，依托鸠坑茶的历史底蕴、鸠坑种的独特地位、淳安茶区的自然生态等优势，通过鸠坑种优良单株选育与推广、鸠坑茶企业联盟规范运营、茶园绿色栽培模式推广、茶厂清洁化改造等手段的应用，将鸠坑茶产业与文化、旅游进一步融合，从而实现淳安农业因茶而强、淳安农村因茶而美、淳安百姓因茶而富。

（二）经营绩效

自2017年淳安鸠坑茶通过国家农产品地理标志登记保护，获得国家原产地标志使用权以来，通过品牌创建，“鸠坑茶”的加工能力、产业规模和品牌影响力均有明显提升。2018年，全县春茶实现总产量3671.5吨、总产值6.7亿元，同比增长3.36%和1.81%。其中，名优茶产量3081.1吨、产值6.5亿元，同比增长6.22%和3.52%。获国家农产品地理标志登记保护后，政府、行业协会及企业加大鸠坑茶的品牌培育力度，通过挖掘茶叶新安文化元素，积极做好相关茶文化元素挖掘和宣传工作，组织选手参加杭州市茶叶加工工职业技能竞赛；协助鸠坑乡组织鸠坑茶企联盟以“鸠坑有机茶”的形象参加首届中国国际茶叶博览会；参加中国茶叶流通协会举办的全国生态产茶县评选活动，拍摄制作了《淳净的千岛茶香》宣传片；鸠坑种群王茶庄的“鸠坑团茶制作技艺”入选第五批淳安非物质文化遗产名录，鸠坑茶核心原产地所在的鸠坑乡也因此获批“杭州市有机茶叶小镇”项目建设,为进一步提高鸠坑茶地理标志品牌效应及淳安茶产业可持续发展发挥了积极作用。

(三)生态化生产

随着“鸠坑茶”地理标志品牌建设的不断深入,淳安茶叶声名远播、畅销各地,茶叶经济效益日趋显著,成为山区人民的致富金叶。近些年,有些农户为了追求经济利益最大化和管理采摘的方便,盲目施用化肥、农药、除草剂等,将茶园内灌木杂草全部清除,实施精耕细作,导致茶园生物多样性降低、水土流失严重、土壤退化酸化、病虫害多发,进而导致产品品质下降,制约了茶叶产业的可持续发展。

近年来,淳安县以推进鸠坑“有机茶叶小镇”建设为抓手,在鸠坑茶核心原产地鸠坑乡由政府主导,淳安县鸠坑万岁岭合作社等企业发起,吸收全乡20家茶叶企业、合作社,组建成立“鸠坑乡茶企联盟”,探索未来既互助合作、又相互监督的机制;以落实所辖茶园“两禁”等任务实施为目标,组建村级茶叶巡查和监督员队伍。该乡青苗村有机茶栽培示范茶园的视频监控系统,已完成项目设计和招投标。以万岁岭合作社、淳安县鸠坑唐圣茶叶有限公司等企业为主体,对所在区域的茶农进行联结和监督,签订“两禁”协议书;推广杀虫灯等绿色防控茶园技术,基本实现主产茶园的全覆盖。年统一发放有机肥175吨。在全乡茶厂开展煤、柴灶改生物质颗粒燃烧炉工程,22家茶厂完成了212台煤燃烧炉改生物质颗粒燃烧改灶。一品鸠坑毛尖公司茶厂进行了拆除重建的清洁化改造工程,经用地审批、设计预算、预审、招投标程序,目前茶厂主体工程已全部完工。唐圣公司、鸠茗公司也积极开展连续化加工生产线的配套和茶叶大型摊青机的建设,为进一步提升加工规模和清洁化程度奠定基础。

(四)品牌经营

鸠坑茶既具有悠久的生产历史和人文沉淀,又有明显的区域地理特征,通过实施生态化生产、强化媒体宣传、组织参展推荐、举办节庆活动、支持科技项目、扶持合作社建设、奖励品牌经营、完善社会化服务体系等措施,已经迈向可持续发展的品牌之路。

加强营销体系建设，不断拓展销售市场。在进一步完善县域茶叶交易市场布局的基础上，又借助淘宝等电商开展大型网络营销活动，目前，淳安鸠坑茶的销售市场已覆盖全国30多个省（自治区、直辖市），部分产品还出口到欧美、中东、东南亚等，产、供、销一体化经营机制基本形成。

实施品牌运作创新，推进茶产业链延伸。淳安在发展鸠坑茶产业的同时，为增加产品的附加价值，不断进行产业链延伸，以"一叶知千岛，问茶鸠坑源"为主题，连续举办了十届"鸠坑茶文化节"茶事活动。茶文化节由茶树王开采、特色茶宴、文化演出、采茶体验等活动组成，吸引县外大批茶叶、文化人士和客商前来，造就鸠坑茶旅融合氛围；紧抓有机小镇创建契机，实施鸠坑源"一点三线"发展策略（"一点"即金塔村茶博馆，"三线"即金塔至青苗村茶旅融合一线、金塔至翠峰村文创一线、金塔至常青村传统村落一线），以此引领鸠坑一二三产融合发展。多措并举不仅丰富了"鸠坑茶"地理标志品牌文化内涵，也为进一步提升地理标志品牌打造了坚实的平台。

加大品牌宣传推荐力度，提升产品的市场影响力。近几年，淳安茶叶的品牌宣传推荐不断创新，实现新闻传媒、展会、节庆活动的有机统一。①积极组织企业以"鸠坑有机茶"的整体形象参展首届杭州国际茶叶博览会，获得良好的宣传效果。②一年一度开展县级层面的"千岛湖斗茶大会"活动。③在茶叶主产区鸠坑、里商举办茶文化节。④举办第六个全民饮茶日的赠茶活动。全方位展示淳安"鸠坑茶"的文化、产业，助推鸠坑茶的销售，进而提升淳安"鸠坑茶"的竞争力和知名度，增加产品的经济效益。

完善专业合作组织建设，健全社会化服务体系。为进一步提高鸠坑茶产业组织化程度，将分散经营的农户、加工企业联结起来，形成利益共同体，有效拉长和完善产业链。如"鸠坑茶"原产地鸠坑乡依托淳安县鸠坑万岁岭合作社、淳安县鸠坑唐圣茶叶有限公司等企业，吸收全乡20家茶叶企业、合作社，组建成立"鸠坑乡茶企联盟"。该联盟覆盖农户266户、茶园面积3900亩，在稳定价格、指导投售等方面发挥了积极的作用。专业合作组织连续多年广泛开展科技培训和送科技下乡活动，使一批农民成为技术骨干，科技成果迅速转化推广,有力地促进了茶叶经营管理水平。

三、借鉴意义

淳安“鸠坑茶”地理标志品牌的经营发展对我省地理标志农产品可持续发展有以下借鉴意义:制定合理的产业发展政策,引导本地的地理标志产业合理发展,避免区域内因产品同质而出现“柠檬市场”;强化政府在市场规则制定、行业指导、信息服务和市场监督等方面的功能,为地理标志品牌的发展创造良好的条件;加强技术研发,加大产学研合作力度,攻克地理标志农产品发展中的难题,延长地理标志农产品的产业链条,走地理标志农产品资源培育与加工增值、茶旅融合并举的道路;发挥龙头企业主导作用,提高企业自主创新能力,推进产品技术的不断创新和应用,开发新产品,大力推进产业链的延伸;实施科学的品牌营销,进行系统的品牌、产品策划,加快品牌文化发展,加大宣传推荐力度,通过组织参展推荐、广告宣传、筹办相关节庆活动等多种形式,提高地理标志农产品的品牌影响力;加强农业合作经济组织建设,发挥行业协会组织的桥梁作用,积极做好信息服务、市场销售等工作,实现区域整体竞争力的提升,完善专业合作社的纽带作用,推进农户规模化经营,突出关键技术应用,有效促进地理标志农产品的产业化发展,从而提高地理标志品牌规模化程度。

28

桐庐县农产品品牌建设情况及举措

潘志祥

（桐庐县农业和林业局）

随着我国农产品市场的逐步开放和农业经济的不断发展，农产品品牌建设越来越受到生产经营者的关注。发展农产品品牌是提高农业发展水平的重要手段，是高质量农产品的一种体现。创建和培育农产品品牌已成为提升农产品市场形象、增强农产品市场竞争力的重要手段。近年来，桐庐县农业和林业局紧紧围绕农业增效、农民增收这一主线，全面推进“三品一标”工作，有力地推动了农业生产健康有序发展，提高了农产品质量。品牌农产品（“三品一标”）制度的实行，有利于提高农产品质量安全水平，有利于提高农产品的知名度和美誉度，有利于增强农产品的品牌效应，保护生态平衡，促进人类健康，推动绿色农业、农业标准化和社会向前发展。在发展过程中也面临诸多问题，如品牌农产品优质优价不能得到充分体现，经济效益没有明显提高等。

一、我县品牌农产品的现状

桐庐县无公害农产品认定工作起始于2002年，到2016年底，累计认定767个产品，其中，种植业产品465个、畜牧业产品230个、渔业产品72个。2016年有效期内无公害农产品数量199个，其中，种植业产品129个、种植业基地114个、认定规模4606.3公顷，畜牧业产品55个、畜牧业基地48个、认定规模5.778

万头(其他畜禽产品均换算成生猪规模),渔业产品15个、渔业基地13个、认定规模216.97公顷。

绿色食品工作起始于2006年,到2016年,共有16家企业获得绿色食品证书,其中,仍在有效期内的有10家,面积1.44万亩。2017年新获得绿色食品证书的企业2家。

地理标志农产品只有1个,为桐庐县茶产业协会申报的雪水云绿茶。

二、品牌农产品发展中存在的问题

(一)生产成本和效益的矛盾

品牌农产品生产成本高于普通农产品,原因主要有以下几个方面:①生产标准高,对土壤、温度、水、大气以及品种等的要求严格,要投入更多时间和技术。②在生产过程中,为符合品牌农产品生产技术要求而少用甚至不用化肥、农药,一定程度上影响产量。③申报过程中要由有资质的检测机构对产地的水、土、气以及产品的品质、加工工艺、包装等过程进行全程质量检测,合格后才能获得行政确认,从申报到取得证书要花费一定的费用。

(二)品牌农产品生产与消费的矛盾

化肥、农药等对农作物产量的提高有显著作用,在生产过程中,以产量为重要目标的农业生产对其依赖度越来越高。现阶段,虽然大家都充分意识到可持续发展的重要性,但作为生产主体的农民对发展品牌农产品缺乏认识,绝大多数农民选择为提高产量而施用化肥、农药,放弃品牌农产品生产过程中应遵循的生产技术规程。

不少消费者对品牌农产品还不认识、不了解,认为地里生长的绿色庄稼和蔬菜都是绿色食品。还有的认为凡是天然或野生的就是绿色的,如野菜等。其实品牌农产品是指无污染、安全、优质、营养类的农产品。无污染既指生产过程中的无污染,也包括产地环境的无污染,如果产地环境很恶劣,即便是生长在野外、从不施用化肥和农药的野菜,甚至有可能因毒物聚集而无法食用。

三、品牌农产品发展的举措

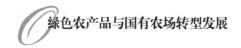

1. 以科技创新和科学发展观为指导，以保障消费安全为基本目标，以强化标志管理为突破口，全面推进农业标准化，大力发展无公害农产品，加快发展绿色食品，因地制宜发展有机农产品，进一步提升农产品质量安全水平，确保安全优质农产品的供给，提升农业综合竞争力，为全面建设小康社会与构建和谐社会提供物质基础。

2. 坚持无公害农产品、绿色食品和有机农产品的发展思路，加快发展进程，树立品牌形象。无公害农产品作为市场准入的基本条件，应坚持政府推动为主导，在加快产地整体认定和强化产品认定的基础上，依法实施标志管理，逐步推进从阶段性认定向强制性认定转变，全面实现农产品的无公害生产和安全消费。绿色食品作为安全优质精品品牌，坚持政府推动与市场引导并行，以满足高层次消费需求为目标，带动农产品市场竞争力全面提升。

3. 政府应建立政策激励机制，对品牌农产品生产企业给予政策倾斜，让生产企业得到实惠，重点扶持有实力的生产企业，通过规模效应带动品牌农产品的发展，使生产者的利益得到保障，解决生产者的成本和收益不对等的矛盾，提高企业生产和发展绿色食品的积极性。在项目立项和资金支持上给予适当倾斜，加大对发展品牌农产品的科技投入力度，加强生产者的技术培训。

4. 加大宣传力度，提高品牌农产品的知名度，广泛开展宣传活动，利用一切可利用的形式，如广播、电台、电视、报刊、互联网络等各种媒体舆论工具，向社会进行宣传，强化消费者对品牌农产品的认识，创造良好的外部环境。

29

慈溪市第二农场危旧房屋改造的实践与思考

俞文生

（慈溪市第二农场）

慈溪市第二农场建于1952年3月，原名镇海县龙山区农场，几经行政区划变动、改名，1988年改名为慈溪市第二农场，场址龙山镇小施山。历经数十年的沧桑岁月，农场由建场时的红红火火到20世纪80年代末90年代初的历史低点——濒临关闭，再由参加1996年职工养老保险统筹到2013年的绩效工资改革——几经动荡起落。随着政策的不断调整，农场积累了大量的老职工和老旧房屋，老龄化问题十分突出，危旧房屋面积达8000余平方米，农场成了安全生产、社会稳定需要重点关注的洼地。

一、住宅区现有房屋情况

（一）住房分布情况

据统计，农场生活区占地面积约21619.5平方米（32.4亩），现有各类房屋12幢及6户私房。其中，办公楼1幢，建于1983年前后，建筑面积590平方米；三层住宅楼房1幢，建于1986年，为砖混结构成套住宅，建筑面积1106.7平方米，共18间；二层住宅楼房3幢，建于1981—1983年，为砖混结构非成套住宅，账面建筑面积2653平方米，共60间；一层高平房3幢，建于2006年，为砖混结构成套住宅，账面建筑面积1192平方米，共23间；二层集资房4幢，均建（或改造)于20世纪90年代中期,集资金额每户1万余元;私宅6户(其中1户已出售给场外人员)。

(二)现租住公租房情况

截至2018年7月31日,4幢多层公租房共78间,其中,职工及退休职工(含遗属)租住40间,外来人员租住4间,空置13间,职工及退休职工重复租用21间。

3幢小高平房中,职工及退休职工租用18间(套),外来人员租用2间,空置3间。

(三)现公租房租费标准

根据房屋新旧不同,账面反映现收取房租的标准为:多层一楼1元/(平方米·月),二楼1.5元/(平方米·月),小高平房2.5元/(平方米·月),折算成每间(套)的月租金分别为37.5元、56元、58.5元、110元、200元不等。

二、改造新建住宅情况

2014年,根据鉴定,上述房屋中的1幢三层住宅楼房、3幢二层住宅楼房及其他7幢房屋鉴定为C、D级危房(办公楼、集资房和私宅未进行鉴定),总面积近8000平方米。在完成前期论证、勘测、设计、会审等各项工作后,2017年5月16日,慈溪市发展和改革局发文批复同意慈溪市农业局对上述4幢危房进行危旧房层改造,拆除旧房合计7948.7平方米,建造2幢三层建筑(共60间),总建筑面积3326平方米,投资概算为人民币860万元。

房屋严格执行国家住宅规范,采用一室一厅一卫一厨一阳台方案设计,每套建筑面积约55.4平方米,套内实用面积约43.85平方米,房屋完工后将有效改善农场职工的居住条件。

三、农场原公租房安置使用中存在的问题

多年来,由各种因素累积形成的积弊无人清理,给人一种“农场资产就是唐僧肉”的错觉,形成了人人想占公家便宜、个个想捞农场好处的“变态”氛围,

反映在公租房管理使用中，主要存在如下问题。

（一）公共资源占用不平衡

长期以来，由于历史原因，区域内房源复杂，职工占用公共资源的不平衡性较为明显，重复占房的现象十分普遍。

（二）公租房使用价不合理

公租房出租没有较合理的价格形成机制，租用价格未与社会经济增长相适应，长期处于极低的水平，导致占用成本与当地社会成本形成明显的利差。

（三）公租房屋租用不合理

随着农场职工的逐年减少，慢慢形成了公租房的租用随意性较大的现象。农场没有严格完整的公租房租用制度，重复租用、堆物租用的现象十分普遍，房屋使用效率低下。据统计，在78间危房中，重复租用的有21间，占总房源的27%；不住人或基本不住人、仅堆放家具的有18间，占总房源的23%。究其原因，与租用成本极低有很大关系。

（四）未形成有效的租、退机制

农场自成立至今，随着国家管理国有农场政策的变革，农场的体制已发生了很大的变化，但职工租用公租房的意识仍停留在原地，“一租到底、福利占用”的意识仍较浓。农场也没有有效的国资退还约束机制，各种社会矛盾不断。

四、新房安置需解决的问题

（一）重塑制度规则

职工租用公租房属于农场职工福利范畴，因此应严格体现“公开、公平、公正”的三公原则，在现有条件下，应重点明确农场福利性公租房租用的条件、原则等相关制度，彻底扭转人们心目中已形成的“农场的房屋人人能占、能用”以及“公家的东西必须是无偿、低价提供的”的不良想法，确保国有资产不流失。

1. 根据危旧房改造的总体要求，农场危旧房改造安置的原则可确定为：原租安置、唯一住房、有偿租用、仅供自住。

2. 危旧房改造安置时，需同时满足下列条件。①自2013年底起至2018年8月底止，一直租用农场生活区四幢多层住宅的住房，且能按农场规定按时缴纳相应租费的职工及退休职工；②在农场生活区内仅有上述四幢多层住宅中的一处居住房；③所租房屋必须用于自住，严禁以自住之名取得房屋，提供给租房者之外的任何第三人居住。

（二）合理价格形成

在新房安置时，为了体现公平公正原则，公租房的租用必须摒弃原来低价甚至无偿安排的做法，应确定一个既能体现社会经济发展状态，又不失去职工安置属性，体现单位福利性公租房特性，与当地房租水平的差距在60%以内，职工能承担的价格。同时应根据社会经济发展确定正常的调价机制，明确相应的调价周期与幅度，确保国有资产保值增值。可参照《慈溪市公共租赁住房管理暂行办法》（慈政办发〔2011〕97号）通知精神，公共租赁住房租金实行政府定价。综合考虑社会经济发展水平以及市场租赁价格水平等因素，并根据不同种类保障对象的承受能力，按同区域同类住房市场租金60%～80%的比例分类确定。

1. 据初步调查，2017年，当地房屋的月租金为1000元/间左右，大约为15元/(平方米·月)；考虑到职工安置的特殊性及工资的增长情况，新房的平均月租金大致可确定为500元/间。同时，楼层间可适当拉开点距离，以便于安置管理。在实际操作中，可按资产评估咨询机构评估确定的本区域同类住宅租赁价格的60%～80%确定租金。

2. 考虑到物价变动及工资增长、国有资产保值增值等因素，在具体操作时应明确正常的调整机制，从我国经济发展现状分析，每五年调整一次，幅度在10%左右是合理的。

（三）规范租房行为

自新房安置起，租赁双方必须严格按相关规定订立公租房屋租赁合同，实行一房一档案管理，明确双方的权利义务关系，规范双方的行为。

1. 明确租房必须为租房者自用，不得转租他人，从中赚取差价。

2. 明确退出条件，当租房者去世或其他退出条件出现时，租房合同自动终止，租房人须按约自动退还对应房屋。

3. 明确约束条件，可采用缴纳保证金等方式确保合同的严肃履行。

（四）自上而下的政策规定

为确保安置工作平稳顺利推进，新形成的所有制度、规定均需以上级主管部门的意见形式传达执行，体现制度、规定的权威性和不可更改性，可有效提高农场的执行力和相关工作的推进力，逐步形成良好的资产管理氛围。

四、国有农场危旧房改造的几点思考

事业三场大多具有规模较小、地处偏远、交通不便、人员老化、效益低下等特征，在危旧房改造及安置时，取得地方政府的重视和关怀十分必要，有多种方式可供选择，只要是能解危和改善民生的方式都值得尝试。综合起来下列做法可供参考。

（一）现金安置

参照当地的房改政策，结合农场实际，对符合条件的人员进行一定的购房补助，由他们自行选择房源购房安置。该方法特别适合当地存量房源较大、资源较紧的地区。其特点是手续简单、易操作，后续省去了大量烦琐的基建相关工作，能彻底分散集居人员，消除各种安全隐患，效果明显。难点是争取地方政府资金支持较难，前期调研工作需多花心思。

（二）定购安置

根据周边村农民公寓建设情况，协商购买一定数量的农民公寓，用于安置符合条件的职工，以达到解危目的。该方法最大的优点在于能有效节省建设成本，农场不用承担烦琐的工程审批、建设、管理等工作，且能有效分散原来集居在农场的人员，各种社会矛盾能得到有效化解。其弱点是户型较难符合农场安置要求，若能提前介入，采用定制等方式解决户型难点，是一种较好的选择。

（三）集资建房

根据农场实际，经批准立项，由农场提供建设土地，由被安置对象共同出资建房。建成后,房屋产权属于个人,土地为国有划拨,若以后房屋需上市交易,须先按规定办理土地出让手续。该方法最大的优点应是可适当提高房屋建设标准,有效改善居住条件。对农场来讲,省去了后续的维修管理工作。

(四)建公租房

根据农场的资源情况,经批准立项,由农场或政府出资,建设达到政府安置标准的公共租赁住房。建成后,向符合条件的人员出租。慈溪市第二农场采用的就是该方案。其优点是在财政资金不是很困难的前提下,与政府相关部门沟通较方便,大家容易形成解危共识。其最大弱点是资金的落实和复杂的基本建设项目审批、实施过程,从审批立项、设计招标到竣工交付各个环节均须由专业人员监督管理,每个环节都须严格按规范要求操作。这农场来说是十分陌生的工作,管理起来当然很不容易。

30

象山县绿色食品产业发展现状、问题及路径研究

林谷崇
（象山县农林局）

象山县是一个典型的农业大县，辖10镇5乡3街道，人口54万人。2017年，全县农业总产值134.94亿元，居全省领先地位，农（渔）业人均可支配收入28385元。

一、象山县绿色食品产业发展的现状

（一）总体情况

近年来，象山县委、县政府坚持把发展“三品一标”作为农民增收的重要途径来抓，充分发挥辖区发展“三品一标”良好的内外部环境，加快绿色食品产业发展。截至2017年末，全县绿色食品主体企业已达21家，产品52个，基地面积4300亩，销售收入实现1亿元。象山县已有象山红柑橘、象山大白鹅、象山柑橘、象山梭子蟹、象山大黄鱼、象山泥螺、象山紫菜7个农产品获得了国家农产品地理标志登记保护或农产品地理标志证明商标。另外，无公害农产品认定主体196家，认定产品200个，基地面积30万亩。有机农产品认证3个。象山县先后荣获中国柑橘之乡、中国梭子蟹之乡、浙江省特色农业综合强县、浙江

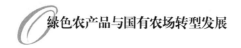

省农产品质量安全放心县等荣誉称号。

（二）绿色食品标准化发展情况

象山县以创建全国农产品质量安全县为契机，全面推行绿色食品标准化生产。通过发酵床养殖模式、生物肥加工等措施，加强畜禽养殖类便污染防治，科学合理地调整农业结构和区域布局。实施农业地方标准25项，完善38项主要农产品生产操作规程，印制了3万张模式图并分发到户。推广绿色防控、配方施肥、健康养殖和高效使用农药等新技术，落实测土配方施肥面积40.6万亩。推广绿色防控8.9万亩，实现化肥减量280吨、农药减量24.3吨。推进农资包装废弃物回收处置工作，实现回收率85%、无害化处置率100%。

（三）政府扶持情况

县委、县政府高度重视绿色食品产业发展，制定了《象山县农产品品牌化建设扶持办法（试行）》。2017年，地方财政投入216万元对“三品一标”主体认证进行补助。三年来，县财政累计投入490万元用于“三品一标”申报主体奖励及基础设施建设补助。全县10余个机关事业单位200余名农业科技指导员与农户结成帮扶对子，在项目、资金、人力和物力上全力支持绿色食品产业发展。2017年，象山县涉农金融机构支持绿色食品产业经济发展累计投放贷款12.3亿元，并按照农产品质量安全信用评定结果给予放大授信额度、降低贷款利率等激励措施，支持象山“三品一标”事业发展，绿色都市农业发展初见成效。

二、绿色食品产业发展的主要问题

（一）结构不合理，规模化程度不高

我县绿色食品产业发展虽然取得了一些成效，但是绿色食品在食用农产品中的占比仍然较低，大部分土地是在进行传统的农业方式生产。同时，绿色食品的种植基地分散，面积较小，且不能有效连接，没有形成规模化、专业化、集约化生产基地和品种齐全的成熟市场。另外，绿色食品品种单一，结构不尽合理，无法满足消费者多样的需求。调查显示，象山县的绿色食品中，大多数

是水果，而粮食作物、蔬菜等群众较为关心的日常消费品占比不足5%。

（二）生产者观念落后，消费者认可度不高

1. 生产者观念落后。相当多农户对绿色食品的经济及环保效益所知甚少，市场观念淡薄，市场信息贫乏，对绿色食品认识不足。当前，农民大多数科技素养低，习惯利用化肥、农药来增产增收，致使环境恶化、资源枯竭，农民自身也处于增产不增收的尴尬境地。

2. 消费者意识不强。绿色食品产业在农村起步晚，发展慢，规模效益不明显，宣传力度不够，致使许多消费者对绿色食品知识了解很少，甚至对绿色食品持怀疑态度，难以产生持久稳定的购买行为：诸多因素阻碍了绿色食品产业的提升和发展。

（三）市场营销体系不全，优质优价无法体现

象山绿色食品产业发展虽然在生态环境上有一定优势，但在市场开发、体系建设上起步较晚。一方面，由于绿色食品对产地和环境都有特殊要求，象山的绿色食品产地大都在边远地区，而绿色食品的主要消费者又集中在大中城市，大多数水果、蔬菜和农副产品由于运输困难，保存期短，并且包装、储藏、运输手段落后，造成产供销脱节，无法建立统一健全的营销网络和市场体系，易造成物流、资金流、信息流不畅，影响象山绿色食品市场的发展。另一方面，一些生产绿色食品的企业缺乏市场观念，存在着“轻市场、重申报”“轻零售、重批发”等想法。绿色食品一般只有在一些大型超市才能买到，且零散、种类少、价格与普通食品差距不大，优质优价没有体现，致使绿色食品市场发展受到阻碍。

（四）执法监管力量不足，假冒伪劣依然存在

当前，县级农业主管部门和市场监管部门的监管力量相对比较薄弱，对绿色食品的监督检查力度不够大，造成打击假冒伪劣产品存在一定困难。虽然，我县在2014年依法查处一起冒用绿色食品标志案件，在立案调查后做出了行政处罚决定，但是仍然有一些企业法律意识淡薄，唯利是图，市场上假冒绿色食品标志现象仍时有发生。客观上说，目前市场上销售的绿色食品大部分因

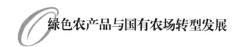

包装上缺少防伪查询标识，易与普通食品混杂，很难辨其真伪，致使消费者对绿色食品产生了“信任”危机，影响了消费者的购买积极性，扰乱了绿色食品产业的市场秩序。

（五）绿色食品申报成本高，影响企业的积极性

当前，绿色食品申报费用偏高，对象山生产规模较小、市场销量有限的企业造成很大压力。以普通种植业产品为例，绿色食品环境监测、产品检测、材料审查、基地建设等费用合计在3万元左右。有些企业虽然产品质量能够达到绿色食品标准，但因费用太高而不愿申请。目前，国家政策对象山的绿色食品支持力度有所欠缺，地方政府对象山小型绿色食品生产主体的补贴也不充裕，成本投入不能获得有效收益，直接影响了象山绿色食品企业的申报积极性。

（六）龙头企业带动不强，无法形成竞争优势

绿色食品产业发展缓慢和加工龙头企业稀少、发展相对滞后有很大关系。截至2017年，我县只有象山南方水产食品有限公司和象山曙海大白鹅食品有限公司两家绿色食品加工龙头企业，其市场份额较小，市场地位较低，难以参与国内、国际市场竞争。虽然象山绿色食品相对较多，但技术含量高、投资规模大、市场前景好的绿色食品加工龙头企业少之又少，多数企业处于微利和亏损状态，且大部分企业与农户联结是松散型的，缺少风险共担、利益共享机制；尤其是大型产销企业更少，致使农民生产的农副产品加工不了，销售不出去。而绿色食品要求由加工能力强、技术先进、经济实力大的企业牵动。因此，普通农民的农副产品谈不上创名牌，更谈不上创绿色品牌，在市场上难以形成较强的竞争优势。

三、绿色食品产业发展的路径

（一）全面实施绿色食品发展战略

政府要制定具有本地特色的绿色农业发展战略，成立专门的绿色食品产业发展领导小组，切实加强领导。政府要定期组织食品、农产品行业专家学者

和相关企业负责人、技术骨干召开推进会，集思广益，逐一把脉问诊，并逐步落实工作计划。由于发展绿色食品产业要以科学技术为核心和支撑，绿色食品产业发展领导小组的另一作用就是从专业的视角，实现绿色食品和农产品品种结构的优化，提高产品技术含量，降低生产成本，以点带面实现绿色食品标准化运作和产业链延伸，使得绿色农产品朝着精深加工和高附加值的方向发展。

（二）积极鼓励多元化投资

资金投入是绿色食品产业发展的重要支撑和基本保证。

1. 要以绿色食品加工龙头企业和农民投入为主体，财政支持和信贷投入为保证。广泛吸引国内外资金，支持市场前景广阔、科技含量高、牵动能力强的绿色食品加工龙头企业，引导和鼓励农民增加对绿色食品生产的投入。

2. 县政府每年要投入一定规模的资金，作为绿色食品专项资金，列入财政预算，用于绿色食品生产基地和加工龙头企业的科技开发、基础设施建设、技术培训等。

3. 象山金融部门要加大对绿色食品开发项目的信贷支持力度，有规划、有重点地扶持一批市场前景好、发展潜力大的绿色食品龙头企业。

4. 拓宽融资渠道，扶持高新技术绿色食品企业融资上市。制定相关政策，鼓励和引导有实力的民间资本向绿色食品产业流动。

（三）强力推动产业结构绿色升级

1. 立足象山绿色资源，实现农林牧渔各产业全面发展。在产品结构上保持以林特水果为主，进一步发展肉禽蛋、蔬菜、中药材等名特优绿色农产品。在产业化方面，应加快建立绿色食品生产基地、绿色龙头企业，串联加工、包装、运输、销售等环节，形成绿色产业链及产业群。

2. 加快绿色食品加工企业的发展步伐，促进产品生产向规模化、集团化、产业化方向发展。探索组建或引进一批绿色食品加工龙头企业集团，增强市场竞争力。同时，采取签订购销合同、提供系列服务等方式与基地农户结成经济利益共同体，实行风险共担、利益共享，由松散型联合向紧密型联合发展。

3. 加大建立高标准绿色食品示范园区力度。在西周镇、定塘镇建立绿色水稻生产示范基地；以大塘港省级农业现代园区为基础，在定塘镇、晓塘乡、新桥镇等地建立无公害绿色蔬菜、柑橘生产示范基地；实行“公司＋基地＋农户＋互联网”的经营模式，实现订单绿色农业，统一提供绿色食品生产、加工、储藏、运输、销售等系列化服务，创建现代化绿色农业生产示范带动新模式。

（四）建立健全绿色科技服务体系

1. 要把绿色食品的生产要求同现代科学技术有机结合起来，尽快引进一批符合象山绿色食品产业要求的高产、优质、抗逆性强的新品种和成套的先进栽培技术、饲养技术，加快农业科技创新与绿色技术开发，推广资源节约型、环境友好型、立体复合型、物质循环型技术。

2. 要充分利用生态工程技术，完善绿色良种、生物及有机肥料、生物农药、病虫害生物防治等绿色农业科技服务体系。

3. 要有计划、有重点地引进一批国内外先进技术，如采用高新技术、高新工艺改造传统农副产品加工企业。按照“从土地到餐桌”全程质量控制的技术标准，推行“环境有监测、操作有规程、生产有记录、产品有检验、上市有标识”的全程标准化生产模式。

4. 要建立绿色食品市场准入体系。对进入市场销售的绿色食品要进行标识核查，绝不允许不合格的绿色食品进入市场。

（五）持续加大综合协调管理力度

1. 强化绿色食品发展的综合协调指导、有关政策法规制定、绿色食品标志许可、农业项目论证实施、人员培训等。

2. 组织协调市场管理、环境保护等部门切实加强对绿色食品的全程监控，建立完备的环境监测、产品抽检和市场监督管理体系。

3. 加强对绿色基地环境、生产加工过程、产品包装、储运、保鲜等方面的监管，确保绿色食品质量。

4. 研究制订符合象山实际的绿色食品生产技术规程，保证绿色食品生产向规范化、标准化、科技化方向发展，把象山绿色食品产业做大做强，全力助推农业供给侧结构性改革，保障象山农产品高质量供给水平，为加快实现乡村振兴战略添砖加瓦。

（六）大力宣传绿色食品品牌

1. 要加大绿色食品知名品牌宣传。进一步扩大象山柑橘、象山白鹅等绿色食品的社会知名度，力争在国内打响象山“半岛味道”绿色食品的品牌形象，进而为象山绿色食品产业的进一步发展赢得声誉。

2. 要提高全社会对绿色食品的认知和接受程度。对不同人群有所侧重；对于农民和涉农企业，要侧重于宣传绿色食品的定义、标准、质量监督管理办法和经济前景；对于一般消费者，要紧紧抓住消费者关注食品安全这一重点，侧重于宣传绿色食品对健康的意义。

3. 在宣传方式上，要充分运用报纸、电视、电台、微信、户外广告等多渠道进行传播。

（七）积极开拓绿色食品国内外市场

一要打造一批集展示、宣传于一体的绿色食品销售门店，形成辐射省内外的销售网络，扩大象山绿色食品知名度。二要充分利用各种博览会、展销会、经济洽谈会和“互联网＋”途径，全方位展示象山绿色食品，实施绿色食品名牌战略，鼓励企业创立名牌，发挥品牌效应，提高绿色食品市场占有率。三要积极争创国际名牌，培养和壮大一批绿色食品营销型龙头企业，加大名牌产品市场开发力度，与国际标准接轨，把我县绿色食品推向国内外市场。

31

宁海县"三品一标"发展现状、存在问题及对策建议

胡远党

（宁海县农业环境与农产品质量安全监督管理总站）

"三品一标"是我国在农业现代化建设进程中实施品牌引领战略的重要体现，是改善农业生产资源环境、提升农产品质量安全水平的主要抓手，是加快农业生产方式转变、推进农业产业结构调整的必然选择，是满足当前社会安全消费的必然要求。

一、宁海县"三品一标"发展现状

近几年，宁海县高度重视农产品品牌建设工作，加快"三品一标"产业发展速度，加大"三品一标"项目扶持力度，以稳步发展无公害农产品、大力发展绿色食品、因地制宜发展有机农产品的战略思想，全面提高农产品质量安全水平。截至2018年6月底，全县有效期内农林畜无公害农产品98个，无公害农产品产地90个，产量22.1万吨，面积37.12万亩；绿色食品17个，产量1.32万吨，面积2.73万亩；有机农产品5个，产量0.02万吨，面积0.27万亩。全县主要农作物种植面积为66.49万亩，其中无公害、绿色和有机农产品的生产面积为40.12万亩，占比高达60.3%。

二、存在问题

（一）“价贱伤农”现象普遍存在，优质产品未能优价

从宁海白枇杷到东魁杨梅、从西甜瓜到蓝莓、从水蜜桃到葡萄等初级农产品，无一例外，均存在价格低的现象。分析原因，问题如下。

1. 小户、散户提前入市，以价格低（“三品”企业等规模主体雇工生产，成本要高于小户、散户，价格相对要高一些）、购买方便（街头路边、市场门口、公园或小区附近随处可见）等优势抢占市场，扰乱市场秩序，导致规模种植主体受农业生产成本和农产品市场价格双重挤压，土地增收空间缩小，大多数农产品易受市场冲击影响，价格不稳定，出现增产不增收等情况。

2. 产品相对集中上市，产品货架期短、不耐贮运，以近途消费市场鲜销为主，导致薄利多销。

3. 农业生产大都是传统的生产经营模式，农业产业链条延伸不够，农产品加工增值能力较弱。

4. 农业产销体系不健全，专业化农产品交易市场、农村电子商务发展滞后，“互联网＋农业”的现代农业物流体系尚未健全。

（二）现有农业从业人员文化水平低，制约“三品”发展

目前，按经营模式不同，农业一般分为传统农业和工商资本进入的现代特色农业。传统农业从业人员普遍存在老龄化、文化水平不高、科技素质偏低等现象，对新事物、新概念、新技术的接受速度较为缓慢；工商资本进入的现代特色农业，一般以投资休闲农业为主，兼具一二三产整合发展，缺乏专业的农业生产技术。农业投入品购买使用档案不全、记录不规范，生产过程中未严格执行生产操作规程，标准化生产技术亟待提高。

三、对策和建议

（一）推进品牌惠农，实现特色农产品优质优价

1. 以大项目搭建大平台，以大平台发展大产业，以大产业打造大品牌，以

大品牌占领大市场。实施主导特色产业提升工程，做优做强海水养殖、茶叶、柑橘、西甜瓜、香榧、白枇杷等产业，走高效生态、特色精品、优质安全的绿色现代农业发展道路。

2. 通过标准引领、质量测评、品牌培育、试点示范等方式，优化品种结构，努力形成优质优价的市场导向。实施农业品牌振兴计划，编制并实施县域公用农产品品牌战略规划和农产品品牌三年行动计划，加强品牌整合、保护与宣传，健全品牌使用准入和退出机制。巩固、扩大“望海茶”“振宁土鸡”“由良柑橘”“双峰香榧”“泉丰西瓜”“长街蛏子”等现有区域优势品牌，提升岔路黑猪、“圣猴”果蔬等品牌影响力，做好“望海茶”中国驰名商标申报工作。

3. 借助农村淘宝等农产品网上交易平台，引导农村电子商务特色化精品化发展，积极鼓励农超对接，以优质农产品进城，促进农民增收。

（二）推进主体强农，培育新型农业经营主体

1. 以大龙头培育大主体，以大主体带动大散户。实施新型农业经营主体提升工程，积极引导职业农民、返乡青年、大学生等“农创客”“新农人”创办种养业家庭农场、共享农庄，牵头组建或成立农民合作社及联合社、农业社会化服务组织等涉农经济组织，为农业绿色生态发展注入新的动能和活力。

2. 以大流转促进大循环，以大循环建设大体系。积极引导和鼓励通过土地流转服务组织，采取委托流转、股份合作等方式，推进整村整组整畈连片集中长期流转，促进农业规模经营，大力推行农业标准化生产。强化政策扶持，加大财政奖补力度，积极鼓励和支持生产主体申报“三品一标”。

3. 扎实开展农产品精深加工技术研发和成果对接，延伸农业产业链。着力培育壮大一批成长性好、带动力强的龙头企业，大力发展农产品加工业，培育产业主体，引导扶持农产品加工企业做大做强，从而破解农产品卖难价低的问题，促进农民增收。

32

宁波福泉山茶场茶园绿色防控技术调查与研究

徐艳阳　王冬梅　曹　帆
（宁波福泉山茶场）

从整体上来看，绿色防控是指从农田生态系统整体出发，以农业防治为基础，积极保护利用自然天敌，恶化病虫的生存条件，提高农作物抗虫能力，在必要时合理使用化学农药，将病虫危害损失降到最低限度。它是持续控制病虫灾害、保障农业生产安全的重要手段。它通过推广应用生态调控、生物防治、物理防治、科学用药等绿色防控技术，以达到保护生物多样性、降低病虫害暴发概率的目的，同时它也是促进标准化生产、提升农产品质量安全水平的必然要求，是降低农药使用风险、控制面源污染、保护生态环境的有效途径。

茶叶是世界上最普遍的饮料产品，伴随着中国国民经济的显著增长和全球经济的一体化发展，以及中国从温饱型社会向小康型社会的成功转型，人们对茶叶质量的要求越来越高。质量安全问题不仅关系到茶叶保健功能的发挥和消费者健康，而且影响一个国家或地区茶叶生产与贸易的发展。有些茶农只注重经济效益，质量安全生产意识淡薄，生产中追求短、平、快的病虫防治方式，普遍存在用药品种多、次数多、施用量大、安全间隔期执行情况差等问题，不仅增加茶园管理成本，也增加了病虫抗药性和茶叶农残超标的风险。随着我国人民生活水平的提高和消费理念的转变,以及环境污染和资源浪费问题的日益严峻,绿色无污染、安全的茶园栽培管理已成为时尚,越来越受到人们的青睐,发展绿色双减茶园栽培管理技术已具备了深厚的市场基础。解决茶叶栽培管理过程中的质量安全问题,对于提升市场竞争力、促进产业转型升级、提高茶叶企业经济收入有重要意义。

福泉山茶场从茶园的绿色防控技术、栽培管理技术出发,形成一套成熟切实可行的"茶园绿色防控技术",以减少茶园化肥和农药的使用量,降低农药使用风险,控制面源污染,减少茶园耕作劳动力,提高茶园综合经济效益,成为茶叶企业提升产品质量安全水平、保护生态环境的有效措施。

一、茶场基本情况

宁波福泉山茶场创建于1959年,位于宁波东钱湖旅游度假区内,南邻象山港,北接东钱湖,福泉山属浙东天台山余脉,主峰海拔556米。茶场是一家集茶叶种植、加工、销售、育种,茶园观光旅游等于一体的国有事业性质茶场,下辖三个茶叶分场、三个林业管理点、一家工业企业——久力电池配件厂。茶场总面积15750亩。现拥有茶园面积3600亩,其中,茶树良种繁育实验基地560亩,无性系良种茶园面积1800亩,有迎霜、毛蟹、福鼎、菊花春、劲峰、翠峰等优良茶树品种100余个。还有杉木林8000亩、毛竹及阔叶林4150亩。茶场是宁波市占地面积最大、茶树品种最多的茶场,宁波市农业龙头企业。近年来,茶场围绕"产业、科技、旅游、文化"四位一体的发展方向,努力将自己打造成全市的茶产业核心示范区。

二、采取绿色防控前茶场病虫害防治情况

福泉山茶场作为东钱湖的主要景点,茶场又是大型农业生产企业,应科学控制农业面源污染,全面提升东钱湖生态环境,消除污染隐患。现茶树害虫按危害方式不同,可分为四类,即咀叶类害虫、刺吸式害虫、钻蛀性害虫和地下害虫。茶场茶树栽培历史悠久,发现的害虫种类较多,目前以幼虫咬食芽、叶等

细嫩组织，虫体数量大，食量也大的咀叶类害虫和吸食树干汁液、破坏植物正常生理生化代谢的刺吸式害虫为主。其中，咀叶类害虫主要有鳞翅目的茶尺蠖、茶毛虫、黑毒蛾、卷叶蛾等；刺吸式害虫主要有同翅目蝉类假眼小绿叶蝉、黑刺粉虱、半翅目的茶蚜和茶橙瘿螨等。近年来，茶场高度重视茶园病虫害的科学绿色防治工作。而之前为防治病虫害，除了采取修剪翻耕等农业措施外，只采用单一的化学防治，存在各种弊病。

1. 水源。茶场有大小水库12个以及蓄水池数十个，可用于打药除虫。有些位置偏远、取水困难，且相对于3600亩茶园来说，数量不足，特别是干旱季节小的蓄水池也会干涸。

2. 人工。茶场进行化学防治的方法主要有两种：一种是电动背包喷雾器打药；一种是高压水泵加长水管和雾化喷头打药。用背包式喷雾器打药可以灵活掌握打药的位置，但来回取水配药大大浪费了人力；而用高压水泵打药时同样需要三五个人来回拉动水管，人力浪费大。

3. 浪费和污染。对于大面积爆发的病虫害，茶场主要使用高压水泵打药来化学除虫，提高施药速度。施药时为减少反复来回走动次数，提高作业效率，一般同时为茶行两侧喷雾。

4. 农残和抗药性。近年来，国内茶叶的消费需求量越来越大，人们对茶叶的质量安全越发关注，对茶叶的品质要求越来越高，而农药残留则是茶叶质量安全的主要因素。《食品中农药最大残留限量》(GB 2763—2016)中针对茶叶类的农残限量要求有28项。自2000年以来，欧盟针对茶叶的残留限量标准从200多项陆续增至400多项，相关法规发布和调整频繁，经常一年多调。日本2006年实施的《食品中农业化学品残留肯定列表制度》涉及茶叶的检测项目也有近300种。

茶场大部分茶叶出口，长期以来都采用符合中国、欧盟、日本农残标准的高效低毒低残留农药，但符合标准的可选农药品种较少，主要是菊酯类、烟碱类农药，在反复使用后害虫产生了抗药性，造成防效下降。

茶场因面积过大、施药周期长、害虫世代重叠问题严重，往往刚打完药没几天虫害又开始爆发。加上宁波地处东南沿海，在五六月的虫害高发期雨水较多，极大降低了化学防治的效果。

三、茶园绿色防控技术

茶场由于茶园面积较大、地形复杂，加上气候、水源等因素，化学防治作为传统的茶园虫害防控手段，具有劳作强度高、投入高、时间长的缺点。茶场通过引入风吸式太阳能茶园杀虫灯和色板等设施，进行理化诱控的绿色防控技术，配合科学用药等防治手段，形成一套防控效果显著的茶园绿色防控技术，并极大地降低了人力物力成本。

茶园绿色防控技术对坚持"预防为主，综合防治"的植保方针，根据病虫害与作物、耕作制度、有益生物、环境之间的相互关系，因地制宜地将病虫害控制在允许的范围之内。主要分为以下几个方面。

（一）以农业防治为主

搞好农业防治，控制病虫基数，恶化病虫发生条件。

1. 合理选择品种。对新开发的茶园及改良的低产衰老园，要根据当地的土壤、气候等条件，选育抗性强、品质优、易于加工的好品种。如因地制宜选种无性系良种茶树品种龙井43等。

2. 适时合理密植。采用合理的种植密度及定植方式，一般可采用单行条植法，行距1.5米，亩用苗4000株(3株为1丛)，根系带土移栽，适当深埋(以埋没根颈处为适度)，舒展根系，适当压紧，从而可使植株发育良好，生长健壮，抗病虫能力也得到相应提高，尽早丰产。

3. 加强茶园管理。在茶叶生产过程中，采用科学的管理方法，能够有效抑制或减少病虫害的发生。

①科学平衡施肥。按产定量，施足基肥，以有机肥为主，少用化肥，尽量控制氮肥施用，改善作物的营养条件，促进茶株健康生产，提高其抵抗病虫害的能力。

②适时修剪和清园。每年都要适时进行茶叶修剪，剪去病虫为害过的枝

叶，清除枯死病枝，轻修剪深度为3～5厘米，深修剪10～15厘米，台刈为离地面40厘米。对清除的病枝进行深埋或火烧处理，以减少病残体上的越冬病源，可减少茶蚜、茶毛虫和茶黑毒蛾越冬虫卵块，减少茶小卷叶蛾、蚧类的残留基数，减少轮斑病、茶饼病的越冬菌源。

③中耕培土。中耕培土不仅能改善土壤墒情，有利于根系生长，同时能破坏病虫的越冬场所，机械杀伤土壤中茶尺蠖等越冬幼虫，并深埋枯枝落叶，减少病原体基数。

④及时分批采茶。采茶叶时做到及时、分批、留叶采摘，可除去新枝上茶小卷叶蛾、小绿叶蝉等害虫的低龄若虫卵块，还可减少茶枯病的为害。

⑤诱杀防治。对一些有趋性的害虫，可采用杀虫灯、性引诱剂、色板诱杀，此法如大面积应用，效果更加明显。

a. 灯光诱杀。利用茶园害虫，如茶尺蠖、茶毛虫、茶刺蛾和茶叶斑蛾等趋光性较强的特性，可采用灯光诱杀的方法，减少虫害的发生。在太阳能杀虫灯作用下，示范区的虫口数量明显少于非示范区。

b. 色板诱杀。黑刺粉虱、茶小绿叶蝉体型小，虫口发生量大，对色泽敏感性强，易被色板诱集，通过黏虫胶黏附，达到控制效果。

c. 性诱剂诱捕。对尺蠖、茶毛虫发生较重的茶园，在成虫羽化始期，每亩放置两三套茶尺蠖或茶毛虫性信息素诱捕器，诱捕雄成虫，降低下一代的田间有效卵量。

（二）利用天敌资源，积极推广生物防治

生物防治是一项对人畜安全、对茶叶无药害、不污染环境且能降低成本的重要防治措施。

1. 加强对寄生性和捕食性昆虫的保护。在茶园的周围保留一定数量的植被，重视生物栖息地的保护，保护好松毛虫赤眼蜂、茶园蜘蛛、红点唇瓢虫等害虫的天敌。

2. 利用昆虫激素等生物代谢产物治虫。如对茶小卷叶蛾为害的茶园，可连片采用性引诱剂诱杀成虫。生产实践中还可利用有益生物的代谢产物来防

治病虫害。

(三)适时进行药剂防治

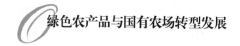

在农业防治和生物防治的基础上,通过茶园调查,在虫口密度高、病情指数大的茶园,根据茶叶的生产标准,安全合理使用药剂防治。

1. 禁止在茶园使用高毒、高残留的农药,如甲胺膦、甲基对硫磷、氰戊菊酯、三氯杀虫螨醇等。

2. 严格按防治指标用药。不能见虫见病就急于用药,只有对病虫为害超过防治指标的茶园方能用药防治。如茶跗线螨被害芽占5%或螨卵芽占20%,茶毛虫每亩7000~9000头,茶小绿叶蝉百叶虫量10~15头时,据情对症用药。

3. 安全正确使用农药。用药时,应选准农药品种,并注意使用方法、浓度及安全间隔期。如用Bt制剂300~500倍液,防治茶毛虫、茶虫蝬、茶黑毒蛾和茶小卷叶蛾,安全间隔期3~5天;用0.6%苦参碱水剂1000~1500倍液,防治茶毛虫、茶毒蛾、茶小卷叶蛾,安全间隔期5天。

4. 轮换用药。在茶园施药不仅要注意用药时间、浓度及安全间隔期,还要注意每种农药在采茶期只能用1次,以后要轮换用药。这样既可防止病虫产生抗药性,减少残留,又能达到用药少、减少生产成本的目的。

四、成果及效益分析

通过绿色防控技术的应用,茶场获得绿色食品证书的基地面积1100亩。示范绿色防控技术改善了生态环境,保护了天敌,使农药污染和残留大大减少,降低管理成本,增加亩产值,形成茶园生态的良性循环,提高综合效益。

通过绿色防控的实施,茶园耕作劳动力减少30%,减轻劳动强度和改善劳动条件,为茶农的身体健康提供了保障。绿色防控茶园与常规茶园相比,可节省用工,在当前劳动力紧张的情况下,起到良好的经济和社会效益。

通过绿色防控技术,能减少或避免使用农药,对保护天敌、恢复茶园生态系统、提高茶园自我恢复能力等具有重要作用。茶场示范及应用绿色防控技术，有利于改善茶园生态系统，降低虫害种群与虫口数量，减少农药使用频次，不仅提升了茶叶产量及质量，而且有效保护了生态环境，对宁波茶产业长远发展具有战略性意义。

五、茶园绿色防控的应用现状、发展趋势和推广措施

近年来，全国范围内各产茶省（自治区、直辖市）都在大力推广茶园的绿色防控技术，并取得可观的经济效益和社会效益。目前，我市各地区对茶园的绿色防控技术应用并不广泛，大多依然停留在化学防控阶段，不利于茶产业的可持续良性发展。实践表明，传统化学防控措施已经不利于茶叶病虫害的可持续控制，需要由主要依赖化学防治向综合防治和绿色防控转变。随着现代化茶园管理技术的不断发展与应用，茶园绿色防控栽培管理将成必然趋势。

病虫害绿色防控技术是一项民心工程，但是存在前期资金投入较大、推广比较困难的问题。所以农业绿色防控技术的推广应该得到政府的支持。东钱湖旅游度假区的农业政策具有很好的借鉴意义：①对本区域新获得无公害农产品、绿色食品、有机农产品证书的，分别给予5万元奖励；通过复查换证和续展的，也给予适当的奖励。②政府对企业采购的绿色防控物质（杀虫灯、色板等）给予30%的补助。这些政府补贴保障了企业绿色防控基地初期建设及可持续发展。因此，要推广绿色防控技术，政府补助尤为重要。

33

吴兴区“三品一标”发展现状及对策建议

金检生

(吴兴区农业局)

深化农业供给侧结构性改革，增加绿色优质农产品产出是“十三五”农业工作的重点。2017年“两会”期间，习近平总书记充分肯定了“三品一标”在推动农业供给侧改革中的作用。2017年中央“一号文件”《关于深入推进农业供给侧结构性改革加快培育农业农村发展新功能的若干意见》中也提出：要支持新型农业经营主体申请“三品一标”，引导企业争取国际有机农产品认证，加快提升国内绿色食品标志使用许可、有机农产品认证的权威性和影响力。“三品一标”是绿色优质农产品的有形体现，是一个地区农产品质量安全水平的重要标志，是事关民生和现代农业发展全局的重要工作。在过去的一年，我区“三品一标”工作在各级领导的重视和支持下，取得了显著的工作成效。

一、我区“三品一标”发展现状

截至2017年底，全区有效期内无公害农产品产地面积181.56万亩，绿色食品面积0.875万亩，有机农产品面积500亩。我区“三品一标”总量规模组成还是以无公害农产品为主。全区主要食用农产品中，“三品”比例为68.89%。

二、制约我区“三品一标”发展的因素分析

现阶段发展“三品一标”不仅是农业品牌发展和农产品质量安全的抓手，

更是推动农业规模化、标准化经营,促进农业转型升级的先锋。目前,制约我区"三品一标"发展的主要因素有:

(一)"三品一标"发展的市场环境尚未形成

我区农产品销售渠道主要有菜市场、超市、专卖店、基地配送以及马路市场等。其中,专卖店和基地配送农产品多为本地产"三品一标"农产品,质量基本得到保证,但由于种类、价格以及消费习惯等原因,其市场份额并不大,市民采购农产品的主要渠道还是菜市场和超市。由于目前农产品市场准入机制并未完全建立,菜市场中的农产品基本上由批发市场进货后直接销售,无标志体现,缺少检测和追溯,不分产地和级别,凭卖相和价格占据市场,质量参差不齐。而"三品一标"农产品的生产一般都要经过产地环境检测、生产过程监管和产品检验等环节,其生产成本要比普通农产品高5%~20%。市场环境的不成熟,直接导致了"三品一标"农产品被"劣币驱逐",从市场端拉动其生产的动力不足。

(二)农业规模化程度仍然偏小

"三品一标"农产品均产自规模经营主体。虽然截至2017年底,我区农村土地流转率和规模经营率分别达到了67%和67.9%,但是,我区土地流入户的户均经营面积仅为9亩左右,经营面积在50亩以上的仅约占承包耕地面积的40%,且近50%的土地流转期限小于5年。土地流转普遍存在短、小、散现象,严重制约了"三品一标"的发展。据调查,目前符合条件的规模经营主体均已申报"三品一标",纳入规范化管理范畴。

(三)农业科技支撑力度不足

"三品一标"农产品生产的核心是用较少的农业投入品生产出高产、优质、高效、生态的农产品,关键点是现代农业科技的运用。适宜当地生产的优质种子种苗选育需要科技;土壤的培肥改良需要科技;化肥、农药的减量控施需要科技;绿色高效的栽培或养殖技术需要科技。但是目前,我区农业科技队伍力量不足,专业做农业科技研发的人员数量不多,缺乏一流的团队和领军人才。基层农技推广部门往往一人身兼数职,许多基层农技人员并非农业专业出身,对农业工作不熟悉,且主要工作精力未放在农业上。农民的施肥和用药指导主要靠农资销售店。“三品一标”农产品生产的科技支撑力度远远不足，特别是绿色食品，许多生产主体难以达到申报要求。

（四）人员素质有待提高

“三品一标”要求农场主不仅具备一定的农业生产经验，还要懂知识、有文化、会经营，能够理解“三品一标”的内涵，能够制定质量管理措施和生产技术规程，能够组织人员按照规程开展生产，能够进行产品的包装和营销。我区符合上述条件要求的农场主非常少。目前我区规模经营主体主要有两种类型：一部分由工商资本进驻；另一部分则是由传统农民转化而来。由工商资本进驻开展生产的农场主虽有很强的安全优质生产意识和工业管理知识，但大多没有农业生产经验，起步阶段非常困难。据调查，我区多数由工商资本操作的农场在连续生产5年后，才勉强保持收支平衡。而由本土农民转化来的农场主，虽然会生产，但一般年龄较大，文化水平较低，对“三品一标”的概念理解不足，也很难建立农场自身的文化，农场的发展较为松散，后劲不足。此外，目前农场具体操作农事活动的人员多为年纪在50岁以上的老农民，其传统生产观念顽固，接受新事物的能力差，执行“三品一标”标准的意识弱，加大了农场的运营和管理难度。

（五）管理队伍不稳定

“三品一标”工作是一项涉及面广、专业性强的工作，需要工作人员特别是基层工作人员保持稳定。近年来，随着人员轮岗、换岗等，出现了新老人员交替不畅、新人员业务跟不上等问题，导致了部分企业证书换证不及时而失效、证后监管工作未能及时完成等问题，影响了“三品一标”工作的正常开展。

三、对策建议

（一）积极引导培育“三品一标”农产品市场

一方面，要加大宣传力度，为“三品一标”农产品生产营造良好氛围。从调查问卷数据看，我区农产品的采购主力是50岁以上的中老年人，这部分消费者选购农产品的主要标准还是农产品的价格和新鲜度。这就需要我们在利用电视、报纸、网络等新闻媒体，大造舆论声势，使生产者和经营者认识到发展"三品一标"农产品是大势所趋、竞争所逼、市场所需的同时，有针对性地通过电视、进社区、科普讲座等中老年消费者容易接受的形式，普及"三品一标"农产品的概念和知识，形成绿色优质农产品消费观念。另一方面，应加快推进农产品追溯和市场准入机制建设，淘汰不合格农产品，营造优胜劣汰氛围，提高"三品一标"农产品竞争力。

（二）夯实推动农业规模化经营

农业规模化经营是"三品一标"发展的基础。应通过完善土地流转程序、规范土地流转行为、培育土地流转市场、强化土地流转服务、创新土地利益联结机制、制定土地流转后农民保障政策等措施，扩大农民土地流转规模和流转期限，营造有利于"三品一标"农产品生根发芽的土壤。同时还应警惕流转土地的粗放经营现象，制定更多的倾斜政策，鼓励土地经营权流转到"三品一标"农产品的生产中，让农业用地规模经营更有效率。

（三）完善农业科技支撑体系

要完善"三品一标"发展科技支撑体系。通过科技服务平台建设，引进现代农业发展的一流团队和人才，开展"三品一标"农产品生产的品种选育、土壤修复、栽培方法等科技攻关。同时，要把农业科技项目向"三品一标"农产品生产倾斜，调动农技人员积极性，狠抓农产品标准化生产。要强化农业技术推广服务体系建设，补足缺位农技人员，提升现有人员业务水平，给农民提供种子种苗、栽培技术、服务团队、品牌建设和产品营销等，特别是安全用药、科学施肥的技术指导。

（四）提高从业人员素质水平

要提高"三品一标"农产品生产从业人员素质水平，应两手抓：一手抓经营主体负责人；另一手抓普通农民。为提高经营主体负责人整体素质水平，一方面应加大"三品一标"农产品生产准入门槛，通过提供咨询等手段，向有意参与"三品一标"农产品生产的工商资本讲明农业生产的难处，劝退光有情怀、不知实情的工商资本，降低"三品一标"农产品生产经营失败率。另一方面，对有意从事“三品一标”农产品生产的本土农民经营者,应针对其生产经营的短板,通过多种手段,提供更多的文化人才输入机会,并对其加大文化素养方面的培训,开拓其眼界,提升其品牌开拓的能力。普通农民素质水平的提高应从加大培训力度和健全管理制度两方面着手。要采用农民易懂的语言,对其进行“三品一标”农产品生产概念和相关标准的培训,并制定强有力的管理规定,转变其自由任意生产行为,强化其安全优质生产意识。

(五)保持管理机构人员稳定和有效衔接

“三品一标”发展面临的形势和任务对整个管理队伍的能力建设提出了更高的要求。一方面,各级管理机构应尽量保持“三品一标”工作队伍稳定,并提供各种学习机会,提升工作人员业务水平。另一方面,在不得已出现人员变动时,应做好新老人员的交替衔接,并在平时注重培养新人,确保人员换岗工作不落下。

34

南浔区绿色食品产业发展的难点与措施

兀自生

（南浔区农林局）

一、基本情况

南浔区是2003年1月建立的湖州市辖区，区域面积716平方千米，常住人口53.6万人，农业人口43.5万人，下辖9个镇和1个省级经济开发区。南浔区是全国粮食生产先进县、浙江省第一批生态循环农业示范县、浙江省农业特色优势产业综合强县、浙江省级农产品质量安全可追溯县和畜牧业绿色发展示范县。

南浔区是浙江省粮食、水产、畜牧、蚕桑种养殖大区。全区耕地面积40.4万亩，其中，水田38.39万亩，桑地12.6万亩。全区瓜果蔬菜复种面积9.7523万亩，水果种植面积0.87万亩，水产、畜牧和粮食产量均居浙江省前列。其中，水产产业增速快，规模大，到2017年底，水产养殖面积达16.9万亩，是我区农业第一优势产业。2017年，我区实现粮食总产量22.0015万吨、瓜果蔬菜总产量15.53万吨、肉类总产量2.65万吨、禽蛋总产量达0.97万吨、生猪饲养量14.05万头、湖羊饲养量25.56万只、家禽饲养量1297.62万羽、兔饲养量37.05万只。截至2017年底，全区共建成省级现代农业综合区2个、主导产业示范区10个、省级特色农业精品园18个，市级主导产业示范区6个、市级特色农业精品园

31个,粮食生产功能区20.51万亩(其中,省级粮食生产功能区11个,面积1.46万亩)。基本形成了以大虹桥万亩粮食生产功能区为主平台的东片浔练现代农业综合区和西片菱和现代农业综合区的"一体两翼"现代农业发展格局,大大提升了农业生产规模化、标准化、生态化水平,示范带动效应逐步显现。通过大力实施农产品安保诚信工程,强化农产品质量安全监管,扎实推进"三品一标"管理,全面推进农产品检测机构对外免费开放,着力构建农产品质量安全可追溯机制,农产品质量安全水平不断提高,每年定量抽检食用农产品合格率达98.5%以上。截至2017年底,全区累计建成"三品"基地32.53万亩,拥有无公害农产品106个、绿色食品31个(涵盖瓜果蔬菜、水产品、大米,监测面积2万余亩)、有机蔬菜19个、地理标志1个,获得省级著名商标9个、省级名牌7个、省级名牌农产品6个,农业部认定的一村一品示范村1个,练市湖羊、荻港青鱼、青藤葡萄、华鑫康大米、陈邑加洲鲈、温氏肉鸡等一批名特优农产品知名度不断提高。

习近平总书记指出:食品安全关系群众身体健康,关系中华民族未来。要按"四个最严"(最严谨的标准、最严格的监管、最严厉的处罚、最严肃的问责)的标准抓好食品安全,确保广大人民群众"舌尖上的安全"。近年来,在区委、区政府的正确领导下,在上级农业主管部门的精心指导下,我区从确保人民群众"舌尖上的安全"出发,认真贯彻落实《农产品质量安全法》《浙江省农产品质量安全规定》的各项要求,围绕"强意识、重基础,严监管、建机制"的总体思路,突出"健全体系、完善机制、典型示范、严格监管"的工作重点,坚持"产出来"和"管出来"两手抓,多措并举,扎实稳步推进农产品质量安全工作;紧紧围绕"产地环境更优化、农业标准化生产覆盖面更普及、农产品生产全程管控更到位、农产品质量安全制度机制更健全、农产品质量安全水平明显提升"目标,全面落实农产品生产经营主体责任,不断完善农产品质量安全监管组织体系和制度建设,深入推进农业标准化生产,大力构建农产品质量安全全程监管长效机制,切实保障农产品安全生产、放心消费。南浔区自2003年1月建区以来,未发生农产品质量安全事故,省、市抽检合格率均在98.5%以上,为农业增效、农民增收做出了积极的贡献。

二、绿色食品产业发展的难点

1. 技术标准要求高。生产绿色食品要求禁用或限用农药和化肥等化学合成物质，因而要求有先进适用的技术（如土壤生态培肥与地力维持技术，病虫草害绿色防控技术，环境污染控制与综合治理技术，废弃物的资源化利用技术以及绿色食品的加工、包装、运输与贮藏保鲜技术等）与之配套，同时还要有高效无毒副作用的生产资料（如化肥、农药、饲料添加剂等以及食品加工过程中的保鲜剂等）。

2. 成本高，收益低。绿色食品的成本较普通食品高，原因主要有以下几方面：①绿色食品的生产技术标准高，对土壤、温度、水气以及品种等的要求严格，产品要求单独包装、统一配送，因此，要投入更多劳动时间和现代化技术；②在生产过程中，要符合绿色食品生产要求而不用或少用化肥农药，一定程度上影响产量；③申报绿色食品必须由有资质的检测机构对产地的水、土、气以及产品的品质等进行质量检测，合格后才能获得证书。因此，一个绿色食品从申报到获得证书要花费不菲的费用。以上因素决定了绿色食品的生产成本相对比普通产品要高。从我国目前消费市场情况来看，生产者的利益不能得到保证，因而在一定程度上影响其生产积极性。在我国，由于多方面的原因，许多绿色食品不可能获得很高的价格，致使绿色食品的经济效益与普通产品没有明显的差异。这样，绿色食品生产在收益上没有明显优势，成本却要远高于普通产品，绿色食品生产者的利益没有得到保证，必然影响生产者的积极性，最终将影响我国绿色食品的发展。

3. 对绿色食品认知有差距。生产者方面：近20年来，由于化肥、农药等对农作物产量的提高有显著作用，以产量目标为主的农业生产对其依赖程度越来越高。当前阶段，虽然大家都充分意识到可持续发展和绿色生产的重要性，但作为生产主体的农民对发展绿色食品缺乏应有的认识。当发展绿色食品生产与施用化肥、农药发生冲突时，农民选择为提高产量而施用化肥、农药。这种现象不仅在大田生产中表现相当突出，在一些大棚生产中，甚至在一些绿色食品挂牌生产基地也有不同程度的表现。近几年来，随着科技水平的提高，还出现了一些新的影响食品安全的因素，如滥用生长调节剂和生长激素的现象越来越普遍，已经成为影响食物安全的新隐患。消费者方面：当前，不少消费者对绿色食品还不认识、不了解，认为地里长的绿色庄稼和蔬菜都是绿色食品。还有的认为凡是天然或野生的就是绿色的，如野菜等。其实，绿色食品是指无污染的安全、优质、营养类的食品。无污染既指生产过程中的无污染，又包括产地环境的无污染，如果产地环境很恶劣，即使生长在野外，从不施用化肥和农药的野菜也不是绿色食品，甚至还有可能因毒物聚集而无法食用。

三、改进措施

1. 加强对生产主体的培训。在当前开展的农民培训，以及食品安全知识培训中，贯穿绿色食品有关知识，真正达到对绿色食品的认知。

2. 减少申报材料的繁杂性。当前，绿色食品申报材料是比较繁杂的，尤其是农业生产主体绝大部分文化水平不高，缺乏电脑应用能力，真正能达到完全靠自己准备申报材料的生产主体不多。

3. 加强政策上的支持。申报绿色食品需要成本，因此需要政府在政策上对获得绿色食品证书的单位予以资金和政策上的支持。而大部分基地在偏远农村，交通不便，会产生一定的交通费、伙食费等，建议对绿色食品检查员予以适当补贴。

35

浅析德清县农产品地理标志的产业发展现状、问题及对策

王　倩
（德清县农业局）

农产品地理标志是指标示农产品来源于特定地域，产品品质和相关特征主要取决于自然生态环境和历史人文因素，并以地域名称冠名的特有农产品标志。农产品地理标志首先是一个产地标志，标示产品来源于特定区域，同时也是品质和质量标志，标示产品具有独特的品质特性。由此可知，农产品地理标志是产地标志与质量标志的复合体，具有唯一性和不可复制性。2017年12月22日，农业部第2620号公告公布了对德清县莫干黄芽等83个产品实施国家农产品地理标志登记保护，予以颁发中华人民共和国农产品地理标志登记证书。

一、农产品地理标志实施保护效果

1. 推进农业标准化建设。地理标志保护的申报过程，促进了标准化示范区的建设，规范了生产过程，夯实了申报成功的基础，提供了坚实的技术保障。

2. 促进产业集群培育。地理标志产品对其他经济资源具有聚集效应，从而引导和发展地理标志农产品的产业集群；另一方面，农业产业集群的形成和

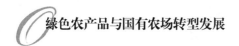

发展又将会保障、提升地理标志农产品的质量、信誉与品牌，进一步强化了农产品地理标志保护制度。

3. 提高效益和竞争力。申请地理标志保护的产品在国际上有很高的认可程度，在市场上具有很强的“比较优势”，可以提高其在国际市场上的竞争力和价格水平。据统计，受保护产品的经济效益平均提高20%以上，有的甚至成倍增长。

4. 推动区域经济发展。地理标志产品获得了巨大的品牌价值和经济收益，本土产品的知名度和影响力得到提升，促进了农业产业化，推动了区域经济发展。

二、“莫干黄芽”农产品地理标志的发展现状

（一）“莫干黄芽”具有独特的地理优势及产品价值

“莫干黄芽”古称莫干山芽茶，产于德清县莫干山区。莫干山属东天目山余脉，方圆百里，群山连绵，海拔大多在500～700米。海拔700米以上山峰有5座，主峰塔山720米。境内有毛竹9330多公顷，形成连绵几十千米的“竹海”，森林覆盖率达92%，形成夏无酷暑、冬少严寒的四季清凉特色。山区土壤大多是山地黄泥砂土，土层深厚，土质肥沃，有机质含量在2.5%以上，是形成茶树鲜叶优良品质的理想生态条件。

传统莫干黄芽属黄茶，是轻发酵茶类，具有提神醒脑、消除疲劳、消食化滞等功效，相比绿茶要性味柔和很多。同时，黄茶醇厚如红茶，对脾胃最有好处，消化不良、食欲不振、懒动肥胖都可饮而化之，又不像红茶喝了容易上火。

（二）德清县“莫干黄芽”产业标准化进程

1995年9月，德清县茶叶协会成立。1998年，德清县质量技术监督局发布“莫干黄芽”县级地方标准。2001年，浙江省质量技术监督局发布《DB33/304—2001莫干黄芽茶》省级地方标准。2009年，经德清县政府授权莫干山镇农业综合服务中心注册“莫干黄芽”地理标志证明商标。2010年，莫干黄芽产量89吨，产值2670万元，主要销往湖州、上海、天津、江苏、山东等地。

2011年，德清县农业局、德清县茶叶协会对原有标准进行修改，改名为《莫干黄芽生产技术规程》(DB 33/T 304—2011)，标准中包含绿茶和黄茶的管理加工标准，同时补充了主要茶树病虫害防治种类和方法。新标准于2011年10月9日发布，并于2011年11月9日起实施。

2015年初，省级标准《莫干黄芽生产技术规程》(DB 33/T 304—2011)废止，德清县茶叶协会编制县级标准《莫干黄芽茶生产技术规程》(DB330521T31—2015)，并于2015年12月15日执行。

德清县政府高度重视德清茶产业健康发展，2000以后开始鼓励茶场申报有机茶认证。2001年，我县有了第一家通过有机认证的茶场，之后逐年有1～2家茶企通过有机茶认证，到2009年，共有11家茶企通过有机茶认证，有机茶基地面积达到2245亩，占德清县茶园面积的13.7%。2009年，德清县茶园面积只占全省茶园面积0.60%，而有机茶面积占了我省有机茶面积的1.04%。由此可见，德清县有机茶发展是其茶产业中的重要组成部分，也是茶叶品牌化经营的一个亮点。

三、“莫干黄芽”农产品地理标志推广的难点

（一）农产品地理标志保护与商标保护的矛盾

在公共商标使用方面，对于在“莫干黄芽”农产品地理标志地域保护范围内的茶企，只有拥有《食品生产许可证书》(SC证书)的申请人方可使用地理标志。一方面，为取得《食品生产许可证书》，企业需要大量资金造加工厂房和购买茶叶加工机械；另一方面，整个莫干山地区已经很难审批通过大面积土地进行茶场建设。德清县生产莫干黄芽的大大小小茶企有52家，只有12家获得《食品生产许可证书》，其余小型茶企拥有小的茶叶初步加工场地，主要还是挂靠这12家企业进行生产加工。这就意味着“莫干黄芽”农产品地理标志仅有这12家茶企可使用，违背了农产品地理登记保护的初衷。

（二）监管各行其职，质量与品质标准界定难统一

目前，农产品申请与保护由农业部、国家质检总局和国家工商总局商标局

三部门各自受理、审批与注册,登记注册制度等内容尽管有相似之处,但具体规定、标准、申请程序等存在多处不同,这种差异不仅加重了相关利益主体的负担与运行成本,而且一定程度上造成了管理资源的浪费,容易出现行政管理部门间管理权限的冲突与碰撞。合作监管不力是制约农产品保护和发展的主要障碍之一。由三部门共同管理和保护造成的法规内容交叉重叠、行政执法机关多头执法管理等导致保护不统一、执法不协调、管理资源浪费等负面效应,影响了农产品的保护效果。

(三)农产品地理标志影响力有限且相关规范不足

近年来,尽管农产品申请与注册如火如荼,应该看到农产品的品牌效应仍面临着大标志、小市场等尴尬处境,特别是在省外品牌影响力相对较弱已是不争的事实。现在市场上出现的地理标志登记主要还是质检总局和工商总局登记的地理标志,农业部的农产品地理标志使用有限、影响力有限。2007年颁布的《农产品地理标志管理办法》明确了可申请使用农产品地理标志的单位和个人的条件,以及农产品地理标志使用人的权利和义务,并没有明确规定农产品地理标志的具体使用规范,给县级主管部门推广工作增加了难度。

(四)德清县“莫干黄芽”地理标志管理权责不清晰

我县相关管理主体有德清县农业局、莫干山镇人民政府、德清县茶叶协会、德清县莫干黄芽产业农合联。2018年,县农业局主要联合莫干山镇人民政府完成了“莫干黄芽”农产品地理标志登记保护申请工作,但“莫干黄芽”农产品地理标志的推广工作还有待明确。

(五)质量安全、品质保障与商标维权保护难以实现

随着我县旅游业莫干山“洋家乐”品牌的打造,年接待游客人数不断攀升。德清县积极鼓励有资源的茶场把握好自己茶园环境资源,改造各地茶园,建设以茶为主题的旅游区,修缮茶园配套设施,在确保茶园生态不被破坏的情况下,充分发挥我县茶乡游主题资源,从而带动茶产业向第三产业发展。名气大了,造假的也就多了,这也造成了市场上有80%的“莫干黄芽”非真正的莫干黄芽。而对市场上出现的“莫干黄芽”,由于管理界限不清晰,没有执法依据,

也没有相关执法部门可对其进行有力打击。

四、“莫干黄芽”地理标志推广对策

（一）统一包装，塑造形象

2018年7月，由德清县莫干黄芽产业农合联主办、德清县茶叶协会承办的“莫干黄芽”旅游文创包装设计大赛共收到全国有效投稿48件，网络评选加上茶企投票，最终于8月确定统一的“莫干黄芽”包装。良好的品牌包装设计，有助于树立统一的视觉形象，有利于品牌之间的区分、辨别真伪，以提高产品知名度。

（二）统一印刷，有效防伪

改变德清县茶叶协会通过对协会成员发放“莫干黄芽”防伪标签来区分真假“莫干黄芽”的做法。德清县将对“莫干黄芽”农产品地理标志产品进行统一包装，统一印刷农产品地理标志，做到有效防伪登记保护。

（三）核准产量，限量发放

到2017年底，德清县生产莫干黄芽的大大小小茶企有52家，只有12家通过审核获得《食品生产许可证书》，其余小型茶企拥有小的茶叶初步加工场地，主要还是挂靠这12家企业进行生产加工。对拥有《食品生产许可证书》的茶企和跟拥有《食品生产许可证书》茶企签订加工合作协议的茶企，核准产量，根据产量限量发放统一的“莫干黄芽”包装，以控制“莫干黄芽”包装的流量。

36

长兴县绿色食品产业发展现状、问题及对策

方华蛟

（长兴县农业局）

一、长兴县绿色食品产业发展现状

长兴县是浙江省农业大县，拥有耕地面积72万亩左右，丰富的土地资源为我县农业产业发展提供了有力的基础保障。近年来，我县把推进农业转型作为工作的重点，在园区建设、主体培育、产业优化、科技提升等方面做了大量的工作，并取得了一定的成效。截至2017年底，全县七大产业面积已超120万亩，拥有省级现代农业综合区3个（和平、洪桥、泗安）、省级主导产业示范区6个、市级主导产业示范区11个、省级特色农业精品园11个、市级特色农业精品园45个，建成并认定县级以上粮食生产功能区25.8万亩。2017年，全县实现农业总产值61.9亿元、农村居民人均可支配收入29341元（居全市第一）。

我县历来重视“三品一标”工作，自从2001年启动绿色食品、无公害农产品工作以来，先后在政策和资金方面给予扶持，有力地推动了“三品一标”产业发展。截至2017年，全县有效期内无公害农产品398个、绿色食品49个、地理标志农产品2个，产地面积46万多亩。

二、绿色食品工作开展经验

（一）积极组织产品申报

长兴县农业部门每年年初专门组织各乡镇（街道）农办开展年度拟申报无公害农产品、绿色食品的主体调查摸底，确定拟申报对象。同时，根据市、县农业重点工作要求，落实新申报主体及到期复查换证（续展）主体主要负责人参加无公害农产品、绿色食品内检员培训，确保完成年初既定目标。

（二）着力加强主体证后监管

对获证的主体，县农业部门每年都组织人员进行随机监督检查，重点检查投入品使用、标志使用等内容，加强按标生产、规范用标的指导和监督。每年开展对县域规模基地、获证主体等重点农业生产经营主体的产品抽检，强化对获证产品的质量监控，着力保证获证产品质量安全。每年组织“三品一标”规范提质百日专项行动，例如，2018年上半年，以“三品一标”规范提质百日专项行动为平台，累计出动检查人员10人次，发放相关宣传资料200余份，抽查了欧尚、八佰伴、大润发等5家超市，走访检查获证主体42家。完成农产品抽检318批次，抽检合格率100%。

（三）健全组织，加强领导

长兴县农业部门每年都将“三品一标”工作纳入农业重点工作之中。成立了由局长任组长、分管领导任副组长、相关业务科室人员为成员的工作领导小组，根据各科室工作职责做好相关技术指导；同时，年初制订工作计划，并将目标任务及时分解至相关乡镇（街道），强化县乡联动，合力推进。

（四）注重宣传，主动服务

通过浙江“农民信箱”、长兴县政府网等平台切实做好宣传发动工作。在日常检查过程中，利用进村入户的合适时机，积极地向生产单位宣传农产品质量安全法、农产品包装与标识管理办法，要求生产单位进一步提高农产品质量安全意识和品牌化经营意识，努力提高产品质量安全水平。主动与乡镇（街道）对接，摸清家底，积极鼓励符合条件的农产品生产主体申报无公害农产品或绿色食品;在申报的过程中,主动加强同企业的沟通,及时解决申报过程中出现的问题。

(五)落实政策,加大扶持

长兴县委、县政府每年都将"三品一标"认定纳入扶持现代农业发展的政策中,明确规定:对获绿色食品、无公害农产品(森林食品基地)和无公害产地认定的,分别奖励3万元、1万元和1万元;对获无公害农产品产地整体认定的,奖励3万元;对获有机农产品认证(经县农业局或质监局认可)的,奖励3万元;对绿色食品续展、无公害农产品复查换证的,分别奖励1万元和0.5万元。通过一系列政策扶持,进一步引导生产主体规范生产,提高农产品质量安全水平。

(六)加强监管,规范生产

按照"认定与监管同步,数量与质量并重"的要求,在增加产品认定数量的同时,不断提高产品质量。通过开展"三品一标"专项检查行动、"绿剑"执法行动、农资产品专项整治、农产品抽检等活动,着力加强对全县"三品"生产基地、企业检查。2016年,县农业部门还专门制定了《关于加强"三品一标"认定和监管工作的意见》,进一步规范农业"三品一标"认定管理。通过一系列的检查,进一步提高了农业生产主体的安全意识,生产过程中存在的薄弱环节也逐步解决。

三、存在问题

近年来,通过广泛宣传、积极引导,全县的获证生产主体的质量安全意识不断提高,基本做到了生产有规程、操作有记录,不使用国家禁用或限用的投入品,农产品的质量安全得到了有效保障,绿色食品产业蓬勃发展,但仍存在一些问题。主要有以下几点。

(一)主动申报积极性不够

绿色食品产业发展工作主要是靠政府推动,实际给获证主体带来的效益不足。不少主体反映绿色标志的有无对产品销路影响不大,少数获证主体甚至纯粹为了补贴而申报认定,用标率不够高。

（二）绿色食品监管力量不足

长兴县绿色食品产业发展快，认定产品总量较大，但监管人员一直是身兼数职，无专职人员从事这项工作。特别是近年来“三品一标”工作量逐年增加，监管要求越来越高，人员难以保证。建议上级部门应增加相关人员编制，建立一支专职监管队伍，落实相关行政监管权责，进一步提高我县“三品一标”监管水平，维护“三品一标”品牌公信力。

（三）农业主体实力弱

全县绿色食品生产主体共44家，大部分企业处在初加工阶段，资源综合利用率低，企业管理水平、经营者素质普遍较低。多数中小企业实行的是“家族式”“作坊式”管理，一方面缺少绿色食品加工业向纵深发展的技术支撑和储备，加工业技术创新的动力不足；另一方面缺乏与国际市场接轨的适应现代化外向型企业发展的先进理念，生产效率和效益不高，市场竞争能力弱。

（四）基地建设不足

农产品品质状况决定加工产品的质量，直接对产品销售和效益产生影响。我县绿色食品产业专业化、组织化程度低，“公司＋基地＋农户”和种养加一条龙、产供销一体化的格局还没有形成。

（五）品牌意识不强

许多绿色食品生产主体宣传意识差，不注重产品宣传和推荐，导致品牌知名度不高。比如，长兴紫笋茶有很深厚的历史文化背景，但是知名度不如安吉白茶，导致许多长兴农户把鲜叶卖给安吉，自己没有品牌，效益难以提高。

四、对策和建议

发展绿色食品产业，积极推动和引导生产主体申报绿色食品，是放大比较优势、发展现代农业的重要载体，是拉动农民增收的主要渠道，更是推动县域经济发展新的增长极。为此，提出以下建议。

（一）继续加大财政扶持力度

长兴县人民政府对绿色食品申报成功的主体奖励3万元，让符合条件、有申报意愿的主体能够节约很大一部分申报成本，大大提高了主体申报积极性。在政策调整时，对新申报和续展绿色食品的，适当加大奖励力度。

（二）提高主体综合竞争能力

1. 要加大对绿色食品产业发展的优惠政策支持力度，特别是对有一定生产规模、发展前景较好的重点主体，加强引导并给予更多的政策扶持，形成规模化、集约化的龙头产业群。

2. 鼓励金融部门推行积极的金融政策，拓宽绿色食品生产主体融资渠道，给绿色食品生产主体提供优惠信贷支持，解决优势绿色食品生产主体的资金需求。

（三）引导生产主体树立品牌战略意识

绿色食品有无市场竞争力的关键在于能否形成自己的品牌优势。生产主体需要树立质量意识、品牌意识，围绕质量塑造品牌，围绕品牌开拓市场。

1. 引导生产主体树立品牌经营理念，推进品牌创建，科学制订品牌产品发展规划，大力开展名牌产品推荐认定，做大做强名牌产品。

2. 引导企业推进营销创新，提高品牌产品知名度。充分利用各类展示展销平台、大众媒体等宣传推荐品牌，扩大品牌影响力，提高企业市场竞争力。

37

坚持绿色兴农、品牌强农、质量强农 全面推进实施乡村振兴战略

张耀耀

（安吉县农业局）

安吉是习近平总书记“绿水青山就是金山银山”理念的发源地。近年来，安吉在“两山”理论的指引下，依托良好的生态资源禀赋，突出抓好农业产业结构调整，积极培育农业主导产业，优化产业区域布局，全县基本形成了粮食、白茶、蔬菜、畜禽、水产、水果六大特色优势产业。2018年，安吉被农业农村部确定为全国农产品质量安全全程控制体系示范县创建单位，这是安吉县在成功创建了省级农产品质量安全可追溯体系县、省级农产品质量安全放心县、首批全国茶叶标准化示范县的基础上推进的又一项重大工程。我们以示范县创建为抓手，坚持绿色兴农、品牌强农、质量强农，努力发展高质量高水平的放心安全农业，全面推进实施乡村振兴战略。

一、强化源头管控，深入推进绿色兴农

1. 持续优化农业生产环境。在开展农田土壤重金属污染监测和产地环境检测的基础上，深入推进测土配方技术，推进病虫害综合防治、喷滴灌和肥水一体化等绿色防控技术应用，全面推行农药废弃包装物回收、生猪养殖场排

泄物综合治理、水产养殖尾水处理、病死动物无害化收集处理等措施，以良好的生产生态环境有效保障产品质量和安全。

2. 切实加强源头监管。做好安全文章，强化一岗双责落实力度。在推行高毒高残留农药定点销售、严格实行实名制购买的基础上，全面开展禁限用农药的全面退市，结合主导产业，在安吉白茶主产乡镇（街道）推行茶园农资专柜销售，统一由中国农科院茶叶研究所提供病虫防治药剂和设备，严把茶园投入品关，并对销售单位和生产主体实施茶园投入品登记追溯制度，切实强化对茶园投入品的源头管理，从源头上保障农产品质量安全。

3. 大力推进绿色化生产。坚持“抓基础、促绿色、挖掘地标”的原则，以省精品绿色农产品基地建设项目为抓手，整建制开展白茶绿色食品认定工作，集成和创新绿色防控技术，不用或减少使用绿色食品国家标准中允许使用的低毒低残留农药，加强生态调控、物理防治、生物控制、科学用药等绿色防控技术的集成示范、推广应用；积极与相关部门对接，组织开展“安吉白茶”地理标志产品登记认定工作。截至2017年底，全县有效期内无公害产地面积11.8万亩、绿色食品产地面积达4.4万亩，有效期内无公害产品156个、绿色食品45个。

二、坚持标准先行，大力促进品牌强农

1. 建设完善的标准体系。结合安吉产业实际，突出茶叶、蔬菜、水果、水产、畜牧、粮食等主导产业，以国家标准、行业标准为主体，全面开展标准体系建设；积极开展农业标准化生产操作规程、标准化生产模式图或标准化简图制定和入企进社工程，全县标准入企进社（场）率达100%，农业标准化实施率达64.5%；开展标准推广示范工程建设和标准化示范园/场建设，建成湖州市农产品质量奖企业5家、县级示范基地30家、省级示范性农业全产业链2条。

2. 提升主体规模。大力开展粮食功能区建设，全县建成粮食生产功能区226个，面积13万亩，粮食生产基本实现规模化种植；大力加强农业现代园区建设，累计建成现代农业园区93个；大力推广“农业企业＋合作社＋农户”的

经营模式，全县组建各类合作社329家，其中国家级3家、省市级46家；加快发展家庭农场，累计建成家庭农场268家，其中省市级49家；注重培育农业企业，一批农业生产主体年销售额达500万元以上，实现了公司化经营。企业、园区、合作社、家庭农场成为安吉农业生产的主力军，有效推动安吉农业的规模生产。

3. 大力开展品牌建设。以区域品牌、公共品牌、企业品牌为主体全面推进农业品牌建设，创新母子商标农业品牌管理模式。加快以农产品地理标志产品登记为核心的地标产品打造工作，成功塑造安吉白茶和安吉冬笋两个地标产品形象。依托农业专业合作社开展公共品牌建设，较好地满足了一般茶农品牌建设的需求。加快品牌影响力建设，安吉白茶连续九年跻身全国茶叶类区域公共品牌十强，品牌价值达37.76亿元。全县已有名特优新农产品46个，中国驰名商标8个，省、市名牌农产品（著名商标）91个。

三、深化全程管控，强力推进质量强农

1. 构建明晰的主体责任体系。以农产品生产基地"十二有"标准建设为载体，加大生产主体责任落实，全面推动规模主体达到有生产标准或操作规程、有岗位责任、有质量安全承诺、有产地管理、有员工培训、有投入品管理、有生产信息管理、有产品采收和销售、有产品检验检测、有包装和标识管理、有产品追溯、有不合格产品处置等"十二有"要求。制订基地建设"十二有"标准推进计划，力求三年内全县60%以上的规模农产品生产基地达到"十有"以上标准，20%以上的规模农产品生产基地达到"十二有"标准，全县高标准建成40家农产品质量安全示范基地。

2. 逐步推进全程可溯。持续深化追溯体系建设，在获得省级农产品追溯县的基础上不骛虚声，分三年实现整县推进，在全省率先开展主体调查，建立主体信息库，将560余家农产品生产主体纳入生产主体信息库并实行动态管理。按照先易后难原则从主体追溯逐步向全程追溯过渡。到2017年底，全县已有225家生产主体纳入农产品质量安全追溯体系管理，其中全程追溯50家，

22家企业开展了各规范认证。在安吉白茶产业上，我县还全面推行茶园证管理和“物联网＋金融”的“安吉白茶金溯卡”模式，打造覆盖面更广的产品质量安全追溯体系，实现“全方位、全环节、全流程”的立体监管，保障安吉白茶全程跟踪与溯源。加强农资监管与服务信息化建设，实现区域内所有农资来源可追溯、去向可追踪。

3. 努力实现智慧监管。在省级农产品质量安全追溯平台基础上进行个性化设计和开发，丰富智慧内涵，形成有安吉特色、满足安吉监管要求的安吉县农产品质量安全监管平台，重点对主体信息管理内容、巡查执法检查信息录入、结果展示数据分析进行完善，改进了信息采集模式，形成由生产主体负责信息采集、信息内容涵盖种植产品和生产全过程、手机和电脑均可录入操作的模式；改进监管信息管理方式，推行监管事项清单式管理、检查巡查内容菜单式管理，检查记录可以通过手机直接操作，便于监管人员操作使用；改进信息整合和分析应用，实现检查巡查直观体现、问题显示直接明了、整改结果全部提醒提示的效果。监管体系、检测体系、追溯体系、农资信息化体系、茶园证体系全部纳入平台管理，增设统计分析、数据导出功能，开发手机APP，做到信息实时互联互通、操作简单便捷明了、结果显示及时直接。

38

嘉善县"三品一标"发展现状与对策建议

谢董妍　张国政

（嘉善县农业经济局）

民以食为天，食以安为先，农产品质量安全关系到人民群众身体健康和生命安全。如何进一步提升农产品质量安全水平，助力乡村振兴，从而为老百姓提供更多、更安全、更优质的农产品，就成为摆在我们面前的一道重要课题。"三品一标"作为政府主导的安全优质农产品公共品牌建设项目，其发展充分体现了"创新、协调、绿色、开放、共享"的发展理念，是提升农产品质量安全的排头兵，是推动农业标准化生产的先行者，是提升农产品质量安全水平的重要抓手之一。

本文旨在通过分析介绍我县"三品一标"的发展现状、存在的主要问题和制约因素，从而提出一些对策与建议，助力我县"三品一标"持续健康发展。

一、发展成效

近年来，我县大力创新"三品一标"工作思路。一方面，通过政策引领、考核监督、市场引导等手段大力提升"三品一标"认定比例；另一方面，积极推进"三品一标"监管工作向多方面、多角度和多层面延伸，努力构建"三品一标"长效监管机制。

（一）认定规模稳步增长

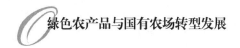

2017年，嘉善县新增无公害农产品8个、无公害农产品产地9个、面积4480亩，绿色食品2个、面积670亩。截至2017年底，全县有效期内“三品”总数117个，产地面积14432.28公顷；主要农产品“三品”认定比例53.31%，比2016年同期增长0.86%。

（二）产业化水平逐步提高

我县“三品”申报主体主要为家庭农场、农业企业、农民合作社等新型农业经营主体，其中家庭农场占19%，农业企业占16.2%，农民合作社占64.8%。基地化生产、企业化经营、品牌化发展成为“三品”的主导模式。认定的种植业产品和淡水养殖业产品数量比为12∶1；种植业认定产品中水果、蔬菜、食用菌类所占比例较大，分别为47.9%、24.8%和6%，产品种类丰富多样，主导产品有黄桃、甜瓜、蜜梨、草莓、双孢蘑菇等。

（三）产品质量安全可靠

本着对农产品质量安全“零容忍”的态度，我县切实加强“三品一标”证后监管，逐步完善以企业年检、质量抽检、标志市场检查、专项整治、内检员培训等多项制度为内容的监管长效机制。加强例行抽检、专项抽检和突击抽检的检打联动，坚决取消抽检不合格产品、年检不合格企业的标志使用权，确保“三品一标”是一块“干净”的品牌、没有“杂质”的品牌。近三年，全县共开展省、市级“三品一标”获证产品专项抽检72批次，每年开展县级“三品一标”产品抽检50批次，合格率为100%，充分证明通过认定的“三品”是信得过的，安全是有保障的，有效地维护了品牌公信力。

（四）追溯体系日趋完善

近年来，我县成功创建首批国家农产品质量安全县，首创的“农安嘉善智慧监管”模式受到各级领导的高度肯定。一方面，我县将“三品一标”的生产主体纳入省农产品质量安全追溯平台管理；另一方面，通过农安嘉善智慧监管APP，实现“三品一标”生产主体监管全覆盖。如今，消费者可以通过扫描包装上的二维码获取产品的生产企业、生产地址、种植日期以及施肥、病虫害防治、产品认证等信息，进一步提升“三品一标”产品的公信力和美誉度。

二、“三品一标”发展的主要制约因素

近年来，嘉善县“三品一标”产业规模稳步提升，发展质量不断提高，但仍存在一些因素制约着“三品一标”持续健康发展。

（一）产业结构不尽合理

一直以来，“三品”就有清晰的质量边界，具有各自的标准水平、生产方式、技术要求。无公害农产品生产过程中允许限量合理使用化学合成物，满足中低消费阶层需求，保障农产品基本消费安全。A级绿色食品生产过程中允许限量使用限定化学合成物，满足较高消费阶层需求，保障食品优质安全，重视环境保护。AA级绿色食品和有机农产品生产过程中禁止使用任何人工合成的化学物质，满足少数高消费阶层需求，注重环保，以实现自然良性循环为根本目标。嘉善县“三品”中无公害农产品占88%，绿色食品占12%，暂无有机农产品。从总体结构上看，代表基础安全保障的无公害农产品比例偏高，代表优质精品的绿色食品比例偏低，这与新时代深化农业供给侧结构性改革、推进现代农业建设、加快转变农业发展方式、积极发展绿色农业的要求不相适应。

（二）主体发展内生动力不足

获证主体持续发展“三品”的内生动力不足，究其原因，主要有以下几点。①从业人员素质普遍较低。当前，我县从事农业的劳动力多为50岁以上的农民，受教育程度低，接受能力差，对农产品质量安全重视度低，对标准化生产接受度弱，对“三品一标”发展理念认知度差，部分主体更多着眼于一次性政府补助，而非主体自身长远发展。同时，申报主体没有专业人员撰写申报材料的现象仍然存在。②种植作物品种更换。部分主体由于自身发展需要，不再种植原获证产品，客观上导致无法换证续展。上述因素导致复查换证率和续展率偏低，即使每年新增产品数量较多，总量上升速度仍然偏慢。

（三）品牌弱，优质优价无法体现

随着人们收入和生活水平的日益提高，消费者对食品的健康、安全、营养

等方面提出了更高要求，“三品一标”市场需求持续增长。然而，现实中消费者“求而不得”与“三品一标”生产者“销售无路”的矛盾日益凸显。调查发现，在嘉善，即使是大润发、物美、乐购等大型超市，也没有设立“三品一标”销售专柜，消费者购买“三品一标”的途径较少。那么，嘉善本地的“三品”去哪儿了呢？经过实地走访了解到，本地大多数“三品”经农产品贩子直接从生产基地收购后流入嘉兴、杭州、上海等蔬果批发市场，极小部分进入本地市场。可惜的是，在收购农产品时，贩子们重视的是产品的品相与口感，因此“三品一标”形同虚设，产品收购价格与本地普通农产品无异，优质优价无法体现。有的主体甚至曾因规范的“三品一标”包装标志暴露了生产基地信息而被水果贩子拒收，蒙受巨大损失。产销衔接不畅、品牌效益不凸显、高投入低回报，严重挫伤了“三品一标”主体的积极性，也导致部分获证主体有标不用现象的出现。

三、对策建议

新时代农业现代化、绿色农业、供给侧结构改革的不断推进，乡村振兴战略的深入实施，对我县“三品一标”产业是新机遇，也是新挑战。

（一）加大政策扶持

按照《中华人民共和国质量安全法》的要求，积极争取地方政府加大政策支持和资金扶持力度，将“三品一标”实施管理专项纳入本县一般财政公共预算和强农惠农政策体系，加大对新获证“三品一标”生产、无公害农产品复查换证、绿色食品续展主体的奖补等扶持力度。2017年9月，嘉善县人民政府出台《关于加快现代农业发展促进农业供给侧结构性改革的实施意见》，对新获得无公害农产品、绿色食品、有机农产品证书的，县财政分别一次性给予3万元、5万元、5万元的补助；同一基地内获证的农产品，第二个产品起减半补助；无公害农产品、绿色食品、有机农产品到期复查换证或续展重新获得证书的，分别给予1万元、3万元、2万元的补助。新获得农产品地理标志的主体，县财政给予30万元的奖励。同时，我县还将“三品一标”认定作为县级农产品质量安全示范点、县级示范性农业专业合作社、县级示范性家庭农场评定的前置条件。通过政策引导，一方面加大绿色食品认定扶持力度，推动“三品”结构优化，把加快发展绿色食品作为调结构、提水平的重点，扩大精品规模和比例，在保证有效期内“三品”稳步增长的基础上，提高绿色食品的比重；另一方面，鼓励引导各类生产主体长期稳定从事“三品一标”生产，切实提高复查换证和续展比例，以复查换证率达到70%以上、续展率达到80%以上为目标抓好落实，促进“三品”工作进入良性轨道。

（二）严把准入门槛，优化服务质量

落实“先培训、后申报”制度，切实加强“三品一标”主体的标准技术与操作规程培训力度，发放简明易懂的生产模式图，开展田间现场教学，指导主体开展标准化安全生产，确保农业投入品的规范使用，解决实际应用中的技术问题，实现农产品优质高产，进一步提升“三品一标”主体自我控制能力和质量管理水平。在严把准入门槛的基础上，优化服务质量，指导“三品一标”主体申报材料准备。按照“方便企业、强化服务”与“最多跑一次”的要求，做好材料指导、内检员培训、环境监测、产品检测安排、金农工程系统上报等工作，全面提升服务能力。

（三）强化全程监管，维护“三品一标”品牌公信力

不断强化“三品一标”全程监管，切实打好企业年检、质量抽检、标志市场监察、专项整治、内检员培训等监管“组合拳”。深化“三品一标”规范提质百日专项行动，切实加大获证产品质量监测力度，提高产品抽检比例和频率，加强获证产地现场检查，以产地环境、投入品使用为重点，督促主体规范安全生产，强化标志使用指导和淘汰退出机制，严厉打击假冒行为。优化“三品一标”品牌追溯体系建设，通过浙江省农产品质量安全追溯、农安嘉善智慧监管APP等平台，实时上传“三品一标”主体监测、产品检测信息，进一步提升主体责任意识。推进“三品一标”诚信体系、一证一码监管机制建设，将“三品一标”监管与食用农产品合格证推广有机结合，强化行业自律管理，规范“三品一标”市场秩序。

（四）加快推动优质优价机制形成，培植“三品一标”品牌

推进产销平台对接，运用“互联网＋‘三品一标’”的理念，积极培育、推广马家桥农村电商综合服务平台、共青电商“一站式”服务平台等县、村级绿色农产品电子商务区域平台，实现标准化生产、品牌化发展、电子化销售“三化联动”。鼓励农产品批发市场、大型超市等农产品集散地设立“三品一标”专销网点、柜台和展示区。2017年，已在善绿汇超市和一里谷菜市连锁店设立“三品一标”销售专柜及展示区，努力推动优质优价机制形成。积极推荐企业参加中国绿色食品博览会、浙江农业博览会、嘉兴市农业博览会等及区域性推荐活动，提升“三品一标”品牌知名度和市场竞争力。

（五）加大宣传力度，营造“三品一标”良好社会氛围

将“三品一标”作为农业品牌建设重中之重，充分运用现代传媒手段，加强“三品一标”发展理念、法律法规、产品质量、品牌效应等宣传，提高公众绿色发展、健康消费意识。持续推进“三品一标”宣传周活动，指导广大消费者和市场经营主体正确识别、选购“三品一标”产品，树立“三品一标”优质安全消费信心，带动农产品“需求侧”观念转型。加强常态化宣传，健全与媒体的快捷沟通联动机制，充分利用传统媒体，加大宣传力度，进一步提升“三品一标”知名度与影响力。

39

平湖市“三品一标”认定工作现状

查袁法
（平湖市农业经济局）

一、平湖市“三品一标”工作现状

截至2017年底，平湖市有效期内的无公害农产品基地59个、面积7.7万亩，有效期内无公害农产品61个、产量2.15万吨，有效期内绿色食品9个、产量0.58万吨，无有机农产品，地理保护标志产品1个。2018年上半年，平湖市已有9个基地的10个农产品新申报无公害农产品认定，4个到期的无公害农产品申报复查换证，1个绿色食品获得续展许可，2个新产品获得绿色食品许可。

二、平湖市“三品一标”认定扶持政策

平湖市从开展“三品”工作以来，一直有相应的扶持补助政策，也在不断地调整补助力度。2017年度至今的补助政策是：对新获得省级无公害农产品产地认定的，一次性给予2万元补助；对获得无公害农产品、绿色食品、有机农产品、农产品地理标志证书的，分别给予1万元、3万元、5万元、3万元的补助；对申报绿色食品、有机农产品系列产品的，第二个产品起减半补助；对到期复查换证或续展重新获得证书的，减半补助。

三、监管情况

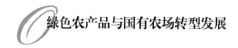

近年来，我们坚持依法治农、质量强农，以创建省级农产品质量安全放心市为主抓手，深入开展一法一规宣传教育，建立健全监管体制机制，强化农产品产地和包装、标识管理，严格落实监测制度，注重质量安全风险防范。2018年上半年，落实绿色食品监督抽检1家、1个产品，省级监督抽检4家、4个产品，嘉兴市级监督抽检9家、9个产品；全市共开展农产品定量检测312批次，合格率99.36%，快速检测56604批次，合格率99.95%。2018年4—5月，对有效期内全部“三品”生产基地实施了一次现场检查。我市农产品监管体系不断完善，考核力度和财政保障持续加大，监管能力和水平有效提升，绿色发展理念和安全责任意识显著增强，长效监管机制基本形成。合格证、追溯和农资监管等工作也取得明显成效。

四、存在问题

（一）“三品”认定流失问题

从2003年平湖市开始实施无公害基地产品认定工作以来，历史累计认定无公害农产品基地159个（2017年底止），已失效的有100个，流失率62.9%；无公害农产品累计认定185个，失效124个，流失率67%；绿色食品累计认定21个，失效12个，流失率57%。这么高的流失率确实令人失望。但分析这些流失的原因，具体有这么几个。

1. 生产者农产品质量安全意识，特别是参与产品认定的意识普遍不强。当前，无论是农产品生产者还是消费者，在市场交易行为中普遍看重的是产品的价格、口感、色相等，因此生产者主要关注的是自己生产的农产品的外观色相和口感，以求有一个好的价格，而对农产品内在的安全问题并不关注。如果产品认定没有给生产者带来明显的经济效益，他就没有动力继续搞产品认定。124个流失的无公害农产品中，这个原因造成的就有35个。8个绿色食品流失也是由于这个原因。

2. 农业生产者（企业）经营不善，停产关闭。农业是弱势产业，农业生产效益普遍低下。近年来，平湖的农村劳动力越来越少，劳动力价格也越来越高，农业规模生产者的经营越来越困难，一旦经营不善，就面临倒闭的结局。历史认定的无公害农产品中，就有31个因为企业解散退包、关停转手等原因失效。绿色食品中因此失效的则有2个。

3. 生产者产品结构调整。由于农产品市场价格变化和消费者需求结构变化，一些产品在认定几年后效益低下，失去市场占有率，生产者进行产品结构调整，转产了新的产品。124个失效产品中，26个产品是因为结构调整而失效的。绿色食品中因此失效的则有2个。

4. 认定规则的历史原因。早期的无公害农产品认定可以由各乡镇（街道）农技中心作为申报主体，因此，共有32个无公害农产品的认定由平湖市各乡镇（街道）的农技服务中心获得。自从前些年农业部农产品质量安全中心修改规则后，这些产品自然到期，不再复查换证而失效。

（二）认定和监管工作中的问题

1. 首次认定和长效监管。除了绿色食品的品牌效应相对比较明显外，由于无公害农产品的品牌效益并不明显，因此，虽然许多家庭农场等生产者在农技部门的指导和帮助下，建立了相应的管理制度，开展了认定达标工作，并获得了相应的产品认定证书，但本质上这些（相当一部分）生产者仍然没有主动意识，这也给证后的长效监管带来困难。

2. 农业投入品监管问题。平湖市的农资基本上由平湖市丰达农资有限公司统一配送，而且这几年农业部门对各农资销售点的监管非常严格，禁限用农药基本可控，但在具体可用农药的规范使用上仍然风险不小。虽然获得认定证书的“三品”抽检时都达到标准，但仍然有农药超范围使用、超量使用、超安全期使用的情况发生。这是由于生产者一方面缺乏安全意识，另一方面缺乏知识。下一步，必须继续保持监管的高压态势，并开展农资安全合规使用方面的培训。

3. “三品”基地的档案记载问题。从这几年对“三品”基地的现场检查情况看，投入品禁限用的制度执行得较好，各级抽检的结果也没有问题，但生产记录缺乏主动性、规范性。因此，有必要进一步加强宣传和监督。

40

海盐县“三品”工作现状与对策

吴菊松
（海盐县农业经济局）

海盐县位于杭嘉湖平原东缘，濒临杭州湾，以“鱼米之乡、丝绸之府、文化之邦、旅游之地、核电之城”著称。气候属亚热带季风气候，温暖湿润，四季分明，全年平均气温15.8摄氏度，年平均降雨量1500毫米，全年无霜期约为236天，年日照时数1800～1900小时。县域内土壤肥沃，土层深厚，水资源丰富，空气清新，生态环境优良。2017年，全县粮食作物播种面积27023公顷，蔬菜栽培面积8220公顷，水果栽培面积2731公顷（其中，葡萄栽培面积1867公顷，柑橘栽培面积448公顷，桃栽培面积142公顷，梨栽培面积152公顷，其余水果栽培面积122公顷），生猪出栏9.92万头，湖羊出栏7.84万只，家禽出栏1111.44万羽，海淡水养殖面积1948公顷。

一、“三品”基本情况

据统计，至2017年底，我县已认定有机农产品11个、绿色食品26个、无公害农产品87个、无公害产地67个，海盐县凤凰省级现代农业综合区、海盐县湖山省级现代农业综合区和武原街道等8个乡镇（街道）粮食生产功能区通过无公害农产品产地整体认定。全县主要食用农产品中，有机、绿色及无公害农产品种植业面积为14174.073公顷，水产面积为672.994公顷，畜牧类产品115.55

万头，家禽类产品170万羽。

二、主要措施

海盐县依托丰富的自然资源和得天独厚的生态环境优势，各级政府、农业企业把加强无公害农产品、绿色食品、有机农产品认定作为海盐县高效生态农业主要抓手之一。政府在资金上给予扶持，在政策上给予激励；农业部门全方位服务，技术支持到位；农业企业不断完善质量管理体系，提高农产品质量，积极开展"三品"申报。农产品"三品"认定使海盐县一大批获证农产品成为名牌产品，取得了明显的经济效益和社会效益。海盐高效生态农业逐步走出了一条特色道路。我们的主要做法有：

（一）健全组织机构，加强"三品"认定指导

2013年7月，我县成立了农产品质量安全管理办公室，专门负责全县"三品"管理和指导工作，以及"三品"申报资料的审核把关工作。同时，积极配合上级有关机构和部门抓好现场评审和产品检测工作。在此基础上，按照年度工作要求，做好"三品"年审、复查换证等工作。近年来，我县积极组织开展"三品"基地建设，同时负责畜禽产品、种植业产品（粮食、蔬菜、水果等）、水产品的具体认定和监管，帮助基地做好主体培育、认定申报、品牌建设、市场开拓等一系列工作，并结合我县实际，明确了"三品"的发展目标、产业重点、基地建设、农业标准化生产及产品质量监测管理。

（二）加大政策扶持，推动"三品"认定

县政府在财政十分困难的情况下，专门出台相应政策，扶持奖励"三品"申报主体。政策明确规定：当年首次通过国家绿色食品、有机农产品、无公害农产品认定的实施单位，一次性分别奖励3万元、2万元、1万元；通过省级无公害农产品生产基地认定的单位，一次性奖励2万元；对绿色食品、有机农产品、无公害农产品复查换证（续展）的减半补助；通过国家地理标志保护的，一次性奖励5万元。这些措施的出台，有效提高了企业开展"三品"认定的积极性，推动了海盐县生态农业发展。

（三）强化宣传力度，开展“三品”知识培训

按照“面上宣传、技术培训、基地建设和质量抽检”四同步的要求，加强对“三品”基地建设的引导和指导。通过开展大规模的宣传培训活动，营造安全生产食用农产品的社会环境和市场环境。充分利用广播、电视、举办培训班和发放宣传资料等形式，宣传开展“三品”认定的必要性和紧迫性。通过各业务股站和乡镇（街道）农技水利服务中心积极开展无公害、绿色、有机生产技术与农业投入品安全使用等培训，在传递标准化生产知识的基础上，进一步宣传食用农产品安全生产的重要性。我县2011—2018年每年都组织相关企业、合作社和家庭农场等人员到嘉兴参加无公害农产品内检员培训，已累计培训216人次。

（四）加强监督管理，确保“三品”质量

1. 加强各职能部门对“三品”基地的监管，加强对“三品”基地负责人和基地管理人员、技术人员的培训，加强对“三品”基地的检查力度。同时，农产品质量安全监管部门建立对“三品”基地的长效监管机制，组织人员坚持定期、不定期地以自查、抽查等形式开展全县“三品”基地的监督检查，发现问题，及时督促整改，确保“三品”基地的规范发展。增强基地负责人和基地管理人员、技术人员的农产品质量安全意识和产品质量意识，从而提高“三品”基地农产品的质量安全水平。

2. 加强对“三品”基地产品的抽检。为了保证“三品”基地产品的质量，我县每年按一定比例对全县的“三品”基地进行抽样，送省、市、县的农产品检测中心或质检中心进行检测。同时，在3个大型的农产品生产基地和各乡镇（街道）的农技水利服务中心配备农药残留速测仪，大大方便了全县生产基地产品的检测。

3. 加强“三品”标志市场监管工作。根据上级统一部署，并结合实际，我县组织人员开展“三品”标志使用情况的监督检查，发现问题，及时督促整改，确保标志使用规范。

（五）做好农业标准化工作，以标准化促进基地建设

标准化体系建设是“三品”基地建设的前提条件。“三品”基地需要积极做

好标准制定、操作规程编制等一系列工作，农经局和质监部门积极合作、密切配合，做好标准的制（修）定、发布和实施等工作。在标准的具体执行上，有国家或行业标准的就执行国家、行业标准；没有的就执行地方标准。到2017年底，我县的“三品”基地都根据标准制订相应的操作规程，现行有效的海盐农业地方标准有20个。至2017年已建成县级以上农业标准化推广示范区（场）66个（其中，种植面积2913.4公顷，水产养殖面积921公顷，畜牧养殖17.98万头，家禽养殖23万羽）。

（六）积极培育壮大生产主体，增强“三品”申报主体实力

具有一定规模经营的申报主体是“三品”基地认定的必要条件，因此，只有抓好农产品专业协会和农民专业合作组织建设，提高农业生产组织化程度，才能确保“三品”基地建设的有序开展。近年来，我县通过培育壮大农业龙头企业、农民专业合作社等新型农业合作组织来建立“三品”基地，使它们成为“三品”基地建设的主体力量。同时，从2009年开始，我县积极推进土地流转机制的建立和健全，促进一批适度规模经营的主体发展壮大，为基地建设打下了良好的基础。据统计，至2017年底，全县拥有县级以上农业龙头企业53家、农民专业合作社249家、家庭农场597家、注册农产品商标608个。累计建成省级现代农业综合区2个、粮食生产功能区376个、省级主导产业示范区5个、省级特色农业精品园11个。

（七）优化服务，增强优质农产品的市场竞争力

我县积极组织“三品”基地农产品参加省、市农产品博览会等各类展会，帮助他们联系市场、推销产品。大力发展订单农业，解决基地产品的销售问题，确保“三品”基地农产品能够实现优质优价，坚定建立无公害农产品、绿色食品、有机农产品基地的信念，保证我县“三品”基地建设的持续、健康发展。

三、存在的问题

尽管我县农产品“三品”工作取得了一定的成效，但也存在一些问题。①由于我县农业经营主体发展比较缓慢，而且生产主体负责人和从业者普遍文化

程度不高，对“三品”的认识度不够，因此“三品”的总量仍较小，覆盖面不够，农产品质量监管体系、监管力度也有待进一步加强。②新申报、年检、续展和复查换证费用较高，尤其是绿色食品申报费用较高，而政府补助经费相对偏低，影响了生产主体的申报积极性。③获证农产品没有凸显市场竞争力，优质不优价，且认定程序烦琐，因此农业生产主体的申报热情不够高。④绿色食品申报面积在2018年提高了准入门槛，而我县生产主体普遍种植面积较小，达不到申报要求，直接影响绿色食品产业发展。

41

海宁市农产品品牌建设情况及对策建议

韩　鑫
（海宁市农业经济局）

近年来，随着农村改革的不断深入，品牌农业已经成为现代农业发展新的增长点。依靠品牌带动农业产业转型升级，是优势农业资源优势转换的重要手段。实施品牌带动战略，促进品牌农业发展，对于加快我市农业产业化、标准化、市场化进程，促进农业增效、农民增收，推进农业供给侧结构性改革，加快我市推动传统农业向现代农业转变具有重大的意义。本文针对我市农产品品牌建设的现状，分析存在的问题和短板，并提出相关的对策和建议，为加快推进我市农产品品牌建设工作提供参考。

一、我市农产品品牌建设情况

近年来，为进一步推动我市农产品品牌建设，全市各级转变观念，开拓思路，积极探索品牌富农、品牌强农的发展之路。通过广泛开展品牌宣传，强化品牌意识，重点扶持培育，形成了一批具有一定规模和知名度的农产品品牌，取得了一定成效。截至2017年底，我市获得品牌农产品称号的情况如下。

（一）农业名牌产品

我市共有22家企业获得农业名牌产品称号，其中省级农业名牌产品2家，嘉兴市级14家，海宁市级6家。主要有海宁市康艺鲜切花专业合作社生产的康艺牌鲜切花、浙江斜桥榨菜食品有限公司生产的系列酱腌菜、海宁市光耀葡萄专业合作社生产的田欣牌鲜食葡萄、海宁市黄湾果蔬专业合作社生产的个个牌迷你红薯、海宁市泥土香特色种养专业合作社生产的泥土香牌槜李、海宁市长安万家渡甲鱼养殖场生产的万家渡牌中华鳖等。

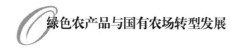

（二）农产品著名商标

我市共有农产品著名商标33个，其中省级农产品著名商标2个，嘉兴市级22个，海宁市级9个。主要有海宁云楼食品有限公司的云楼牌系列腌制蔬菜、浙江斜桥榨菜食品有限公司的斜桥牌系列酱腌菜、海宁亚泰食品有限公司的双山王牌系列腌制蔬菜、海宁市黄湾果蔬专业合作社的尖山牌杨梅与柑橘、海宁市圣品葡萄研究推广中心的圣品果业牌葡萄、海宁市翠丰生态鳖放养园的翠丰园农庄牌中华鳖、海宁市丁桥玉米合作社的丁桥牌玉米、浙江群大畜牧养殖有限公司的丁乡牌肉鸡等。

（三）浙江省名牌农产品(知名农业品牌)

我市共有4家企业生产的4个产品获得浙江省名牌农产品(知名农业品牌)称号。分别为海宁市龙桥蔬菜有限责任公司生产的阿高牌榨菜、海宁云楼食品有限公司生产的云楼牌系列酱腌菜、浙江群大畜牧养殖有限公司生产的丁乡牌肉鸡、虹越花卉股份有限公司的虹越牌花卉。

（四）无公害农产品、绿色食品、有机农产品

1. 无公害农产品。我市共有67家企业、86个产品获得无公害农产品认定。主要有浙江群大畜牧养殖有限公司生产的活鸡；海宁市袁花有家家庭农场生产的草莓；浙江盛旭水产养殖有限公司生产的中华鳖、海宁梨园果蔬专业合作社生产的梨、海宁市斜桥镇晶菁蔬菜种植场生产的花椰菜等。

2. 绿色食品。我市共有11家企业、27个产品获得绿色食品标志使用许可。主要有浙江斜桥榨菜食品有限公司生产的绿色方便榨菜、海宁云楼食品有限公司生产的系列酱腌菜、海宁市光耀葡萄专业合作社生产的田欣牌葡萄、海宁市民盈蔬菜有限公司生产的民秀牌芦笋和南瓜、海宁亚泰食品有限公司生产的系列酱腌菜等。

3. 有机农产品。海宁市海昌西山养殖场生产的和田龙牌鹿茸获得杭州万泰认证有限公司有机产品认证。

二、我市农产品品牌建设存在的主要问题

（一）农产品品牌建设的意识不强

虽然近两年我市高度重视、积极推进农产品品牌建设工作，但一些生产主体和基层部门对品牌建设的重大意义仍认识不足，投入不够，还未形成抓品牌建设的强烈愿望和紧迫意识。受传统农业生产经营观念的影响，很多农业生产者缺乏长远的发展目光，只着眼于眼前的既得利益，没有意识到品牌对于提升农产品附加值和市场价值的巨大作用，没有把品牌看作一项推动农业发展的巨大资源，对农产品的品牌意识淡薄，创建品牌的主动性、积极性不高。

（二）农产品品牌建设工作的合力不够

目前，我市抓农产品品牌建设的政府职能部门主要是农经局和市场局，两部门分属不同行业部门，部门与部门之间相互联系、沟通、协调较少。几种品牌创建渠道、程序各不相同，评审标准和创建重点不统一，品牌建设工作的合力尚未形成。

（三）农产品生产主体规模小、实力弱

产业化农民专业合作社、家庭农场、龙头企业是农产品品牌建设的主体和关键。我市农产品生产主体虽然很多，但大多规模小、实力弱。到2017年底，全市有各类农产品生产主体642家，注册商标249个，而省级示范性以上农民专业合作社、家庭农场只有13家，省级以上龙头企业只有3家，浙江省著名商标只有3个。蓝莓、火龙果、无花果等特色农产品生产主体大多刚刚起步，且所生产的农产品多为初级农产品，附加值低，难以为农产品品牌建设提供有力支撑。

（四）农产品缺乏公共品牌，牌子多、乱、杂

到2017年底，我市农产品公共品牌仅有1个。受企业规模、实力限制，农产品注册商标多，一些优势农产品在尚未形成品牌之前，有多家生产主体、多

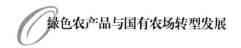

个牌子同时在做，产品规模小、市场分散，难以形成培育品牌的合力。如已建立的斜桥榨菜公共品牌，也由于企业之间内耗严重、矛盾重重，无法达到共同创新、合力开拓市场的效力。又如我市梨生产种植主体，仅已获得无公害农产品证书的就有5家生产主体，分别为海宁市云福家庭农场、海宁市新大地梨艺场、海宁梨园果蔬专业合作社、海宁市袁花镇永顺农场、海宁市袁花镇蒋家家庭农场，这些生产主体各自生产经营，无法有效形成规模效应。

（五）支持品牌建设的关键环节仍然薄弱

1. 农业规模化、标准化生产程度较低，龙头企业缺乏统一、优质、标准化原料基地，农产品规模、品质有待提高。

2. 农产品质量安全工作有待进一步加强。人员、经费不足，农产品质量检测覆盖面仍然较窄，农产品质量安全追溯体系制度还没有充分发挥作用，无法达到农产品质量安全源头控制的全覆盖。

3. 农村经济合作组织发展相对薄弱，风险共担、利益共享的企农利益联结机制尚不稳固，制约了标准化、规模化生产，进而阻碍农产品品牌建设。

三、加快推进我市农产品品牌建设的对策及建议

（一）尽快形成品牌农业的发展理念

当前，农业发达地区已经将品牌农业作为发展现代农业的重点，这是用工业化理念谋划农业发展的具体体现，可以预见今后一段时间，品牌农业发展将成为现代农业发展的关键。因此，我市要通过考察学习、培训等多种方式，加深对农产品品牌建设工作重要性的认识，在我市上下营造重品牌、塑品牌、护品牌的浓厚氛围，扎实推进农产品品牌建设各项工作。

（二）健全农产品品牌建设工作的三项机制

1. 进一步健全领导机制。全市各乡镇（街道）每年开展一次农产品品牌建设工作总结汇报会议，研究解决品牌建设中存在的困难和问题；每年年底前举办一次品牌建设职能部门相关人员和农业生产主体参加的品牌建设工作座谈会，促成品牌创建主体与相关职能部门直接见面，彼此沟通情况，推动品牌

建设各项举措的落实。

2. 建立稳定的长效投入机制，各乡镇（街道）财政设立农产品品牌建设专项资金，主要用于各辖区内的农产品品牌建设及组织企业、专业合作社、家庭农场的管理人员培训、参观、学习。

3. 建立考核奖励机制。将农产品品牌建设纳入各乡镇（街道）农村工作考核，对农产品品牌建设工作成效突出的乡镇（街道）及服务部门进行奖励；出台明确的奖励扶持措施，对获得农产品品牌创建称号的企业、专业合作社、家庭农场等生产主体予以奖励。

（三）强化农产品品牌建设的质量安全监管

首先，我市要加强农产品生产经营全过程的质量安全管理工作，生产操作上要让生产主体做到科学施肥用药，强化农业投入品监管，保护农业生态环境。其次，要继续加强农产品质量管理体系、农产品质量安全追溯体系、农产品检测体系的建设，着力健全“一证一码一网”的监管服务机制。最后，要规范农产品生产经营行为，有效打击各种唯利是图、破坏我市农产品品牌的行为，形成多部门联动的农产品品牌建设监管机制。

（四）加快培育打造我市农产品公共品牌

鉴于我市农产品品牌小而不精，多而不强的局面，我市应举全市之力抓重点，选择一部分品质相对较好、实力较强、认可度较高的农产品品牌进行重点扶持，推动行业内的兼并整合，重点打造农产品公共品牌。特别是对于杨梅、梨、葡萄、肉鸡等我市特色农产品，要重点关注、挖掘培育，使之能充分发挥规模效应，带动整个产业转型升级。

（五）强化品牌农业支撑能力建设

1. 大力发展农业产业化龙头企业。以优势特色农牧产品生产企业为重点，加大招商引资力度，尽快提升产业化龙头企业农产品的层次、规模和品质，夯实品牌建设基础。

2. 加强引导扶持，大力发展农村经济合作组织。逐步建立起覆盖生产、流通各环节的农村经济合作组织，迅速提高农民组织化程度，促进形成“企业＋合作组织＋基地＋农户”风险共担、利益共享的企农利益联结新机制，为标准化、规模化生产及品牌建设提供有力支撑。

3. 继续加快推进农业标准化、规模化生产，鼓励和支持生产主体积极申报“三品一标”，持续建成一批稳定、优质、标准统一的农产品生产基地。

42

桐乡市绿色食品发展现状及对策思考

孙月芳
（桐乡市农业经济局）

食品安全越来越受到全社会普遍关注。发展绿色食品生产，既符合农业供给侧结构性改革的要求，也是满足广大消费者安全消费的主导潮流。经过十多年的发展，我国绿色食品事业已奠定了良好的发展基础，生产规模、产品供给、消费市场均有了长足发展。绿色食品标准建设已成体系，标志管理已步入规范；绿色食品产业发展已初具规模，市场开发进展迅速；绿色食品宣传效果日益明显，事业整体形象基本树立。分析目前的发展现状，发展的可持续性、体系的均衡性、消费的引领性等方面还存在一些不足，离高质量发展还有一定距离，摆在我们面前的任务依然非常艰巨。下面，结合桐乡市绿色食品发展情况做简要分析和探讨。

一、我市绿色食品发展现状

桐乡市绿色食品发展起始于20世纪90年代中期。多年来，在政府的大力推动下，强化产业政策联动，通过对新申报产品认定、续展等环节的资金补助，引导和支持生产主体发展绿色食品生产，取得了良好的发展成效。截至2017年末，全市有效期内绿色食品共有40个，涉及认定主体21家，产地规模1.92万亩。从认定品种看，主要涉及杭白菊、榨菜、茭白、稻米等，其中，杭白菊生产主体6家、产品14个，蔬菜生产主体10家、产品20个，水果生产主体3家、产品3个，粮食生产主体1家、产品2个。

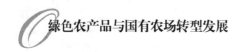

二、我市绿色食品发展存在的问题和制约因素

1. 产业结构不均衡。从产业大类上看，现有绿色食品认定产品均为种植业产品，畜禽类、水产类产品供给严重不足。从产品类型上看，产品类型不多，以杭白菊、榨菜为主，它们的占比达82.5%。从产业层次上看，绿色食品产品以初级农产品或初级加工产品为主，产品附加值低，加工链条短。由此可见，当前绿色食品发展存在结构性不均衡的问题，难以满足社会多元消费需求。

2. 产业规模仍然偏小。生产企业规模普遍不大，产业组织优势未能充分发挥。全市21家绿色食品生产主体中，生产规模1000亩以上只占33.3%，500亩以下占52.4%。生产规模的制约，导致绿色食品市场有效供给区域性、时段性不足，难以形成明显的规模效应。

3. 认定目录与生产实际有偏离。我国绿色食品认定实行品种目录清单管理，总体规模已达到1000多项，基本能满足生产需要。但就实际生产而言，认定目录与生产的不适应在某些产业上比较突出。特别是在蔬菜绿色食品生产上显得尤为突出。一方面，蔬菜生产基地往往年度种植品种较多，且年度间种植产品不稳定，而由此对应的蔬菜绿色食品认定则以黄瓜、芹菜等具体品种开展。因此，一般种植规模的蔬菜达不到认定规模要求，部分通过认定的主体由于年度种植结构调整而未能发挥应有效能。

4. 技术支撑体系较为薄弱。随着绿色食品品种日益丰富，加之各地生产条件又各不相同，适应绿色食品生产、并易于被农民广泛采用的高新技术仍较缺乏，特别是应用现代生物技术研制的绿色食品生产资料，如生物农药、生物肥料等相对短缺。同时，农业投入品市场规范化程度还有待进一步提升，切实为绿色食品生产提供安全的物质保障。

5. 市场环境有待提升。绿色食品专门营销网络尚未形成，绿色食品销售市场仍然局限于超市、专卖店，在销售卖场特定区域或专柜销售的还不多。一方面，由于产品市场投放不均衡，知晓度不高，难以满足部分消费者对绿色食品的需求。另一方面，绿色食品的价值难以充分体现，导致优质优价不显著，从而影响生产者的积极性。

三、绿色食品发展思考

1. 坚持产业导向。围绕现代农业“12335”行动计划，积极推进农业规模化、集约化经营，构建结构合理、规模适度、特色明显、优势互补的现代农业产业体系。突出抓好杭白菊、榨菜、茭白、蜜梨、湖羊等农业主导优势产业绿色食品发展，优先发展附加值高、产业聚集度高的种植业产品，提升杭白菊、加工蔬菜等产品加工深度，探索发展畜禽、精品水产绿色发展，促进产业发展方式转变和产业协调发展。

2. 坚持品牌导向。大力推进规模化、标准化生产，促进品牌产业融合，延伸产业链，提升价值链。进一步推进绿色食品品牌与桐乡农业区域公用品牌（如“桐乡杭白菊”“桐乡湖羊”“石门湾”“运北”等地方特色农产品品牌）、企业品牌（如“董家茭白”“华腾猪肉”等）的有机融合。通过各类品牌资源整合，构建品牌培育体系，提升品牌溢价效益，促进绿色食品持续发展。

3. 坚持市场导向。积极培育绿色食品市场，为绿色食品生产营造良好氛围。推进区域优质农产品推荐信息平台建设，建立优质品牌农产品与消费者的营销对接机制，畅通品牌农产品直供直销、线上线下等多元化销售渠道，进一步提升绿色食品等优质农产品市场知晓率和知名度。加大绿色食品质量安全管控，严格执行产品追溯和市场准入有机衔接机制，淘汰一批不合格农产品，营造优胜劣汰氛围，提升市场消费信心，提高绿色食品等优质农产品竞争力。

43

柯桥区“三品一标”建设发展情况

张美平
（柯桥区农林局）

一、发展现状

近年来，为切实适应经济新常态、构筑竞争新优势、推动发展新跨越，在浙江省农产品质量安全中心、绍兴市绿色食品办公室的指导和支持下，我区不断加强“三品”认定的工作力度。农业品牌建设工作是以产品认定为核心的系统工程，柯桥区农林局先后培育、申报、认定了一批无公害、绿色（有机）农产品基地和产品，在发展全区高效农业、提高农业效益、增加农民收入上做出了一定的成绩。据统计，全区用于品牌建设的财政补助资金累计已达400余万元，我区现有无公害农产品产地整体认定基地1个，有效期内无公害农产品41个、产地42个，绿色食品14个，同康竹笋、绍兴兰花、平水日铸茶3个地理标志农产品，全区“三品”面积累计达10.2万余亩。食用农产品中“三品”比例连续三年达到55%以上。“会稽山”牌黄酒、“润露”牌蜂蜜、“会稽”牌龙井茶等被评为名牌产品；“山娃子”牌香榧、“同康”牌四季笋等一批绿色食品也具有一定的知名度。

二、发展目标

品牌是给农业生产经营者带来溢价、产生增值的一种无形资产。柯桥区农林局始终将绿色发展、品质发展摆在核心位置，以提质增效为中心，大力推进农业产业化经营，促进农业上下游产业、前后环节相连接，通过农地流转、农业设施补贴，积极发展适度规模经营；按照“产地安全化、生产程式化、产品标识化”要求，加快发展品牌化经营，大力推行无公害农产品、绿色食品认定，因地制宜开展地理标志农产品申报工作。2018年，全区新增无公害农产品5个、绿色食品2个。加强证后监管，以规范标志使用、规范生产主体内部质量管理为重点，加强对获证生产主体的指导和监管；组织开展无公害农产品标志使用专项检查和绿色食品市场检查活动，依法查处检查中发现的问题。

三、存在问题

1. 绿色食品续展率偏低。2009年，我县有绿色食品27个，而2017年底绿色食品只有14个。农业生产经营主体的品牌意识不强，也有农业生产主体因年费缴纳、证书下发等程序不明确，信息不流通而错过续展期限。

2. 品牌农产品监管还存在薄弱环节。监管人员均存在人员结构老化及流动频繁的问题，以至于对认定的农业生产经营主体的监管不能做到及时、全面，导致监管不到位。

3. 基地规模较小，带动效应不明显。特别是在龙头企业带动下的种植、养殖等产业大发展的局面没有形成，品牌农产品产业规模效益发挥不够，大部分产品附加值不高，体现不了品牌农产品的优质优价，致使辐射带动功能和市场开拓能力受到一定影响。

4. 品牌建设产业结构不尽合理。在品牌认定中种植业，特别是茶叶的比重较大，对养殖业的绿色食品认定少之又少。

5. 生产基地综合生产能力有待进一步提高。由于我区农业生产经营主体以微小规模为主，大部分基地基础设施建设相对滞后，机械化水平也较低，高水平、高标准的技术优势不明显。

四、发展方向

1. 健全监管体系，强化监管工作。重点抓好四项管理。①质量管理。完善质量检测体系，形成自检、抽检、年检互相衔接、互为补充的产品监测体系。②农资市场管理。推行农资市场准入制度，加快高毒、高残留农业投入品禁用、限用和淘汰进程。③企业管理。积极配合国家、省、市的企业年检、产品抽检，监督企业提高产品质量。④信用管理。要引导企业以诚信、信用第一为经营理念，自觉按标准生产，信守质量承诺，及时缴纳费用，构建以企业信誉、产品品牌、信用记录、失信惩罚为重点的品牌农产品市场运行信用基础。

2. 提高种植基地标准，扩大生产规模。基地是支撑品质农业的基础。要严格执行“三品一标”认定操作规程，依靠科技进步，推进生产标准化，提高基地标准。要突出本地优势和特色，建设大规模、高标准品牌农产品生产基地，把特色产业做大，形成规模；把优势产业做强，实现效益最大化。

3. 提升优质农产品品牌效应。①加大宣传力度。宣传“三品一标”是安全优质食品的标志，增加其市场认知度及在全社会的影响力，给“三品一标”使用者带来效益。②引导企业建立销售网络。引导帮助企业，通过各大农产品销售展示平台，吸引省内外客商，提高“三产一标”产品的市场占有率。③搭建贸易平台。要通过农业信息网，建立优质农产品发布平台，为企业提供市场信息，开展网上推荐、网上洽谈。

4. 进一步加大政策扶持力度。要把农业发展资金，包括农业产业化、畜牧业发展、科技培训、劳动力转移资金有重点地向农业品牌建设倾斜；积极向国家绿色食品发展中心建议：适当降低绿色食品环境检测费及标志使用年费，降低企业入门成本，吸引更多的企业申报绿色食品。

44

精雕细琢严把关　助推乡村振兴出精品

——诸暨市无公害农产品、绿色食品认定综述

斯伟峰　寿国光　章伟苹　陈　瑶

（诸暨市农业局）

诸暨是越国古都、西施故里，区域面积2311平方千米，现辖27个乡镇（街道），常住人口150万人。诸暨也是传统的农业大市，耕地面积64.37万亩，香榧产量占全国的60%，茶叶产量全省第二，一直是浙江省粮油、畜牧、果蔬等生产大市，2017年农业总产值79.05亿元，素有“诸暨湖田熟、天下一餐粥”之美誉。诸暨有良好的无公害农产品、绿色食品认定的产业基础和品牌需求。截至2018年6月，全市拥有无公害农产品151个，粮食生产功能区无公害产地整体认定11个；绿色食品31个，认定总面积2.32万公顷，认定产品数占绍兴市的28.3%。在2016年浙江省农业现代化评价中，诸暨市主要食用农产品中“三品”的比重位居全省各县（市、区）第一位。

一、多措并举，提高产品认定质量

（一）先行摸底，重点支持优秀主体

每年组织无公害农产品、绿色食品认定意向调查，主要调查主体注册登记，主导品种与规模、成长时间和认定意向等信息。坚持在乡镇（街道）摸排推

荐基础上，选择主观能动性强、质量安全措施实、品牌意识浓厚的符合条件的主体，针对性开展产品认定指导，做到既尊重主体自主申报认定的权利，又突出服务培训的重点。2016年，在76家推荐主体中择优选择21家基地的22个产品；2017年，在65家推荐主体中择优选择20家基地的21个产品；2018年，在62家推荐主体中择优选择20家基地的21个产品。对它们逐一开展针对性指导。近三年取得认定产品的平均规模上升到189亩、年产量超过156吨，较之前全部认定产品平均规模113亩、年产量103吨提高了67%和51%；平均1家主体拥有认定产品1.2个，努力提高认定产品的主体普及面。除有2家主体因环境检测不合格外，重点指导的生产主体全部提交了产品认定申报材料，并且100%通过认定，工作成效非常明显。

（二）政策扶持，强化主体内部管理

坚持政府引导、鼓励主体开展无公害农产品、绿色食品认定。多年来保持对获证产品的奖励政策，对新取得无公害农产品认定的每个产品奖励2万元，对绿色食品认定的每个产品奖励3万元，对完成绿色食品续展的每个产品奖励1万元。强调资金奖励是对主体更加强化内部管理、注重质量安全行为的支持，明确应该有先行投入而后给予资金奖补的因果关系。要求主体在申报过程中自行制作或选用统一制备的制度文本，建立“三上墙、两规范”制度。督促主体全面建立生产档案，开展农产品检测，改善投入品存放条件并规范管理、使用。拨给奖励资金前，对主体生产管理情况进行一次督查，督促主体认真履行质量安全责任。在督查中曾发现1家主体不再种植认定产品，1家主体在上级部门组织的抽检中检测结果不合格，从而取消了它们的奖励资金。

（三）政策联动，增强主体持证自觉性

细化农产品质量安全“一岗双责”责任，确立无公害农产品、绿色食品在农业产业发展中的重要位置。把取得无公害农产品、绿色食品证书明确为农业龙头企业、示范性农民专业合作社和示范性性家庭农场申报评定的基本条件；优先在无公害农产品、绿色食品基地中选择农业产业发展贮备项目的对象；开展主体信用等级评定，把无公害农产品、绿色食品认定列为重要的加分项；将

取得无公害农产品、绿色食品证书设定为农业名牌农产品等品牌评选的资格条件，从而推进生产经营主体长期持有无公害农产品、绿色食品证书的自觉性。政策联动机制实施三年，成效逐渐显现：2017年无公害农产品复查换证率达到77.6%，2018年上半年达到81.5%，较2016年的64.1%、2015年的62.9%有明显提高；同时，绿色食品续展率为100%。

（四）优化服务，满足主体认定需要

我局质监科专门安排一名负责人分管无公害农产品、绿色食品认定工作，建立"二检查、二培训、二检测"制度。"二检查"就是在确定重点指导对象前对摸底报名单中的意向主体进行一次现场检查，评价其真实的管理水平，当主体提交申报材料后，再进行现场检查，评价主体状况与认定要求的符合性；"二培训"就是在重点指导对象确定后，对主体负责人进行集中培训，确定认定信息，明确认定流程，讲明扶持政策及认定风险等内容，并组织参加内检员培训；"二检测"就是统一对接组织申报认定基地的环境检测，应季开展认定农产品抽样送检。对无公害农产品、绿色食品的复查换证与续展，要求检查员对主体负责人做到"打通一个电话，留下一条短信"。打通电话是提醒当事人应该换证了，了解当事人的换证意愿与存在的问题；针对换证意愿模棱两可、缺少主动性的当事人，要再留下一条提醒其换证的短信，做到预告到位。负责认定工作的检查员努力做到精湛业务、把握重点、不厌其烦、静心服务，全力满足当事人的认定要求。

二、认清问题，做到趋利避害

（一）农产品生产主体存续时间短

农产品生产主体存续时间相对不长，主要原因有：生产经营不善导致主体无法持续；城市郊区与集镇周边区域的生产基地被征用而缺失了种养基地；生态治理不达标，如畜禽养殖企业被要求停业转产等。诸暨市于2005年之前取得无公害农产品认定的15家主体，现在持证有效的农产品仅有7个，其中有6家主体已不复存在，2家主体调整了种养结构。所以，选择优质的农产品生产主

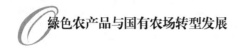

体开展认定，是提高认定工作成效的基础环节。

（二）个别产业结构调整快

特别如蔬菜产业，诸暨市自开展无公害农产品认定以来，共有17家主体的23个蔬菜产品取得了认定证书，但到2017年底保持有效的证书仅有11个，总体有效率只有47.8%。合理选择认定农产品，尽量避免种植作物种类改变，也是提高认定效率的有力措施。

三、从严监管，规范主体持证质量

认真贯彻落实无公害农产品、绿色食品认定管理“稍有不合，坚决不批；发现问题，坚决出局”的工作原则。每年对认定产品的检测做到全覆盖。2016年，因检测不合格，对2个产品不予绿色食品续展申报。加强市场监察，对伪造、冒用、超范围、过期使用无公害农产品、绿色食品标志的行为依法予以查处。多次组织开展“三品一标”提质专项行动，2016年以来，每年都发现存在个别主体不按规范使用无公害农产品、绿色食品标志的情形，严肃处理并如实向上级部门报告，有效地维护了无公害农产品、绿色食品的公信力。

至2017年底，诸暨市农产品生产经营者获得诸暨市级以上名牌产品、浙江名牌农产品等56个，涉及食用农产品的37个，全部取得无公害农产品或绿色食品证书。2016年以来，参加国内外展会30余次，有25个农产品获得金奖，其中有24个为无公害农产品或绿色食品。2017年，本地30余家生产主体与雄风集团、一百集团等当地连锁超市签订合作协议，它们全部为无公害农产品或绿色食品生产基地。浙江浙农茂阳农产品配送有限公司、浙江诸暨永宁弟兄农产品配送有限公司等4家企业进入绍兴市学校大宗食品统一配送企业名单，都建有自己的无公害农产品生产基地。无公害农产品、绿色食品是现代农业发展中的精品，满足了新时代人民群众对优质安全农产品的需求，为诸暨市的乡村振兴发挥了积极而有力的作用。

45

多措并举　全面推动“三品一标”发展

徐伟荣

（嵊州市农林局）

“三品一标”是政府主导优质安全的农产品公共品牌，是我国农业现代化的重要组成部分，是农产品由原来的数量规模向质量效益转型的重要内容，促使农业朝着质量兴农、绿色兴农、品牌强农的方向发展，使农民获得幸福感。

农业是我们赖以生存的基础，随着经济社会的快速发展，人们的物质生活水平有了全面提升，需求由原先的吃得饱向吃得好转变，需要吃到安全健康优质的农产品。为此，大力推行“三品一标”制度，是当前的一项重要工作任务，是满足人们日益增长的物质生活需求的一项重大举措。

一、“三品一标”的发展现状

1. “三品一标”产品数量不断增加。近几年来，我市通过巡村培训、农民信箱、四进四出（学校、社区、基地、市场）等多种形式，普及“三品一标”知识，人们申报“三品一标”的积极性高涨。到2017年底，我市有“三品一标”产品190个。其中，种植业无公害农产品102个，占53.6%；绿色食品24个，占12.6%；有机食品64个，占33.6%：基本实现各类农产品全覆盖。同时，“嵊州香榧”已经获得农产品地理标志。

2. “三品一标”产品质量不断提升。民以食为先，食以安为先，农产品质量是家庭农场、农业企业、合作社以及规模户能持续发展的动力。我市深入贯彻落实质量兴农、绿色兴农、品牌强农的要求,强化对“三品一标”生产主体事前事中事后的监管,全方位管控好质量安全关。同时,在全市范围内大力推广茶榧套种、榧稻套种、果园套种鼠茅草等生态化种植模式,推广应用二化螟性诱剂和杀虫灯等绿色防控技术,极大控制害虫基数,种植显花植物、栖境植物保护天敌,从而减少化学农药使用次数,减少农业污染,确保“三品一标”农产品质量。

3. “三品一标”基地规模不断增加。近年来,生产主体的申报认定积极性有了显著提升,认定规模也在不断增加。截至2017年底,无公害农产品认定面积为24.5534万亩,其中,无公害农产品产地整地认定面积20.6396万亩;绿色食品认定面积1.1202万亩;有机农产品认证面积1.0867万亩。产品种类多样,基本覆盖各类大众农产品。

二、“三品一标”存在的问题

总的来看,我市绿色农业发展势头良好,但还存在着一些不容忽视的问题。

1. 认识不到位。个别生产主体申报“三品一标”,并不是为了打响自己的品牌,而是为了政府的政策补贴。对“三品一标”的意义认识程度不够高,盲目跟从。

2. 作用不明显。认定过“三品一标”的生产主体,没有充分利用电视、电商平台、举办采摘游活动等宣传媒介方式,加上生产主体偏老龄化,对互联网宣传基本没有概念,仍旧采用传统的销售模式,导致有没有加贴“三品一标”标志销售价格都差不多,“三品一标”没有起到实实在在的效果。

3. 意识不够强。在少数农产品生产主体的思想中,申报“三品一标”无非就是在产品包装上加了一个品牌,没有真正认识到在实施农业标准化管理的过程中有助于提升农产品品质这一实质性的内涵,在生产过程当中片面追求量的扩大,而忽略了内在品质的提升,极大程度上制约了“三品一标”的发展。

4. 管理不规范。“三品一标”是农业标准化的一种方式，但是少数的“三品一标”生产主体还是没有按照生产标准规范管理和生产，基地环境脏、乱、差现象时有发生，在投入品仓库仍然能发现过期农药，管理意识太淡薄，严重制约了“三品一标”产业的健康发展。

5. 延期不及时。农产品质量认定，主要分为无公害农产品、绿色食品、有机食品以及农产品地理标志。无公害农产品、绿色食品证书有效期为三年，有机食品证书有效期为一年。而部分农产品生产主体觉得认定“三品一标”没有给自己带来实实在在的效益，思想上麻痹大意、无所谓，导致证书过期而作废。

6. 投入不充分。“三品一标”的认定需要一定的资金投入，包括产地产品检测、资料整理费用等。无公害农产品认定至少需要5000元，而申报绿色食品至少需要15000元，受传统思想、资金紧张等影响，加上对申报流程不熟悉，申请主体主观上和客观上都不太想申报“三品一标”。

三、“三品一标”的发展对策

为大力推行农业绿色健康可持续发展，优化农业供给侧结构性改革，多措并举，全面落实“三品一标”工作。

1. 突出“三品一标”的重要性。“三品一标”是国家提升农产品质量安全水平的重大举措，更是国家为民办实事的一项惠民工程。为不断加强公众对发展“三品一标”重要性的认识，各级党委、政府频频出台相关政策性文件，大力扶持“三品一标”健康发展，强化产前、产中、产后监管。同时组织举办的茶业博览会、农业博览会等农产品展示展销会，必须要认定过“三品一标”的生产单位才能参加。实践证明，“三品一标”对农业绿色健康发展的作用不可替代。

2. 加大组织领导力度。要高度重视“三品一标”工作，把“三品一标”工作纳入重要议事日程，作为优化农业结构的重要战略措施，加强领导，精心组织，狠抓落实。组织建立一支业务过硬的“三品一标”管理队伍，建立健全“三品一标”管理体系，专人专岗。加强对认定主体的技术培训和理论培训，不断提升“三品一标”的公信度，以“三品一标”为抓手，引领农业绿色健康发展。

3. 加强舆论宣传引导。充分利用各大媒介大力宣传“三品一标”的重要性，强调“三品一标”生产主体产品入市免检。对做得好的“三品一标”生产主体，要加大宣传力度，提高公众的关注度和认知度，让其起到引领作用。有条件的生产主体，要积极开展农产品休闲采摘游活动，利用各种媒介工具，大力宣传产品的品质，提升产品的影响力和关注度。制作各种宣传画册和“三品一标”手册，不定期在学校、企业、超市等人员密集的场所进行宣传，提高公众对“三品一标”的认识。

4. 完善政策联动机制。完善“三品一标”政策联动机制，制定有效的配套措施。凡取得“三品一标”认定的生产主体享有评奖评优、项目申报等政策扶持优先权；未认定“三品一标”的生产主体不得参加省、市以及当地政府组织的各类展会和农产品擂台赛。建立健全“三品一标”政策，与黑名单制度相互衔接，强化政策联动，加强监督管理，落实主体责任，进一步规范“三品一标”生产主体的行为。

5. 加大联动打击力度。加强部门之间的交流合作，建立健全信息共享机制，逐步打破各部门之间信息不畅通的瓶颈。强化多部门协调开展联合执法打击力度，提高农业违法成本，严厉查处和打击假冒“三品一标”产品等违法违规行为。

6. 加大市场开拓力度。加大我市桃形李等独具特色的名特优农产品宣传力度，提升产品知名度。依托“三品一标”主导产业，实施品牌战略，发展区域特色品牌，从而确立在市场竞争中的优势地位。加强“三品一标”的信息化建设，加强市场预测，根据市场需求组织生产，在生产者、经营者、消费者之间架起一条信息通道。

46

发展"三品一标" 助推农业绿色发展

潘明正

(浦江县农产品质量安全中心)

浦江县域内"七山一水二分田"的地貌和得天独厚的盆地、山区等自然条件,形成丰富的农业资源,使浦江以"三品一标"为主的精品特色农业得以发展。近年来,浦江因地制宜大力发展绿色农业,形成了葡萄、香榧、山地蔬菜、猕猴桃、大樱桃、生猪等特色优势产业。

一、我县"三品一标"工作成效

浦江全面推进"三品一标"工作,以"政府推动、市场引导、企业运作、社会参与"为工作原则,紧紧围绕"绿水青山就是金山银山"的战略目标,创新工作机制,狠抓工作落实,农业绿色发展取得了明显成效。

1. 产地环境更加优化。我县自2003年启动无公害农产品认定以来,先后认定"三品一标"基地10万多亩,极大推进了土壤污染治理、农药包装废弃物回收处置、畜牧业转型升级。2017年,农药包装物回收20.9吨,回收率、处置率分别达91.3%和100%,秸秆综合利用率达94.06%。美丽牧场建设全面完成,种养结合的生态化标准养殖模式得到大力发展。

2. 技术水平不断提升。随着水果、蔬菜、茶叶、畜禽产品等农产品认定面积不断扩大,农户技术水平不断提高,农药、化肥双双减量,2017年实现化肥减量70吨、化学农药减量3.1吨。浦江主要农产品全部建立了地方标准,农产品标准化水平不断提升,2017年,农作物种植标准化率达到65.8%,畜产品标准化率达到78.7%。

3. 品牌优势更加明显。2018年,有效期内无公害农产品认定企业30家、面积42456亩;取得绿色食品证书企业11家、面积5600亩;有机食品面积523亩。"三品一标"的发展极大地强化了浦江农产品品牌影响力,推进了商标注册,至此,全县拥有农业商标500多个、省著名商标7个、省名牌产品7个。

4. 农产品质量安全水平提升。通过"三品一标"工作的有序推进,全面提升全县农产品质量安全水平。我县已连续四年在省、市农产品质量安全抽检中合格率都达到100%;县级抽检数量也逐年提高,2017年县级共监督抽检416批次,检测参数与省级抽检相同,合格率达到99.3%,比2015年高0.8%。自开展"三品一标"认定以来,"三品一标"企业生产的产品检测合格率均达到100%。

二、制约我县农业绿色发展的主要原因

近年来,我县企业参与"三品一标"认定积极性不高,"三品一标"产业发展较慢,有机农产品从高峰期的13个到现在的3个;绿色食品基地认定规模和产品认定数量呈现下降趋势,2015年绿色食品生产基地13个、面积0.86万亩,2017年已萎缩到生产基地11个、面积0.56万亩;无公害农产品认定也是多年徘徊不前,仅在2017年利用葡萄品控基地建设机会有了很大发展。为此,我们深入企业和生产基地进行调查分析,其原因主要有:

(一)对"三品一标"产业的认识有待提高

通过调查走访,我们感到社会上各个层面对"三品一标"产业的认识都不同程度地存在一些问题。从乡镇领导层面看,对"三品一标"产业重要性的认识不一致。认识好的地方,确实把这项工作纳入了重要议事日程,认真去抓,也取得了明显效果。多数领导对这项工作还缺乏足够的认识,还没有真正认识到抓质量、抓认定、抓品牌对振兴农村经济、提高农民收入、发展现代农业的

重要性，工作上仍然按原有的思维，没有把这项工作纳入重要日程。从生产层面看，部分规模主体负责人对绿色食品、无公害农产品认定存有偏见，认为自己的产品好、销路好、效益好，认不认定没有啥用。一些小型规模主体认为绿色食品好是好，但认定费用较高而且认定程序比较烦琐，只好放弃。从消费者层面看，生活条件好的家庭认为“三品一标”安全无污染，愿意购买。但多数人认为价钱太高，吃绿色食品性价比不高。还有些人认为，现在造假售假的太多，是不是真的绿色食品谁也说不准。这些现象的产生，已经影响到“三品一标”产业的发展和消费市场的扩大。

（二）认定费用高

2012年以来，“三品”认定标准越来越严，相关费用和准入门槛越来越高。申报有机食品认证费用需3万元左右，有效期为1年；申报绿色食品认定费用需2.5万元左右，每3年一次续展；申报无公害农产品认定费用需10000元左右，每3年一次复查换证。我县农产品生产企业多数经营规模较小，附加值低，效益不明显，为此，申报“三品”的积极性不高，主动性不强。

（三）扶持政策和资金投入不足

我县确认的县级以上规模主体多数已成为“三品一标”企业，如浙江金氏农业发展有限公司、浦江葛老头农业发展有限公司等，发挥了比较强的辐射带动作用，带动了当地农村经济的发展。但是我县多数农产品生产主体规模还较小，效益一般，即使想通过产品认定来开拓市场、提升企业和品牌知名度，也会由于受资金限制，心有余而力不足。目前，我县制定了一些扶持政策，鼓励生产主体申报。但由于资金紧缺，绿色食品扶持经费不足以支付认定所需费用，与发达县(市、区)相比还有很大差距，生产主体缺乏提升改造的积极性。

（四）对标志使用和产品质量监管不到位

管理机构对“三品一标”的跟踪监测、检查与后续管理服务力度不够，存在重申报、轻监管现象，严重制约农产品品牌的发展。按照法律法规和部门规章，获得无公害农产品、绿色食品和农产品地理标志的，在生产环节由农业部门监管，在流通环节则由市场监管部门监管；有机产品不论是生产环节，还是流通环节，都是由市场监管部门监管。现在有机产品认证不少，但认证后的监管很不到位，部分企业存在着用标不规范、超范围使用和假冒等现象，很大程度上影响了整个品牌的公信力。

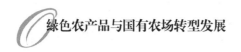

（五）对“三品一标”生产主体的服务能力不足

农业从业人员总体文化素质较低，“三品”标准的执行、申报材料的完成、市场宣传等工作难度很大，很难完全由其自行完成。现在绿色食品申报主要由金华市绿色食品办公室（以下简称市绿办）受理，多数环节要通过市绿办完成。随着绿色食品认定数量的增加，市绿办很难完成现在的认定任务。管理机构人手有限，服务能力不足，迫切需要一支乡镇农技服务队伍对“三品一标”生产主体进行技术指导。

三、加快我县农业绿色发展的对策与措施

根据我县实际情况，为了加快“三品一标”认定工作，推动农业绿色发展，在今后工作中应采取以下措施。

（一）制订发展规划，突出发展绿色食品

针对浦江地少人稠、经济较发达的特点，全力提升绿色农业，高定位、高标准，全力发展高附加值的特色农产品，让浦江农业站在未来农业制高点，主攻中高端农产品市场，对主导产业如葡萄、茶叶等产品全部按照国家绿色食品标准生产，不再认定无公害农产品；对新发展的农业产业可先以无公害农产品认定为起点，逐步过渡到绿色食品，有条件的企业可申报有机食品。

（二）加快环境治理，打好绿色产业基础

环境治理既要抓工业面源污染整治，也要做好农业面源污染治理。要结合乡村振兴，加快美丽田园和美丽牧场建设，清除耕地上的各类生产、生活污染物，还田野一片清白。

（三）提高组织化程度，增强技术管理水平

培育农业龙头企业、示范性农民专业合作社，提高组织化程度。针对合作社向心力弱、经济薄弱等现状，要加强引导，将其作为民主文明建设内容之一，

用民主方式改变组织结构，吸引有文化的年轻人加入，提高技术水平、管理水平，让绿色理念武装农业管理人员，让合作社成为“三品”生产主力，带动农户绿色生产。

（四）强化组织保障，培育“三品一标”管理服务人才

建议将绿色食品受理权限下放，以县级为受理单位，绿色食品和无公害农产品受理单位合二为一。同时加快人才培养，以县、乡镇、企业农业技术人员为重点，培育会技术、懂管理、能营销的专业人才，保证绿色生产所需技术力量。加强农技人员“三品一标”知识的培训，争取每个乡镇至少配备1名“三品一标”协管员，负责各乡镇农业生产主体的服务工作，加强对辖区内“三品一标”主体管理。

（五）拓展宣传渠道，培育优质农产品消费市场

加大宣传投入，进一步加强“三品一标”宣传与营销，提升认定产品的品牌形象，以品牌引领生产，以信誉促进消费。推进产销对接、商贸交流，提升“三品一标”品牌的市场竞争力。充分利用我县公共信息平台，宣传“三品”知识，及时发布“三品一标”生产、消费、贸易、认定等信息，培育消费市场，通过品牌整合，将优质产品做大、做强、做出地域特色。

（六）强化证后监管，维护和提升品牌公信力

以保证产品质量、规范用标、查处假冒伪劣等为监管重点，全面落实企业年检、标志市场监察、例行监测、内检员培训、风险预警、退出公告等制度，加强证后监管长效机制建设。加强对生产主体管理，严格落实主体责任，进一步督促落实无公害农产品、绿色食品和有机食品企业等生产主体内部管理制度，推进监管工作程序化、制度化、规范化。强化淘汰退出机制，对年检不合格企业、抽检不合格产品，坚决取消标志使用权；发现假冒产品，坚决依法查处，切实维护好品牌公信力。同时加强与市场监管部门的协作，联合打击假冒“三品”行为。

47

勇立改革潮头　坚持国有属性
探索“一业主导、三产融合发展”之路

楼光明

（浦江县良种场）

浦江县良种场长期担负着农作物新品种引进、繁育、展示、推广、技术服务以及国有资产的管理、经营等职能。近年来，紧紧围绕“改革、进取、创新、发展”这个永恒的主题，坚持国有属性，明确职能定位，确立发展理念，注重资源整合，服务现代农业，形成了特有的企业文化，在管理经营模式上探索“一业主导、三产融合发展”之路，改革取得了阶段性成果，对新品种审定、农业增效、农民增收和国有资产增值发挥了重大作用。先后获得浙江省农作物品种区试工作先进单位、浙江省企业文化建设示范单位、金华市文明单位、金华市卫生先进单位、金华市先进女职工集体等荣誉，仙华农贸市场成为浦江县首家浙江省“四星”级市场。

一、勇立改革潮头，探索管理经营新路子

农场党政班子深知在改革大潮中进则胜、退则败的哲理，坚持以邓小平理论、“三个代表”重要思想和科学发展观为指导，认真学习贯彻习近平总书记的系列讲话精神，勇立潮头，打开视野，走在前列，干在实处，决心继承和发扬老

一辈农场人的艰苦奋斗精神，探索出国有农场管理经营的新路子。

长期以来，农场同省内其他国有农场一样，占据着一方阵地，管理着有限的国有资产，经营着划拨的国有土地，从事着粮食和经济作物的良种繁育、推广事业，管理单调，经营单一，并受条条框框指令的约束，缺乏自身造血功能和发展活力，过着半死不活的日子。特别是随着浦江县域经济、社会的快速发展，城市建设日新月异，原处城郊的农场成为城市中心，土地逐年由政府收回，农场面临“转业”，员工面临“失业”。在“转业”“失业”面前，是甘受“转业”之痛、“失业”之苦，还是勇立潮头、乘风破浪、闯出一片新天地？农场党政领导班子果断地选择了后者，即从改革陈旧的管理经营模式入手，打破瓶颈制约，挖掘潜在能力，调动员工的积极性和正能量，坚定不移地朝着建立具有综合能力、整体实力、发展活力和鲜明特色的新型国有农场的改革目标努力。

二、着力资源整合，构建管理经营新模式

改革势在必行，但没有现成的先例可借鉴，靠的是发挥集体智慧，靠的是“摸着石头过河”的探索精神和“明知山有虎、偏向虎山行”的无畏勇气。通过自摸家底、自探虚实，提出从本场的实际出发、从资源整合入手、构建现代农场管理经营新体系的改革思路。在坚持功能定位不变的原则下，采取着力资源整合、创新管理经营体系等改革举措，做大做强国有农场经济。

1. 利用土地资源和环境优势，创办经济实体。1993年，报经浦江县政府批准创办仙华农贸市场。规划面积30亩，集农副产品批发、零售于一体，全额投资569万元，并列入当年浦江县十大重点建设项目，于1994年建成投入营运，成为浦江县城区第二大市场；2011年，报经浦江县政府批准，与浦江县市场服务中心合作，共同投资组建浦江县仙华农贸市场有限公司，注册资金1000万元，属国有独资企业，良种场占49%的股份，合作期限至2026年；按照浙江省政府的相关规定，经浦江县政府批准，于2016年启动仙华农贸市场提升改造，按新型市场规范要求，市场扩容至80000平方米，其中，交易区48000平方米、停车场32000平方米，总投资1200万元，于2017年7月完成并投入运行。

仙华农贸市场提升改造后，业态分区、追溯体系、设施设备和监管措施都按现代化高标准建设，达到卫生、舒适、便利、安全要求。

2. 利用优质农产品和品牌管理职能的优势，建立浦江县优质农产品公共品牌经营管理有限公司。公司于2017年6月建立后，为浦江县农产品创优质、创品牌和提升国内外的知名度、品牌效应搭建平台，既发挥优质农产品品牌管理的优势，又帮助农业经营户增强品牌意识，注重创名牌、增效益。打造一个区域公共农产品品牌，使浦江县农产品价值有高度、形象有准度、产品有长度、营销有广度、产业有宽度。

3. 利用农场的国有属性和服务优势，建立浦江县集体经济投资发展有限公司。公司于2017年建立后，以发展壮大农村集体经济、增强村级集体经济造血功能为己任，互惠互利，共享改革发展的红利。从公司运作情况看，对保障村级组织的正常运转、促进和谐稳定发挥积极的作用，对资源禀赋差又无脱贫有效措施的集体经济空壳村起到“输血”作用。收购仙华农贸市场服务中心51%的股份，使市场优质资产掌控在农场手中，并成为浦江县“消薄”工作托底项目。

改革中，农场着力资源整合，从创办一家实体经济——仙华农贸市场，到建立两家服务公司，体现了党政领导班子敢于勇立改革潮头的勇气，准确把握改革节奏和力度的举措，为国有农场改革迈出了坚定的一步，也为今后深化改革积累了丰富的经验。

三、明确职能定位，竭尽全力为“三农”服务

国有农场是农业科学技术试验推广的先锋，是农业供给侧改革的助推器，是农民依靠良种良法实现增收的重要途径。浦江县良种场将自身的职能明确定位在为“三农”服务上，不忘初心，继续承担着省农作物新品种引进区试、展示及推广等服务职能，每年引进品种达200余个，展示、示范品种20余个，为全省新品种审定提供了科学依据，也为我县引进推广新品种提供一个“可看、可学、可比”的样板，并取得较好的经济社会效益。

1995年前，农场依托自有400余亩土地，以农技干部＋技术工人的模式，开展粮食和经济作物良种繁育、推广技术服务。1996年后，基地的国有划拨土地逐年由政府收回，作城市建设用地，时至2000年土地基本被收回，成为“失地农场”。在“失地”面前，农场另辟蹊径，租赁城郊农民土地35亩，继续从事以稻、麦为主的良种试验、筛选、展示、推广工作，2004年租赁农民的土地又被征用。农场又择优在岩头镇许村租赁农户70亩承包田，继而改为基地＋农户，由土地承包经营权的农户承接试验示范。自2015年起，农场又以粮食专业合作社作为技术合作伙伴，建立科技互动基地，从全县众多的粮食专业合作社中选择“农丰”“中村”两家，实行基地＋试验＋服务的运作模式，开展技术服务，基地面积扩大到270亩。每年还开展“好品种送大户”活动，让合作社感受到种粮有奔头，并带动周边农民种粮的积极性。

四、加强组织领导，突出支部的引领作用

切实加强组织领导，突出党支部在改革中的政治核心引领作用，坚持党建＋改革＋促发展的理念，要求党员干部以改革发展为己任，廉洁自律，风清气正，打造一支在改革中敢于冲锋陷阵的农场铁军。

在践行科学发展观与社会主义核心价值观、精神文明和道德建设、“两学一做”“创先争优”及立家训、守规矩等一系列活动中，针对党员干部的思想作风和工作实绩，找短板、抓整改，倡导以人为本、以场为家，廉洁勤政，诚实守信，遵纪守法，崇尚文明，勤俭持家，敬老爱幼，乐善好施，全场上下形成家风清、场风正、行为美、奉献多的政治氛围。特别是在“两学一做”实践教育学习中，党支部坚持以学促做、以学促改，要求党员干部带头严格遵守“六项禁令”“八个不准”，以“三个远离”为底线，以“四有”为镜子，忆革命传统，明贪欲之害，弃非分之想，洁身自好，干净做人，永不触及“高压线”，做合格的共产党员。同时，按照《党章》和《中国共产党纪律处分条例》，结合农场实际，制定《生产管理廉洁条款》，要求党员干部自觉履行，同时开辟投诉通道，欢迎社会广泛监督。

随着改革的深入，农场党支部坚持以党建促改革，把人事劳动、财务管理、经济运行、物业管理、科研和建设项目招投标、年度工作目标承诺等纳入班子集体决策和政务党务公开范畴，体现了作风民主和决策透明，增强了班子的号召力和凝聚力。

五、改善民生条件，让员工分享改革"红利"

改革使农场资源优势得以整合、产业结构得以调整、国有属性得以坚持、经济状况得以改善。国有资产总量由原来的几十万元增至目前的几千万元，农场充满了生机和活力。

说改革、道发展，国有农场的经济发展才是硬道理，员工收入待遇的整体提高才是试金石。农场党政班子认识到改革之所以能取得阶段性成果，除了党中央的决策好、国家的方针政策好以外，离不开地方政府和上级主管部门的支持，更离不开全体员工的齐心协力。因此，要让员工共享改革的成果，分享发展的"红利"，让员工对改革发展有成就感、获得感。因此，农场从基础设施入手，改善员工工作环境和居住条件，实施安居工程，员工住房面积户均达170平方米，建设美丽农场。同时，按现行政策给员工办理"五险一金"即劳动、医疗、失业、生育、工伤保险和住房公积金。舒适的工作环境、温馨的居住条件，稳定了队伍，凝聚了人心，增进了员工的优越感，激励了员工的积极性，彰显了国有农场的生命力。

综上所述，改革为农场注入了活力，带来了生机，改革为今后的发展奠定了扎实的基础。然而，改革尚需深化，发展存在短板，改革没有尽头，永远在路上，离上级对农场改革的总体要求尚有差距，没有最好，只有更好。

48

柯城区“三品一标”发展现状、问题及对策

朱　琨

（柯城区农业局）

近年来，柯城区农业局以推进农业供给侧结构性改革、做大做强优势特色产业为契机，着眼品牌创新，聚焦优质安全，大力推进“三品一标”培育，不断满足广大人民对优质农产品的需求。

一、我区“三品一标”发展现状

长期以来，我区严格认定审核，严把环境监测、产品检验和现场检查、材料审查等源头关，强化对重点环节和高风险认定产品的现场检查，确保认定产品质量；把加快发展绿色食品作为调结构、提水平的重点，推动认定产品结构优化，扩大精品规模。全区累计认定无公害农产品46个、绿色食品15个、有机农产品55个、农产品地理标志一个，“三品一标”比例达64.07%，位居全市前列。

二、存在问题

1. 农产品种植规模较小。我区除种植柑橘外，露天农产品种植面积大多仅为50亩左右，设施农产品栽培面积约为20亩，普遍存在短、小、散现象，严重制约了“三品一标”的发展；且多为夫妻、父子两人经营，很多农场面临土地流转困难等情况，无法扩大种植规模，制约“三品一标”农产品发展。

2. 人员素质有待提高。“三品一标”农产品生产要求农场主不仅具备一定的农业生产经验，而且懂知识、有文化、会经营，能够理解“三品一标”的内涵，能够制定质量管理措施和生产技术规程，能够组织人员按照规程开展生产，能够进行产品的包装和营销。我区符合上述条件要求的农场主非常少，大多数农场主年龄较大，文化水平较低，对“三品一标”的概念理解不足，也很难建立农场自身的文化，农场的发展较为松散，后劲不足。此外，目前农场具体操作农事活动的人员多为50岁以上的老农民，其生产观念传统，接受新事物的能力差，执行“三品一标”标准的意识弱，加大了农场的运营和管理难度。

3. “三品一标”工作人员不足。柯城区农业局将“三品一标”工作放在产业科，但产业科仅有3人，实际长期从事该项工作的仅为1人，且同时还要处理其他工作，无法将全部精力投入到“三品一标”工作中。

4. 种植地块标准不一。部分农场存在一两块“标准种植田”，这一两块地块严格按照“三品一标”要求种植，其他地块要求不高；农产品混种现象比较严重，不同农产品用药不一致。

5. “三品一标”品牌优势不明显。目前，我区虽然申报“三品一标”企业众多，但基本因申报项目、进入超市等有要求才被动申请。在农产品价格上没有很好地体现“三品一标”农产品的优势，农业企业积极性不高。

三、对策及建议

1. 加快土地流转，推进规模经营。根据相关文件要求，按照“依法、自愿、有偿”原则，引导农民以转包、出租、互换、转让、股份合作、托管等形式流转土地承包经营权，推进规模经营，扩大农场经营面积。

2. 提高从业人员素质水平。提高“三品一标”农产品生产从业人员素质水平应两手抓：一手抓经营主体负责人，另一手抓普通农民。经营主体负责人整体素质水平的提高：一方面，应加大“三品一标”农产品生产准入门槛，通过提供咨询等手段，向有意参与“三品一标”农产品生产的工商资本讲明农业生产的难处，劝退光有情怀，不知实情的工商资本，降低“三品一标”农产品生产经营失败率。另一方面，对有意从事“三品一标”农产品生产的本土农民经营者，应针对其生产经营的短板，通过多种手段提供更多的文化人才输入机会，并对其加大文化素养方面的培训，开拓其眼界，提升其品牌开拓的能力。普通农民素质水平的提高应从加大培训力度和健全管理制度两方面着手。要采用农民易懂的语言，对其进行“三品一标”农产品生产概念和相关标准的培训，并制定强有力的管理规范，转变其自由任意生产行为，强化其安全优质生产意识。

3. 增加“三品一标”工作人员。“三品一标”发展面临的形势和任务对工作人员的能力建设提出了更高的要求。一方面，积极向上级争取增加工作人员，并向工作人员提供各种学习机会，提升其业务水平。另一方面，在不得已出现人员变动时，应做好新老人员的交替衔接，并在平时注重新人培养，确保人员换岗工作不落下。

4. 加强日常监管。对每个正在申请和已取得证书的农场做好监管，严禁出现仅一块田符合要求、其他地块不符合的现象。同时做好日常抽检工作，将检测不合格的农产品移交农业行政执法大队处理。

5. 强化品牌宣传推荐。积极推荐品牌企业参加中国绿色食品博览会、中国农产品交易会、浙江农业博览会等各类展会和贸易推荐平台，推动品牌农产品长期稳步开拓国内外市场。同时，创新产业融合，拓展宣传模式，将农业产业与文化艺术、旅游体验相结合，探索农产品＋文化＋艺术＋旅游的产业融合新模式，着力打响柯城品牌。

49

衢江区绿色食品发展现状及对策

林燕清

（衢江区农业局）

衢江区地处北亚热带季风区，气候温和湿润，四季分明，光热充足，降雨充沛，年平均气温为17.2℃，年平均降雨量1620.7mm，年平均日照时数1713.2h。农业资源丰富，具备发展绿色食品的良好条件。近年来，我区从战略高度出发，围绕可持续发展和农民增收，狠抓绿色食品产业发展，绿色食品进入了全面加快发展的新时期，产品总量规模大幅度提高，制度优势、品牌优势和产品优势日益凸现，有力地推动了农业和农村经济的发展。

一、发展绿色食品的重要意义

（一）发展绿色食品是实现农业可持续发展的战略抉择

衢江区是一个农业大区，当前正处于由传统农业向现代农业转变的关键时期。大力发展绿色食品，是一项事关民众健康安全的民心事业，是提升农产品质量安全水平的主要抓手，是乡村振兴的重要内容，是促进经济社会可持续发展的战略决策。

（二）发展绿色食品是提高我区农业整体素质的重要举措

发展绿色食品，要求大力推进农业和农村经济结构的战略性调整，发展优质高产高效生态安全农业；要求加强农业生态环境建设与保护，健全农产品的质量标准和检验检测体系；要求加快农业科技进步和农业增长方式的转变，提高农业增长的质量和效益；要求发挥资源优势，推进区域化布局、专业化生产、产业化经营、社会化服务。所有这些必将给我区农业发展带来一场深刻的变革，加快农业现代化进程，增强农产品市场竞争力。

（三）发展绿色食品是促进农民增收的重要途径

我国全面实施农产品市场准入制度以来，农产品市场的“绿色”技术壁垒越来越高，要提升农产品竞争力就必须从农产品质量着手，同时实现农民收入的增长。发展绿色食品可以充分发挥土地、气候、生物和劳动力资源丰富的优势，拓展农民的就业空间和增收渠道。目前，市场对绿色食品等生态农产品需求强劲，绿色食品的价格远高于同类产品，农民可通过扩大绿色食品生产得到更多的收入。发展绿色食品要求科学、规范地使用现代投入品，可以有效地提高投入产出比例，使农民获得最佳的经济效益。

（四）发展绿色食品是促进农业可持续发展的重要手段

发展绿色食品，要求保护农业资源、减少污染、改善生态环境，这将有力地促进可持续发展战略的实施。可持续发展能力不断增强，生态环境得到改善，资源利用效率显著提高，促进人与自然的和谐，推动整个社会走上生产发展、生活富裕、生态良好的文明发展道路是绿色食品发展的理念。

二、绿色食品产业发展现状

近年来，我区围绕可持续发展和农民增收，狠抓绿色食品产业发展，取得了较好的成效。

（一）绿色食品工作出现良好势头

绿色食品申报认定，是规范生产、加工、流通行为，确保产品质量的重要措施，也是衡量一个地方农产品质量安全水平的具体、量化指标。尽管横向比较，我区的绿色食品工作与先进县（市、区）相比还有很大差距，但是纵向比较，近几年的发展还是有成效的，先后有7个产品获得了国家绿色食品标志使用许可确认，年产量近2000吨，产值达5000万元。

（二）推动了农业产业化开发

通过引导企业申报绿色食品，推行以技术和质量为核心的全程质量控制措施，扶持了一批优质农产品的生产龙头企业，培育了一批具有市场竞争力的名牌产品。同时，又通过品牌企业、龙头企业带动了农业产业化进程，促进了农产品的加工增值和农民的增收。

（三）促进了农民增收

绿色食品认定企业通过采取“公司＋基地＋农户”方式，带动了一批农民增收。每年通过订单农业，推广新品种、新技术，使基地农民增收近200万元。

绿色食品工作虽然取得了一些成效，但与新形势的要求还有较大差距，主要表现在：生产主体主动申报绿色食品和消费者优价购买优质产品等意识还不够强；现有获证产品主要为水果，而没有大米、植物油、畜产品、水产品等，结构严重不合理；绿色食品基地面积不大，产品数量不多，市场占有份额不够大，与农业大区的地位还很不相称，与全市绿色食品工作先进县（市、区）比较，产品数量和总量都有较大的差距。

三、加快发展绿色食品的主要措施

（一）切实加大绿色食品工作的领导和扶持力度

为做强做大优质农产品品牌，促进农业增效和农民增收，要把发展绿色食品作为提高农产品质量安全水平和实现农业现代化的主要措施来抓。要根据农业资源优势和农业产业结构现状制订发展规划、工作方案和出台优惠政策等，积极推动绿色食品产业的发展。要进一步加大投入力度，将绿色食品发展资金列入财政预算，建立激励机制，鼓励和引导生产主体积极申报绿色食品。

（二）切实抓好绿色食品基地建设

为加快绿色食品产业化进程，扩大绿色食品规模，提高绿色食品市场竞争力，各级政府要安排一定的专项资金，用于绿色食品基地建设，把建设高标准的绿色食品原料生产基地作为实施绿色食品发展战略的基础工程来抓。要根据资源优势、地方特色和优势产业带，对符合生产绿色食品环境的生产基地进行科学规划，认真组织实施，提供技术指导，引导企业特别是农业产业化龙头企业和优势产业带严格按照国家绿色食品标准进行生产，培育绿色食品生产基地。

（三）切实抓好绿色食品的申报工作

为适应现阶段农业和农村发展新形势的要求，务必着力抓好绿色食品申报工作，重点选择一批具备绿色食品生产条件的农业产业化龙头企业和示范性农民专业合作组织，按照绿色食品的规模要求进行组织生产，积极组织具有发展前景的企业申报绿色食品，力争做到成熟一个、发展一个、成功一个。

（四）加大绿色食品技术培训和推广应用力度

在发展绿色食品过程中，要把绿色食品的技术培训纳入农业培训计划，并安排一定的专项资金，加强绿色食品生产技术知识的培训，企业及基地生产者提高对发展绿色食品的重要性和紧迫性的认识，更好地掌握绿色食品内涵和技术标准，提高经营管理水平和内部质量控制能力。同时，要全面提升绿色食品管理部门的业务水平，精心指导生产主体制订绿色食品生产操作规程，确保技术措施到位、产品质量达标。

（五）大力扶持和引导农业产业化龙头企业发展绿色食品

农业产业化龙头企业是带动结构调整、实现农民增收的骨干力量，是优化农产品品种和品质结构、提高农产品质量安全的主力军。各级政府部门都要着重从以下几方面加以扶持和引导：①要指导具备条件的龙头企业，按照绿色食品的要求建立生产基地。②安排一定财政预算，积极支持企业通过技术改造向生产绿色食品和精深加工的方向延伸，培植一批质量品牌优、技术含量高、经济效益好、知名度大、竞争力强的绿色食品生产主体。③指导企业加强管理，标准化生产。重点抓好原料基地建设及其产品生产加工的规范管理，实行“环境—种养—收获—贮运—加工”的全程质量监督，建立严格的档案追溯制度。

（六）加大宣传力度，形成政府重视、社会关注和老百姓关心的社会氛围

绿色食品工作是政府大力推动、正在快速起步的新事业，目前广大农产品生产者和消费者对其重要性认识不够。因此，各地要加大对发展绿色食品重要性的宣传，重点宣传绿色食品的政策、法规、标准、标识和技术，形成上下联动、全社会关注的工作氛围，形成齐抓共管、狠抓落实、全面发展的新局面。

50

龙游县"三品一标"工作现状及对策

陈素芬

（龙游县农业局）

一、全县"三品一标"产业发展现状

龙游县充分利用当地优势资源，依托南部山区的生态优势，以及优质粮油、特色蔬菜、茶叶、环保养殖等主导产业，采取宣传引导、政策扶持、严格执法等方法，不断加大对"三品一标"农产品认定和监管力度，组织工作人员进行不同形式的培训和奔走在乡村田间地头指导，加强对农产品安全知识认知、传播、品牌维护等各项工作指导，引导企业和合作组织增强质量安全意识，把农产品质量安全放在第一位，以质量安全品牌化建设带动农业标准化、产业化生产。同时不断筛选发展潜力大、特色明显的农产品，引导企业、合作社开展"三品一标"认定，促其快速扩规模、提档次。目前，我县"三品一标"得到了有序、有效的发展，形成了良好的态势。近几年，在县政府的正确领导下，大力推进绿色有机农产品培育认定，提升农产品质量品牌效应，取得了明显成效。截至2018年7月31日，全县累计认定绿色食品17个产品（有效期内7个）、无公害农产品47个（有效期内23个）、有机食品58个（有效期内7个）、无公害农产品产地整体认定面积15500亩、地理标志农产品3个、浙江名牌农产品2个。

二、“三品一标”工作发展中面临的问题

1. 企业对“三品一标”重要性认识不足。通过调查了解，我县部分企业存在生产过程有关记录不全、不持续，违规使用农业投入品等问题；标志使用率不高，部分无公害农产品生产企业没有带标上市；企业在安全品牌打造方面投入明显不足。

2. 主动申报认定的企业少。“三品”认定对生产、加工等条件要求高，即使符合申报条件，有些企业还是不愿意申报“三品”认定。我县企业生产规模小，经济实力不强，生产和加工环节要求高，是造成我县“三品”发展相对缓慢的主要原因。特别是有机生产造成企业效益亏损，生产主体不愿意申报有机农产品。部分生产者和消费者认识也不到位：一部分生产者急功近利，认为发展“三品”在较短时间内难以取得巨大利润，体现不出优质优价；另一部分消费者健康安全消费观念淡薄，一定程度上影响了“三品”发展。

3. 到期换证率低。2012—2017年，有机食品累计认证企业58家，但到2017年底，有效期内只有8家企业；2012—2017年，绿色食品累计认定企业17家，但到2017年底，有效期内只有7家；2012—2017年，无公害农产品累计认定企业47家，但到2017年底有效期内只有23家。

4. 产品认定费用偏高。申报绿色食品（三年有效期内）费用一般3万元左右，续展费用2.5万元左右，而我县对绿色食品续展企业没有政策扶持。有机食品（一年有效期内）费用一般2万～5万元，虽然我县有奖励政策，但因企业规模不大，有机食品生产企业效益普遍不好。无公害农产品（三年有效期内）费用一般需要1.3万元左右，因我县财政困难，对申报企业没有资金扶持。

三、对策和建议

1. 对获证生产主体给予资金补助。建议县政府出台无公害农产品、绿色食品、有机农产品的补助政策，对初次获得无公害农产品证书的每个补助1.5万元，初次获得绿色食品、有机农产品、农产品地理标志证书的每个补助5万元，

无公害农产品复查换证的每个补助0.8万元，绿色食品续展的每个补助2.5万元，有机农产品再认证的每个补助3万元。补助资金应视获证产品发展规模、营销状况、质量管理、生产过程控制、产品质量监测、标志使用等情况，通过主管部门严格考核，分年度拨给。

2. 实行项目资金倾斜政策。在项目立项、企业技术改造、技术创新、职业培训、优惠贷款以及农业产业化龙头企业评定等方面，对获得无公害农产品、绿色食品、有机农产品以及地理标志农产品的单位，给予政策倾斜。

3. 加大宣传力度。通过广播、电视、下乡宣传等手段大力宣传农产品质量安全相关知识，努力提高生产者、经营者和消费者的农产品质量安全意识，引导生产主体积极申报“三品一标”，引导消费者积极购买优质安全农产品。

4. 强化认定指导。组织专人深入“三品一标”申报单位，对拟认定企业、合作社的基地建设、生产过程、产品检验等环节进行现场指导，督促企业完善生产管理及产地准出等各项制度建设，严把产品质量关，确保申报单位符合“三品一标”相关要求。

5. 加强证后监管。对全县“三品一标”生产主体的产地环境、投入品使用、生产记录、生产操作规程落实、基地标牌、档案管理等情况，开展定期、不定期检查，强化农产品质量安全意识，落实全程质量控制措施，严肃查处违法违规行为。

51

江山市绿色食品产业发展现状及对策

蒋玉国　邱江来

（江山市农业局）

为更好地了解我市绿色食品产业发展现状，促进农业新型主体的优质发展，近期我们农业局对不同产业类别的绿色食品生产企业开展了专题调研。通过实地走访、座谈等方式，深入了解目前绿色食品生产主体发展现状和未来五年规划等有关情况，仔细聆听生产者的心声。现将调研情况报告如下。

一、新型主体发展现状和问题

近年来，我市绿色食品生产主体发展速度快，产业化水平提升，并逐渐向组织化、规模化、科技化、品牌化趋势发展，在我市农业创新发展、转型升级中发挥主导作用，但也存在着诸多问题。

1. 绿色食品生产主体数量总体增长，但蔬菜类产品数量占比较少。据统计，我市有效期内绿色食品17个，其中，茶叶4个，猕猴桃3个，蜂产品2个，葡萄2个，杨梅2个，其他4个为蔬菜类产品。数据显示，蔬菜类产品比例较低。据江山市曙光生态农业科技有限公司董事长兼我市蔬菜协会会长周军介绍，五年前江山规模在100亩以上的蔬菜种植大户有二三十家，现萎缩到五家，且效益都不好，导致绿色食品申报数量逐渐下降。我们这次调查的情况以及我局蔬菜办提供的资料基本验证了这一点。

2. 农业品牌逐步打响，但生产结构单一，产品的附加值不高。近年来，我市依托区域和生态自然优势，紧紧围绕特色农业、生态农业、循环农业做文章，“三品一标”工作进展顺利。到2017年底，我市有效期内获证企业50家，省级无公害农产品产地47个，国家无公害农产品48个，绿色食品17个，有机农产品57个，地理标志产品2个，“三品”生产面积达10万多亩（比2016年增长10%）。“红盖头”“茶之语”还获得了省著名、知名商标。但调研中发现，由于我市目前的种养殖还基本停留在原始的种植方式上，产品附加值普遍偏低，投入大，产出效益低，甚至入不敷出。许多农业大户都感叹：“做农民难，做农业主更难，做效益增收的农业主难上加难。”

3. 新型主体的业主素质较高，但雇工素质偏低。申报绿色食品的生产主体大都是投资农业的企业家、农村干部带头人、农业种养能手、基层创业大学生等骨干以及广大新型农民。但我们发现，从事农业作业的人员，基本以55岁以上的农民为主，很大一部分六七十岁甚至八十岁。他们缺乏科学的种养知识，干活时存在“出工不出力”“磨洋工”的情况，以至于生产主体到了规模越大、雇工越多、亏本越多的境地。

二、存在的困难和原因分析

1. 基础设施配套不完善成为遏制生产主体发展的瓶颈。农业的基础配套设施涉及面广，包括沟渠的深挖建设、道路的整理、灌溉水的引用、电源的安装、钢架大棚玻璃温室的构建、各种机械化设备等等，一次性投入资金大，依靠农业经营主体自身投入难度非常大。近年来，虽然我市对农业的总投入不断增长，但大都侧重农业龙头企业、重点项目等方面，被用于绿色食品生产企业加强农业基础设施建设的资金不多。

2. 融资难度大成为制约生产主体产业发展的重要因素。从事农业经营生产，初期投入都比较大，对资金需求大。但大部分生产主体金额少，实力不强，无法通过资产抵押等方式获取银行贷款。调查表明，经营主体对完善现有农业生产资金贷款授信担保政策需求强烈。目前，尽管我市出台一些扶持经营主体发展的贷款政策，但扶持对象范围较小，没有侧重于绿色食品生产企业，并且扶持额度不高、受益面不广、可操作性不强。

3. 土地流转难成为农业规模化发展的绊脚石。经营主体的规模化、集约化、机械化生产，必须以成片成规模的土地供应为前提，而目前农用土地流转期限短、规模小、碎片化、不稳定。主体在培育和壮大的过程中，需要不断地扩大生产规模，提高机械化水平，添置必需的设施设备，但在严格的基本农田制度保护下，实际操作非常困难，经营主体基本拿不到足够的设施用地指标，甚至无指标，征地手续多、审批慢。这直接导致有些生产主体因达不到准入规模要求而无法申报绿色食品。

4. 劳动力成本高成为制约生产主体发展的关键。科学种养肯定能提高农业的生产效益，经营主体都深知这一道理，但目前他们心有余而力不足。首先，没有相应的渠道和财力雇佣高科技的人才；其次，当前从事农业操作的主体年龄偏大，思想观念陈旧，学习能力差，科学素养低；再者，购买机械化设备资金缺乏，主体对机械的使用能力偏弱。

5. 自然灾害影响大是影响农业生产主体发展的普遍因素。据茶之语等几家绿色食品企业反映，油茶种植容易受上半年的“倒春寒”以及下半年11月采摘期的雨水影响。大陈乡的才平家庭农场等业主也认为，他们种植杨梅易受花期及采摘期雨水影响。因此，要提升抗自然灾害影响的能力。

三、加快绿色食品提升发展的对策和建议

加快绿色食品提升发展是发展现代农业的必然选择。针对当前我市绿色食品生产主体发展面临的原因和困难，结合我市实际，就进一步提升绿色食品发展水平提出如下建议。

1. 建设现代农业园区。从调查的情况看，农业主体发展到一定规模后，都会陷入路、沟渠等基础设施配套建设的“泥潭”中。我市可根据各地实际情况，划分相应的区域和模块，进行农业区域化园区建设。如可考虑在张村乡建立黄秋葵种植园区、在大陈乡建立杨梅园区、在双塔虎山街道建立蔬菜种植园

区以及在凤林建立粮食种植园区，由政府重点对现代农业园区进行基础设施配套建设，解决单个农业主体力量薄、投资大的困难，并积极引导他们入驻园区，达到节水增地和集聚规模效应。

2. 推进传统的农业产业向一二三产融合的方向发展，建立田园综合体。从本次调研的情况来看，单纯的种养只适合以家庭为单位的规模经营，否则规模越大，赚钱越难，甚至会亏本。但若能和二三产相结合，则基本能够盈利，甚至取得较高效益。如石门镇的太泰农业开发公司，从2013年单纯的藕种植开始到莲藕的加工，再到发展雪藕面的精深加工以及营销配送，效益可观；江山秀地果蔬专业合作社从加工黄秋葵花茶、黄秋葵黄酒及黄秋葵含片获得效益；江山市神农猕猴桃专业合作社规模连片化基地种植，猕猴桃产业逐步向猕猴桃酒、饮料等深加工产品发展延伸；浙江茶之语科技开发有限公司实现了一二三产高度融合，效益相当可观，也明确了农业产业发展方向。

3. 强化科技兴农的理念，加快农业领域的机械化操作。农业产业发展的最大问题就是人工成本高，机械化程度低。从我市种养殖业情况看，除粮食、食用菌产业的机械化程度高一点外，其他行业普遍较低。因此，首先需组织开展“机器换人”行动。深入实施农机购置补贴政策，加大对新农机具、新产品及专用型农机具的引进和示范推广，加快良机良种良法良制配套，提高机械化作业的能力和适应性，促进农机装备向自动化、智能化、智慧型方向发展。大力培育农机专业化合作组织及服务主体，建设一批具有农机作业、销售、维修、培训等多种功能的综合服务中心。其次，加强基层新型农民的科技培训。通过“农机110”、微信推送、农民夜校等形式，提高农民的思想觉悟和科学种田的能力，使其掌握基本的现代农机具的操作使用方法。发掘高素质农民典范，通过“传、帮、带”，起到引领示范辐射的作用，使我们的种养殖业科学而高效。

4. 建立政府引导激励机制，健全农业产业的保障体系。当前，我市绿色食品提升发展尚处于初级阶段，部分生产主体资金不足、能力不足、产出不足，导致信心不足，需要政府多层次、多方位的支持，才能确保生产主体走上健康可持续的轨道。首先，积极推进财政金融支农，加大对申报绿色食品生产主体的资金补助、银行信贷、信用担保和农业保险等政策扶持力度，切实解决农业产业发展中“贷款难、贷款贵”等问题，加快推进建设政策性担保体系，完善农业保险制度，不断扩大政策覆盖面和保障水平，使业主有信心、能安心，用心投入农业生产中去。其次，注重结对帮扶。实行技术人员一对一或一对多的结对联系制度，加强对绿色食品生产主体的政策信息、品种技术等服务，特别是对具有典型代表意义的示范性新型经营主体实行个性化跟踪服务，增强指导服务的针对性。再次，指导经营主体以市场需求为导向，提高调结构、转方式、活机制的本领，大力发展特色优势产业和产品，帮助农民进行产销服务。

5. 抓质量、树品牌，打造我市特色农业产业金名片。一个质量问题足以击垮整个区域、整个行业。要以最严格的措施保障农产品质量和安全，推动农业产业品牌。要全面建立产品质量追溯制度，实行产地环境、投入品使用、生产、加工、流通等全程监控，强化多部门合作的监管机制。近年来，我市有很多农业产业方面的品牌，如我市生产的猕猴桃已经在很多地方享有一定的声誉，很多商家都反映猕猴桃的生意越来越难做了，价格低了，销量小了。为保全我们原有的品牌，就必须在每一个环节进行调控。只有这样，才能使我市特色农业产业的这张金名片可持续发展。

52

常山县绿色食品产业发展存在的问题及对策

李建华

（常山县农业局）

绿色食品是指产自优良环境，按照规定的技术规范生产，实行全程质量控制，产品安全、优质，并使用专用标志的食用农产品及加工品。发展绿色食品产业是提高农产品品质，保障农产品质量和农业增效、农民增收的有效措施。

一、绿色食品产业发展存在的问题

（一）绿色食品品种单一，申报热度不高

近几年，常山县的绿色食品发展比较缓慢，品种单一。至2017年底，有效期内的绿色食品均为常山胡柚。形成这一状况的原因有：第一，常山胡柚是常山农业支柱产业，种植面积大，生产企业多、规模大；第二，政府重视常山胡柚的发展，年年到各大中城市开推荐会，推动了广大胡柚企业创品牌意识；第三，常山胡柚病虫害防治次数少，贮藏时间长，产品安全质量容易控制。

目前常山胡柚申报绿色食品多、其他种植业产品申报少的趋势还没有得到扭转。虽然茶叶、鲜食玉米、食用菌、葡萄等也曾有过绿色食品，但绿色食品生产成本增加，产品安全质量控制难度大，优质不能优价，导致生产主体对绿色食品续展热情不高，常山胡柚以外的绿色食品全因没有申请续展而过期。

（二）绿色消费观念淡薄

消费者对于绿色食品没有深刻的了解，对其安全健康的积极意义没有切身体会，只考虑到绿色食品较一般的农产品价格要高，因而对绿色食品无消费意愿。

（三）绿色食品市场不健全，缺乏制度保障

一些不法商家缺少法律知识，冒用绿色食品标志，也有个别绿色食品企业对产品质量重视不够，违规使用投入品，直接影响消费者对绿色食品的信心，致使消费者对绿色食品产生疑虑，不信任，不敢放心大胆地购买。

（四）优质农产品缺乏专门的市场，优质产品难优价

优质农产品与普通农产品混合在一个市场里销售，往往没有优势。其表面价格高，而内在质量消费者又很难感知，故难以得到大众认可。

（五）政府支持力度不够

我县目前执行的绿色食品奖励政策还是十年前出台的政策，对新申报绿色食品的只有2万元奖励，而申报一个绿色食品则需资金约2.5万元。

二、绿色食品产业发展的对策建议

（一）加大宣传力度

采取一些切实可行的措施，开展多样的绿色食品宣传教育，多层次、多形式、多渠道地开展宣传活动，增强消费者的绿色消费意识及对绿色食品标识的认知度，让消费者充分了解绿色食品的优点，让更多生产者和消费者进一步认知到绿色食品的重要性，有利于创造出良好的外部环境，让绿色食品渗透到我们的日常生活中。

（二）加强绿色食品的监管

绿色食品生产只有实行严格的操作规程，才能保证食品不受污染，才能达到绿色安全。要让绿色食品得到长远的发展，必须对各个生产环节严格管控，完善生产记录，加强标志使用管理，加大质量抽检和执法力度，对假冒绿色食品等违法行为进行严厉打击，确保绿色食品产业健康发展。

(三) 进一步提高认识,加大资金投入

在现有基础上,扩大绿色食品产业规模,提高绿色食品品牌形象,加快发展现代农业,深化农业结构战略性调整,推进农业标准化进程,提高农产品质量和竞争力。要积极争取政府对绿色食品生产企业的投入,增加对绿色食品的奖励,加大申报力度,做大做强绿色食品产业。

(四) 加快绿色食品产业发展,扩大绿色食品的涵盖面

加快绿色食品产业发展,不断扩大绿色食品的涵盖面,尽可能覆盖农产品的方方面面,如粮食、蔬菜、禽肉、蛋类、水果以及油、茶、酒、调味品等等。让市民天天都能接触到绿色食品,提高广大消费者对绿色食品的认知度。

(五) 建立绿色食品贸易市场

大力发展绿色食品,普及绿色食品,在绿色食品达到一定量的基础上,建立专门的绿色食品销售市场,助推绿色食品产业快速发展。

53

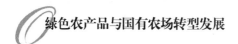

聚焦绿色食品产业发展　开拓工作新思路

——关于开化县绿色食品产业发展的调研

张馨元
(开化县农业局)

2018年是“三品一标”工作职能整合、整体推进元年。2018年,全国“三品一标”工作会上充分肯定了“三品一标”在乡村振兴、质量兴农战略上“排头兵”的作用。中国绿色食品发展中心印发的《2018年“三品一标”工作要点》中也明确提出了提升绿色食品发展质量的要求。绿色食品符合可持续发展原则,绿色、安全、无污染等特点使其在市场上受到人们的欢迎。在食品安全危机频现的今天,发展绿色食品产业显得尤为重要。现结合相关产业政策和工作要点,聚焦我县绿色食品产业实际情况,对我县绿色食品产业发展开展调研。

一、我县绿色产业发展现状

开化县自然资源丰富、环境优良,具备发展绿色食品产业的基础优势、环境优势、生态优势,经过近几年的不断努力,我县绿色食品产业发展呈现持续、健康、稳定的趋势。截至2017年底,全县有效期内无公害农产品79个,产地面积102030.15亩,年产量40906.47吨,年销售额23971万元;有效期内绿色食品4个,监测面积3745.5亩,年产量122吨;有机产品54个,面积39814.9亩,年产量14368.4吨。其中，以无公害农产品认定规模最大，为绿色食品产业发展奠定了雄厚的基础。

二、我县绿色食品产业发展优势

（一）生态立县，环境优势

开化县是国家生态县，位于钱塘江源头，境内群山绵延，翠峰林立，沟壑纵横，森林覆盖率高达80.7%，出境水水质常年保持在Ⅰ类、Ⅱ类水标准。空气质量常年为优，县城平均负氧离子浓度3770个/厘米^3，钱江源国家森林公园、古田山国家级自然保护区负氧离子浓度高达14.5万个/厘米^3，是全球负氧离子浓度最高的五个地区之一，被誉为“华东绿肺”“中国天然氧吧”。一流的生态环境给绿色食品培育发展提供了广袤的空间。同时，我县也是浙江省传统农业县，有中国龙顶名茶之乡、中国油茶之乡、中国清水鱼之乡、中国金针菇之乡、中国黑木耳之乡、浙江省农业特色优势产业综合强县之称，茶叶、食用菌、山茶油、清水鱼、中药材等主导产业均有十分优厚的产业基础。依托优越的生态资源和自然条件，大力发展我县优势、特色产业，加快农业高质量发展，注重农业生产的生态化、有机化、安全化。

（二）指导工作，政策优势

1. 多形式并举，大力宣传政策导向。主动约谈农产品生产企业、种植（养殖）专业合作社、家庭农场等生产经营主体，宣传绿色食品相关管理办法、农产品质量安全等法律法规；传达国家、省、市文件会议精神，“三品一标”扶持政策、奖励措施，促进生产经营主体积极申报无公害农产品、绿色食品和有机农产品。

2. 加快农业供给侧改革，为发展绿色农业铺路。在县委、县政府的领导下，于2016年成功创建国家有机产品认证示范区，全县有机产品认证获证单位38家，有机产品认证证书54本，认证面积3.98万亩，认证产品门类包括茶叶、山茶油、食用菌、清水鱼等；2017年成功创建省级农产品质量安全放心县和农产品质量安全可追溯体系县，有效加快了我县发展绿色有机高质量农业、深化农业供给侧改革的步伐,为产业的发展提供了动力。

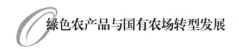

(三) 制度完善,管理优势

严格控制化学投入品的使用,以有机、生物肥料替代化学肥料,以生物防治技术替代化学农药防治病虫草害。在种植环节、加工环节、销售环节都要制定一系列标准,如组织“三品一标”生产主体签订《“三品一标”生产主体保证质量和规范使用标志承诺书》,督促企业将《安全责任制度》《内检员责任制度》《质量安全承诺书》上墙公示,每一个环节都要严格按照标准进行操作,强化生产主体是质量安全第一责任人的意识,切实做好企业内检员制度等自律制度建设,督促获证企业提升自我规范、自我约束、自我提高的能力。

(四) 证后检查,监管优势

良好的监督管理机制是绿色食品产业又稳又快发展的保证。①结合“三品一标”宣传周活动,开展绿色食品质量安全和绿色食品包装标识专项执法检查,重点对蔬菜、水果、肉、蛋等绿色食品加大质量监测力度,检查获证产品包装、标志使用是否规范。②全年不定期检查绿色食品生产企业,检查获证单位产地环境是否符合生产标准、农业投入品的管理和使用是否规范、生产加工档案记录是否齐全,对不合格食品加强退市监管,依法责令企业停止销售和追回不合格食品,完善相关的处置措施。③开展绿色专项随机抽检活动,配合农业部开展定性定量检查、抽检农产品等。

三、绿色食品产业发展存在的问题

我县绿色食品产业在发展的同时,还存在着发展不平衡和诸多不足之处。主要存在的问题有:

(一) 绿色食品数量少,认定步伐滞后

开化县获得绿色食品认定的农产品种类单一,仅有茶叶、菌类等;获得绿色食品认定面积少,与有机、无公害农产品认定面积相差甚远;各专业合作社和农业企业自身也不够强大,引导和示范带动作用不突出,不利于产业的整合和优势品牌的形成。

生产企业发展绿色食品的意识不强。生产企业对绿色食品知之甚少，不能认识到发展绿色食品产业的重要性，对农业产业转型升级政策了解不够，一些龙头企业没有充分发挥示范带头作用，生产经营未形成规模化、标准化。

（二）外部因素制约，品牌市场优势不大

1. 消费者认识局限。多数消费者对绿色食品认识不足，选择消费绿色食品的人数少，导致绿色食品未形成稳定的消费人群，市场有效需求不足。

2. 市场环境不成熟。由于种类、价格以及消费习惯等原因，绿色食品所占市场份额并不大。一方面，消费者采购农产品时主要受价格和产品新鲜度影响，对"三品一标"产品认可度不高；另一方面，菜市场中的农产品无标志体现，仅凭价格和卖相占领市场，质量参差不齐，而"三品一标"农产品的生产成本要比普通农产品高5%～20%。市场环境的不成熟直接导致了从市场端拉动绿色食品生产的动力不足。

（三）农业科技人才队伍建设不完善

"三品一标"农产品生产较普通农产品，需要更多的成本，而运用现代农业科技可以适当降低其生产成本，以更少的投入生产出安全、优质的农产品。而目前情况下，农业科技人才队伍力量不足，许多基层农技人员是非农专业，对农业技术方面的工作不熟悉，且工作繁杂，并不能把全部精力放在农业技术推广上。农业从事者的农业投入品使用指导主要靠农资销售店，"三品一标"农产品生产的科技支撑力度远远不足，特别是绿色食品，多数主体难以达到标准要求。

（四）生产人员素质有待提高

"三品一标"农产品的生产不像传统生产模式，它要求生产人员具备一定的农业生产经验和经营管理能力，理解"三品一标"的内涵和政策，根据"三品一标"要求和自身实际情况制定质量管理措施和生产技术规程，组织人员按照流程标准开展生产、包装和营销。可现实生活中符合以上条件的生产者非常有限，大部分生产主体标准化程度不高，执行标准意识弱，生产标准不统一，操作技术不规范，对先进经验和管理学习不到位，有些企业即使制定了绿色食品

生产操作规程，但在实际生产加工过程中仍然会沿袭传统做法，这在无形中加大了农业主体的运营和管理难度。

（五）工作机构人员调动频繁

机构人员调动频繁、业务交接不及时成为近年来“三品一标”工作中一个新的问题。“三品一标”工作是一项长期性、专业性较强的工作，需要从事这方面工作的人员在岗在职稳定。而人员流动性强，轮岗、换岗等情况的发生，使得新老人员交替不畅、新人员业务跟不上，导致部分企业证书因换证不及时而失效、证后监管工作未能及时完成等问题出现，影响了“三品一标”工作的正常开展。

四、绿色食品产业发展的建议

（一）多方引导，创立激励保护机制

①要完善绿色食品扶持政策和奖励措施，支持、引导生产主体采用先进生产模式，把发展绿色食品产业提到战略高度加以落实。②要树立品牌意识，搞好品牌整合，把区域内的绿色食品或者同类产品进行整合，统一标准，统一形象，集中宣传。③着力培育绿色食品龙头企业，引导中小企业向其靠拢。龙头企业具有积极的示范带头作用，其产品具有明显的优势和特色，在当地市场占有率高。培育绿色食品龙头企业，促使它们向规模化、标准化生产经营迈进，对推广绿色食品品牌、吸引中小企业主体转变生产模式、绿色食品激励机制的形成、促进我县绿色食品产业良好发展具有重要意义。

（二）多方支持，积极改善绿色食品市场环境

一方面，要加大宣传力度，为绿色食品生产营造良好氛围。利用电视台、报纸、网络等新闻媒体，大造舆论声势，同时通过进村入企张贴宣传标语和制作宣传展板，在城区主要旅游景点、超市、酒店等公共场所粘贴宣传标语、发放宣传资料等针对性的宣传形式，普及绿色食品知识，增强群众对绿色食品认知度，使生产经营者和消费者都认识到发展“三品一标”农产品是市场所需、大势所趋，形成绿色优质农产品消费观念。另一方面，也应加快推进农产品追溯和

市场准入机制建设，建立绿色专销柜和专销区，使绿色食品能够迅速进入消费者的视线，增加绿色食品的认知度，引导消费者放心购买，同时淘汰不合格农产品，营造优胜劣汰氛围，提高产品竞争力。

（三）多方引领，完善农业科技体系建设

引导技术人员深入绿色食品领域，调动农技人员积极性，学习和引进先进科技经验，通过科技服务平台建设，开展产学研对接，对产品生产过程中遇到的或者可能遇到的科技难题进行攻关。要强化农业技术推广服务体系建设，提升现有人员业务水平，补足缺位农技人员空位，给农民提供包括种苗挑拣、土壤栽培、技术服务、品牌建设、市场营销、安全用药和科学施肥等方面的技术指导。

（四）多方指导，提高从业人员素质水平

对照生产经营者的实际生产经营模式，有针对性地提供有效手段来提升自身能力。对于有意从事绿色食品生产但条件不成熟的主体，应针对其短板，加大其文化素养方面的培训和学习，提升其品牌开拓的能力，从而降低绿色食品生产经营失败率。对于条件成熟但仍存在老问题的主体，应加大培训力度并制定强有力的管理规定，转变其自由任意生产行为，强化其安全优质生产意识。

（五）多方协调，保持机构队伍人员稳定和有效衔接

一方面，应尽量保持工作队伍人员稳定，定期开展学习交流，对绿色食品发展存在的疑难问题进行集中讨论，及时有效地解决，不让问题累加。提供各种学习机会，将学习与实践结合，更好地提高人员业务水平。另一方面，加强组织领导，在不得已出现人员变动时，积极配合做好职能交接、工作交替工作，保持队伍稳定，实现有效衔接、平稳过渡。

54

推进“三品一标”认定　确保农产品质量安全

缪凯申

（普陀区农林水利围垦局）

“三品一标”（无公害农产品、绿色食品、有机农产品和农产品地理标志）是政府主导的安全优质农产品公共品牌，是当前和今后一个时期农产品生产消费的主导产品，是农业发展进入新阶段的战略选择，也是传统农业向现代农业转变的重要标志。近年来，我区农业部门坚持一手抓现代农业园区和农村主导产业发展，一手抓农业标准化生产，强力推进“三品一标”工作，并将“三品一标”认定作为推进现代农业发展、保障农产品质量安全、增强农产品市场竞争力的有力抓手，以“三品一标”认定助力现代农业发展。到2017年底，普陀区获得无公害农产品产地认定17个、无公害产地面积19150亩、无公害农产品20个，绿色食品基地1个、面积1300亩，有机农产品基地2个、面积1800亩；农产品地理标志登记保护产品1个。“三品一标”的快速发展，对提升全区农产品质量安全水平、促进农业标准化生产和转变农业发展方式都起到了积极的推动作用。“三品一标”农产品生产基地规模不断扩大，产品数量稳步增长。通过政府主导、部门推动、政策引导、市场拉动、企业参与等措施，经过近几年的不懈努力，全市“三品一标”发展迅速，认定规模和产品数量不断扩大。普陀区非常重视农产品地理标志登记保护工作，拟将普陀观音米申报国家农业农村部农产品地理标志登记保护。

“三品一标”农产品生产集约化程度不断提高，区域化特征明显。“三品一标”农产品认定的主体主要包括各类农业龙头企业、合作社、家庭农场等经济组织，这些单位又是农业生产组织化和集约化的重要载体。据统计，全区到2017年底已建成省、市、区级现代农业园区13个，其中省级园区4个，区级园区9个；农业园区、农业龙头企业、合作社、家庭农场的不断增加为“三品一标”发展提供了更多的申报主体资源，“三品一标”认定数量的不断增长又促进了农业园区、农业龙头企业、合作社、家庭农场的发展，两者相互促进、相得益彰。随着生产组织化、集约化水平的不断提高，促使以“三品一标”为代表的优质农产品产业向优势带集中，将当地资源优势转化为产业优势和经济优势，推动了区域经济快速发展。

“三品一标”的发展促进了农业生产方式转变。“三品一标”的生产基地具有规模化、集约化、组织化特征；获证主体中100%为农业龙头企业、农民专业合作社、家庭农场，较好地推行了农业标准化生产方式的转变。并且“三品一标”认定登记推广先进适用的标准化生产技术，控制高毒、高残留农药的使用，指导生产者合理、科学使用农药，90%的获证主体优先选择使用生物农药，减少了对农产品的污染和生态环境的破坏。

“三品一标”农产品质量安全可靠，产品经济效益明显。在“三品一标”农产品生产建设过程中，通过推行标准化生产和全程质量控制，保证了生产的规范化和产品的安全性。“三品一标”生产主体通过对产地环境、农业投入品使用、生产过程和终端产品进行质量控制，及时发现和纠正生产过程中的质量安全隐患，从而确保获证产品质量。“三品一标”的认定登记监督过程，实质上是对生产主体进行技术培训和服务、推广标准化生产技术的过程，这对提升生产者的质量安全意识发挥了明显作用。在省、市农业部门组织的专项检查中，“三品一标”产品合格率一直稳定在98%以上。“普陀佛茶”区域公用品牌价值达到1亿元，极大地推动了普陀茶产业的快速发展，真正实现了产业发展、企业提效、茶农增收的目标。

下一步，我区将紧紧围绕茶叶、水果、粮油等优势特色产业发展需要，按照“突出特色、强化培育、扶优扶强”的思路，制订“三品一标”农产品培育发展规划和激励机制，通过项目带动和奖励扶持政策，鼓励和引导农业龙头企业、合作社、家庭农场开展“三品一标”认定，加快农产品商标注册、品牌培育、包装标识和名牌认定。抓好生产基础建设，把创建农业标准化示范区（场）、建设现代农业科技示范基地等与推进“三品一标”发展有机结合，制定和实施农业产前、产中、产后各个环节的技术要求和操作规范，规范生产过程，开展全程质量控制。大力推行产地标识管理、产品可追溯制度，做到质量有标准、过程有规范、市场有监测、全程可追踪，夯实“三品一标”农产品发展的基础。

增强政府服务功能，为“三品一标”农产品发展提供技术支撑。①建立健全我区“三品一标”管理机构和基层农技服务体系，做到申报工作“有部门抓、有单位管、有人具体负责、有技术支撑队伍”，为生产主体提供优质品种、先进生产技术和标准，做好产前、产中、产后技术指导服务，保证生产出安全优质的农产品。②要加大有关法律法规的宣传力度，强化“三品一标”证后监管，营造公平竞争的市场环境，依法维护“三品一标”农产品的质量、信誉和形象。③积极争取各级有关部门经费投入，对产品质量好、获得“三品一标”产品认定的企业要加大扶持力度，提高企业申报的积极性和主动性。2017年，普陀区出台的《关于开展申报普陀区2017年农产品品牌推广与营销补助项目的通知》（舟普农发〔2017〕235号）文件中，专门就“三品一标”认定制定了“对获得无公害农产品、绿色食品、有机食品认定的，每个产品分别奖励1万元、3万元、5万元；对获得国家地理标志产品保护的，每个产品奖励10万元”的扶持奖励政策，极大地调动了我区农业主体申报“三品一标”的积极性，也为全市及其他县（区）在制定“三品一标”扶持奖励政策方面起到了很好的示范引导作用。

加大普陀区“三品一标”农产品营销体系建设和宣传推荐。与新闻媒体合作，充分利用《舟山日报》《舟山晚报》《今日普陀》等新闻媒体的舆论导向作用，开辟“三品一标”农产品宣传专版和专栏，大力推荐“三品一标”农产品及其生产企业，加大对获得省级农业名牌产品的企业和产品的宣传力度。建立“三品一标”农产品展销展示宣传平台和直销窗口；积极组织获证主体参加各类农产品博览会、交易会，并通过电视、广播、报刊、新媒体等渠道，全面、广泛地宣传推荐和报道我区“三品一标”农产品，提高公众及消费者对品牌的知晓率和认知度。

55

"三品一标"视角下岱山县海岛农业品牌化发展的调研报告

顾卡咪

(岱山县农林水利围垦局)

近年来,岱山县充分利用当地优势资源,依托优质粮油、健康畜禽、特色蔬菜、精品水果等产业,按照"建设规范基地,发展安全农业,打造品牌农业"的思路,重培育、抓认定、强宣传,逐步提升农产品质量安全品牌效应,海岛农业品牌化发展取得了初步成效。

一、基本情况

1. 严格准入门槛,"三品"认定数量逐年增加。随着现代农业的发展,主体对申报"三品"认定意识逐步提高,在日常经营活动中,消费者也逐渐将是否经过"三品"认定作为购买与否的依据,因此,无公害农产品认定即将成为农业主体基本的准入条件。每年结合实际情况,制订年度产品认定计划任务,并把"三品"认定工作列为绩效考核的重要内容。截至2017年底,全县无公害农产品产地面积达到1.535万亩,国家级无公害农产品45个、绿色食品9个,共有"三品"企业21家(其中,绿色企业2家),品种范围涵盖蔬菜、水果、家禽、茶叶、海盐五大类,全县"三品"比例达到64.52%。其中,岱山沙洋晒生已于2015年注册为地理标志证明商标。同时,围绕实现“发展增量、稳定存量、扩大总量”的目标,提高获证单位复查换证、续展和保持认证的工作效率,2018年,新增绿色食品面积220亩,对岱山沙洋晒生申报国家农产品地理标志保护,近年来全县无公害复查换证率、绿色食品续展率均保持在较高水平。

2. 加强队伍建设,证后监管力度逐步提升。建立健全县、乡镇、基地三级管理队伍,配备专职“三品”检查员和监管员,乡镇配备协管员,每家认定企业至少配备1名内检员,通过培训持证上岗,并发放了内检员手册,保证生产加工规程、质量控制措施的贯彻执行,使认定的“三品”质量稳定可靠。每年根据上级要求,组织开展“三品一标”规范提质百日专项行动检查,对认定企业标志使用情况、获证主体生产情况、自检履职情况等进行监督抽查。联合农产品质量安全监督管理站开展日常巡查,督促获证单位建立健全生产档案记录,落实标准化生产管理措施,确保有“三品”认定的农产品在农业品牌推广过程中的坚实基础。

3. 打造区域性品牌,农产品品牌价值初步显现。全县现经注册的农业商标26个,其中舟山市著名商标5个,分别为野牧雉、石马岙、岱西、蓬莱仙芝、沙洋沙珍;旗下的鸡蛋、蔬菜、葡萄、茶叶、花生也已通过无公害认证,其中蓬莱仙芝绿茶为绿色食品;浙江老字号产品1个,为沙洋沙珍牌晒生。为提升我县海岛农业品牌的影响力,政府积极鼓励一些初具规模的农民专业合作社、家庭农场等农业经营主体参加各类农业博览会、展销会、推荐会。其中,沙洋沙珍牌晒生两度荣获浙江农业博览会金奖;孝人岙桃子斩获浙江省精品果蔬展销会金奖;岱西葡萄荣获浙江省精品葡萄评比银奖。岱东“张小农”、岱西“石打石”等公众号的推广、一些新兴营销平台的打造一定程度上拓宽了我县农产品的销售渠道,提高了海岛农产品的知名度,让大众知道海岛上不仅有优质海鲜,更有特色的农产品。

二、存在问题

总体上看,我县农业发展水平在全省范围内并不高,品牌创建工作仍显滞后，存在“乱、弱、小、散”等问题，对农产品生产、加工、销售和县域经济发展形成制约。

1. 品牌之“乱”——“三品”管理欠规范。获得“三品”认定的生产主体为农业企业或农民专业合作社，当中不乏著名商标的注册主体，而实际生产主体为小规模的家庭农场和散户，生产主体在日常生产经营活动中又未能经常履行内部管理职责，导致农业生产标准执行参差不齐；有些企业获得认定后基地管理松散，生产档案记录不完整，内检员制度履行不到位，无论是“三品”生产企业，还是“三品”管理机构，重申报、轻管理的现象还是存在的；再者，有些生产主体对“三品”认定的法律制度没有清晰的认识，随意打着“无公害”“绿色”等旗号宣传，消费者又缺乏辨识能力，导致“三品”市场较为混乱。

2. 品牌之“弱”——品牌影响力亟须扩大。我县农业品牌影响力仅停留在局部地域，走出岱山的不多，走出浙江的基本没有，品牌的社会信任度不高。农业主体眼界小，对品牌开发培育的投入不够，在品牌推广、产品设计、市场开拓等方面有效的、专业的措施很少，许多品牌连岱山本地人都没听说过，品牌闲置现象突出，“三品”认定的增效作用未得到充分发挥。

3. 品牌之“小”——经营主体未形成规模化。我县农产品生产主体主要为家庭农场、散户，农业生产规模较小，大多数以自产自销为主，加工企业普遍为作坊式经营、封闭式发展，品牌认知度不高，产品没有统一的品牌标识，“三品”标识使用上也欠规范，集聚效应不强。

4. 品牌之“散”——品牌效应远未发挥。农产品品牌创建工作滞后，管理部门、经营主体、农民还没有充分认识品牌建设在现代农业发展中的战略地位和作用，创建、培育、扶持农业品牌的政策还不够稳定完善。“三品一标”发展尚缺当地政府的财政支持，绿色食品较高的检测费和后期标志管理使用费让主体望而却步，部分主体表示认定后效益不够明显，舍不得花钱创品牌，也未能将产品很好的宣传、使用和保护。

三、对策及建议

岱山县将以贯彻落实乡村振兴战略为契机，按照“企业为主、市场导向、政府推动”的原则，大力实施农业标准化生产、产业化经营、市场化运作，规范“三品一标”认定和监管，以农业品牌化推进农业现代化建设。

1. 实行标准化生产。这是农业创品牌、树品牌的核心，农业品牌发展必须从源头控制农产品质量，农产品加工既要优质，又要符合无公害或绿色生产要求，因此，要严格实行生产和加工工艺标准化，加强源头控制，保障产品质量稳定性和食品安全。

2. 壮大产业培育品牌。结合海岛优势，围绕主导产业和特色农产品，加快培育一批在省内外有一定影响力的知名农产品品牌（如岱西葡萄、沙洋晒生），加快“三品一标”农产品的阵地建设，抓好重点农业乡镇创建，休闲农庄、生态园等一二三产高度融合的农业园区建设，规模化示范基地建设，促进农业增效、农民增收。

3. 加强品牌保护。①建立健全农产品品牌认定、推广等关键环节的规则和机制，逐步出台地域公共品牌发展的规范性文件，做大做强区域品牌，形成农产品品牌全程管理体系。②加强“三品”认定和监管，维护市场秩序，提高“三品”公信力。

4. 健全优惠政策。加大品牌产品生产和流通的支持力度。近年来，县政府高度重视农业产业化发展工作，2018年，专门印发了《岱山县人民政府关于进一步推进美丽农业发展的若干意见》。它对县级农产品区域公用品牌创建和培育、“三品一标”认定、农业企业优质品牌创建、电子商务发展推进、农产品质量安全强化等的奖励政策进行了详细规定，旨在打造一个体现岱山农业特色的区域性品牌，培育一批省、市级名牌和名优农产品。

5. 强化品牌宣传。①加强“三品”宣传，借助各类平台，提高公众对“三品一标”的认知，以公众监督的方式提醒生产主体注意环境管控和用药安全，以消费市场需求倒逼生产主体，提高申报“三品”认定的积极性。②创新推荐方式，继续组织相关“三品一标”认定企业参加农业博览会等，鼓励农业龙头企业、农民合作社、家庭农场等新型农业经营主体直供直销，建立稳定的销售渠道。大力发展电子商务、直销配送、农超对接等营销模式，实现线上线下结合，生产、经营、消费无缝链接。③丰富品牌推广载体，以互联网、电视台、报刊为平台，构筑岱山县品牌农产品宣传网络，举办相关节庆活动，扩大品牌农产品美誉度和影响力。

56

黄岩蜜橘绿色发展调研报告

徐婉玲　史　婕　张景棋

（黄岩区农林局）

黄岩地处浙江省黄金海岸线中部，面积988平方千米，全区地貌结构为“七山一水两分田”，自然资源丰富，是富饶的鱼米之乡，是全国第一个粮食亩产跨“纲要”、超“双纲”的县。黄岩是中外闻名的橘乡，有“中国蜜橘之乡”美誉。其特产黄岩蜜橘驰名中外，至今已有1800余年栽培历史，在唐代即被列为朝廷贡品，是全区农业的支柱产业。

一、总体情况

黄岩蜜橘现有总面积63195亩，总产量65367吨，总产值约3亿元。到2017年底，全区共有规模上柑橘生产主体60家，其中已通过“三品”认定主体12家。2018年，我区申报的地理标志登记产品“黄岩蜜橘”已顺利通过专家组评审，现已进入最后公示阶段，待发证书。

二、存在问题

1. 主体对“三品一标”品牌的认识不到位。通过对“三品一标”柑橘生产主体的座谈交流发现：有些主体责任意识不强，对品牌认识不正确，认定的目的性不明确，对品牌打造重视程度不高。这也是市场上无公害农产品和地理标志农产品用标率过低的根本原因。

2. 生产管理体系不够完善。调研人员多次实地考察发现，大部分柑橘生产主体存在不同的管理体系不健全。有些主体认定时间比较久，“三上墙”制度掉落后没有及时修补，生产管理档案记录不够完善，内检员作用没有充分发挥。

3. 绿色食品农药准则中的投入品不能完全满足柑橘病虫害防治所需。相比别的产品，柑橘生产过程中，病虫害较多。有些低毒高效投入品在绿色食品农药使用准则中则被禁止，如阿维菌素、苯醚甲环唑。

4. “三品一标”产品市场优势不够明显。认定产品相比其他非认定产品生产成本高，但是主体在获证后，若提高价格，销售量又上不去。有些企业为了参加展会而申请认定，却因为产品的收获期和展会时间对应不上而无法参展。

三、黄岩蜜橘产业绿色发展的策略

为了响应“质量兴农、绿色兴农、品牌强农”的号召，助推我省大力发展绿色食品产业，2018年我区开始创建浙江省精品绿色农产品（黄岩蜜橘）基地。

按照“试点先行、示范带动、整体推进”的原则，以“建设规模基地”为抓手，围绕我区做大做强柑橘产业重点开展创建工作，通过二年的建设时间，达到新增一批绿色食品、打响黄岩蜜橘区域品牌、提振我区柑橘产业发展、带动农民致富的目的。到2018年底，全区40%以上符合建设条件的基地已经申报绿色食品，或者达到精品柑橘基地建设要求，到2019年底全区符合建设条件的基地均能达到精品柑橘基地建设要求。

（一）建立完善的生产管理体系

1. 建立生产管理制度。按照绿色食品技术标准制订统一的生产操作规程，生产操作规程下发到村和农户。基地建立统一生产操作规程、统一投入品供应和使用、统一田间管理的“三统一”生产管理制度。

2. 建立多层次管理体系。农户有绿色食品生产操作规程、绿色食品生产者使用手册、基地投入品清单、田间生产管理记录和生产收购合同等。

3. 建立生产管理档案制度和质量可追溯制度。建立统一的农户档案制度。农户档案包括基地名称、农户姓名、作物品种及种植面积。田间生产管理记录由农户如实填写，内容包括农户姓名、作物名称、品种、种植面积、土壤耕作及施肥情况、病虫草害防治情况、收获记录、仓储记录、交售记录等。

4. 设置基地标识牌。标明基地名称、基地范围、基地面积、基地建设单位、基地栽培品种、主要技术措施等内容。

（二）建立行之有效的农业投入品管理制度

1. 建立农业投入品使用管理制度。从源头上把好投入品的使用关。

2. 借力“肥药双控”项目落地。推荐使用绿色食品国家标准中允许使用的高效环保农药，并对生产主体在绿色柑橘基地使用高效环保农药进行适当补助。

3. 建立监督检查制度。对基地生产中投入品使用及投入品经营市场进行监督检查、质量抽检。

（三）建立监督管理制度

1. 配备人员负责基地生产档案记录的管理。

2. 建立由相关职能部门组成的监督管理队伍。加强对基地环境、生产过程、投入品使用、产品质量、市场销售及生产档案记录的监督检查。

（四）建立完善的科技支撑体系

1. 组建基地建设技术指导小组。依托农业技术推广机构，建立技术服务队伍，依托高等院校、科研院所加强对生产技术的研究和公关，引进先进的生产技术和科研成果，提高基地建设的科技含量。

2. 加强技术培训。对基地各有关生产管理人员、技术人员、营销人员进行绿色知识培训，使其掌握标准化基地建设要求。各乡镇技术推广员负责基地技术指导和生产操作规程的落实。

3. 组织基地农户学习精品柑橘生产技术，保证每个农户至少有一名基本掌握绿色生产技术标准的明白人。

2018年，全区举行十次左右的柑橘技术培训，分别对柑橘幼树管理、肥水灌溉、病虫害防治等相关技术，以及经营管理、品牌营销等加强培训指导，积极培育“懂技术、懂管理、出效益”的新型柑橘种植主体，为种好柑橘保驾护航。

四、加快推进精品绿色农产品基地建设的建议

1. 健全工作机制，推进柑橘生产关键技术研究和推广。加强与业务部门的合作，从申报产品的种植环节开始落实绿色食品生产技术。结合“肥药双控”项目，不用或减少使用绿色食品国家标准中允许使用的高效环保农药，而是通过地面处理、春季害虫物理防治、生物防治等绿色防控技术，达到安全水平高、产品优质的目的。

2. 加强绿色食品证后监管，不断提升公信力。深化落实“交叉年检”工作，认真检查生产主体的绿色食品标志使用情况、包装、生产记录等台账；严格落实精品基地产品100%抽检制度，对检测结果不合格的责令整改，情节严重的将提请注销绿色食品证书，五年内不得重新申报，不得享受扶持政策；要求生产主体正常运行农产品质量安全追溯体系，上市产品必须张贴追溯标签；要求生产主体加强内部质量控制能力，充分发挥内检员作用，定期对内部开展检查，消除安全隐患，严格落实按标生产，以产品优质化、质量安全高水平来维护黄岩蜜橘品牌。

3. 加强主体培训。定期开展生产主体培训，在学习标准化生产技术的基础上，加强主体质量安全意识及绿色食品发展理念，并逐一签订产品质量安全责任书，将责任落实到户。每年组织新申报主体和续展主体参加绿色食品企业内检员培训班，保证企业负责人和内检员能够正确贯彻绿色食品标准和各项制度。

4. 加强绿色食品宣传。以“绿色生产、绿色消费、绿色发展”为主题，积极开展绿色食品宣传月活动。以群众喜闻乐见的形式，全方位、多角度地向公众普及绿色食品知识，引导我区居民科学消费安全优质农产品，从根本上提高消费市场对绿色食品的需求。

57

仙居县绿色农产品工作情况

吴玉勇　李　强　泮吴洁

（仙居县农业局）

仙居县以打造中国最高端农业为目标，以产品绿色化为方向，大力发展绿色农产品生产基地，取得了一定成效：13万亩全国绿色食品原料（杨梅）标准化生产基地、6万亩全国绿色食品（水稻）标准化生产基地顺利通过农业部验收。本文分析了仙居绿色农产品发展的基本现状、优势、存在的困境，并针对性地提出了对策建议，以期为政府部门提供参考。

一、基本现状

近年来，仙居县立足本地优势资源，坚持产品绿色化发展方向，大力发展绿色生态农业。绿色食品、有机农产品产业已成为仙居特色生态农业产业。全县现有绿色食品16个，其中，杨梅7个，柑橘2个，樱桃、火龙果、杨梅原汁、茶叶、稻米、莲子和鸡蛋各1个，绿色食品产量达12438吨。有机农产品29个，产量达1048吨。

企业获得有机农产品、绿色食品证书后，一方面，加强内部质量管理，确保产品质量；另一方面，企业把绿色食品、有机农产品标志作为产品主要特征进行宣传，得到消费者的认可，企业知名度明显提升，品牌效应明显。如2017年6月，仙居杨梅、茶叶公司成为全省百强知名农业品牌。同时，通过各级各类展会宣传品牌,如每年的中国农产品交易会、浙江省农业博览会等各类各级农展会,并积极开展招商和品牌推荐活动,进一步提升了仙居农产品的知名度和美誉度。一批绿色食品、有机农产品荣获各类展会金奖。总之,产品通过认定后,产品知名度和市场占有率迅速扩大,企业效益显著提高,部分产品已打进法国、德国、日本等国家和北京、上海、杭州等大城市的超市。

二、优势分析

(一)生态环境优势

仙居位于东海之滨,括苍山北麓,人称"仙人居住的地方",是"八山一水一分田"的山区县。境内重峦叠嶂,景色秀美,2000平方千米的土地森林覆盖率达79%。母亲河永安溪纵贯全境,川流不息。仙居日照充足,水量充沛,空气质量良好,自然生态条件优越独特。早在2002年,仙居县委、县政府就提出了生态立县的发展战略,2013年成功创建国家级生态县,发展绿色农产品具有得天独厚的优势。

(二)服务体系优势

1. 具备较强的技术推广指导力量。农林部门从事绿色农产品技术推广的有200多人,其中,正高级职称3人,高级职称21人。

2. 具备完善的质量安全监管体系。持续开展绿剑执法等专项检查行动,对绿色食品、有机农产品基地和农资生产经营单位进行不定期检查。同时,自2018年起,限用农药全面实施退市。

3. 具备优良的农业生产产地环境。早在2003年,就在全县划定了14个绿色农业保护区,面积14万亩。在保护区内树立禁示牌,禁止有毒有害物质排入。

(三)主体培育优势

扶持发展农民专业合作组织、农业龙头企业,推进农业产业化经营,是发展绿色农产品的重要途径。目前,全县已涌现出一批由种养大户、贩销大户等自愿组织兴办的各种类型的专业合作社和农业龙头企业,它们依托产业优势,共同为农户提供各种服务，成为发展绿色农产品一支不可忽视的新兴力量。到2017年底，全县有省级示范性合作社8家、市级示范性合作社52家、省级农业龙头企业9家、市级农业龙头企业22家、县级农业龙头企业65家，实现了农产品生产从传统分散的小农经济向现代化的市场农业转变。

三、主要存在困境

1. 绿色农产品技术推广队伍有待进一步加强。乡镇农技人员平时还要承担乡镇中心工作，如征地拆迁、驻村等，技术推广精力不到位现象还在一定范围内存在。

2. 绿色农产品生产主体队伍有待进一步加强。我县农业生产经营主体中，散户还是占大头，主体素质还有较大提升空间。同时，示范主体作用发挥有待进一步提升。

四、对策与措施

（一）进一步构建绿色农产品产业体系

根据仙居的区域特点和产业传统，按照市场化需要、标准化要求，将重点培育以下几大主导产业，建立绿色、有机农产品生产基地。

1. 蔬菜产业。充分发挥我县气候垂直分布明显的优势，对年均气温25℃以下、海拔500米以上的山坡地进行有效开发，建立高山蔬菜基地。以广度、安岭、上张等乡镇为重点，大力发展高山蔬菜。在城关等重要集镇，扩大设施栽培、生产规模，优化品种结构，提高产品质量，争取申报绿色食品或无公害农产品。

2. 水果产业。我县水果主要有杨梅、柑橘、提子、枇杷、猕猴桃、桃等，在加强管理、提高产量、改善品质的同时，应重点培育杨梅和提子两大产业。开展加工和贮藏技术的开发研究，逐步形成生产、加工、贮藏、营销一体化，并争取申报绿色食品。

3. 畜禽产业。主要是仙居鸡和生猪两个产品。仙居鸡产业要持续扩大规模,以专业大户为主,建立规模化饲养基地,开展标准化生产,争取申报绿色食品;生猪产业要进一步加强宣传,提高产品的市场占有率,扩大饲养规模,提高产业综合效益,争取申报无公害农产品。

4. 森林食品产业。全县已开发的森林食品有茶油、板栗、野菜、竹笋等。这些产品深得消费者的青睐,但生产规模还偏小,产品档次有待提升。要在有效保护和充分利用资源前提下,加大开发力度,实行有机农产品生产标准,组织规范化生产,争取申报有机农产品。

5. 有机茶产业。仙居是中国有机茶之乡,有机茶认证产品已达4个,需要进一步整合品牌,做大做强有机茶产业。

(二)进一步构建绿色农产品生态体系

采用现代生态农业技术,控制农业污染,是保障农业可持续发展的主要内容。

1. 推广使用病虫害综合防治技术。加强病虫害预测预报,选用抗病品种,通过农业防治、物理防治、生物防治等措施尽量减少化学防治,最大限度降低农药用量,禁止使用高毒高残留农药,改善农田生态环境。

2. 推广养地技术。全面推广测土配方施肥和秸秆还田,大力推广使用农家肥,减少化肥使用量,提高土壤有机质含量,推广播种紫云英等绿肥,扩大绿肥播种面积,促进土壤疏松,增加土壤肥力。

3. 回收农膜,净化土壤,改善土壤环境。

4. 推广生态农牧业模式,进行主体开发利用,建立林—羊—牛、果—鸡—鸭、猪—沼—果、稻—鱼等生态模式,实现物流、能流良性循环,减少污染,提高效益。

(三)进一步构建绿色农产品标准体系

绿色农产品生产实质是农业标准化的制定、推广和应用。近年来,国家有关部门和省级有关单位相继出台了一些主要农产品的技术标准,我县也先后制定实施了1项省级地方标准、2项县级地方系列标准、45项企业标准。2016年,我县在全国率先制定发布了绿色农业地方标准。下阶段,要进一步强化标准化技术推广力度,提高农业标准化实施率,产出更多优质绿色农产品。

(四)进一步构建绿色农产品服务体系

1. 完善服务体系。不断增加农技推广经费投入,出台专项政策,保障乡镇农技人员能全力进行技术推广。

2. 加强执法工作。持续开展绿剑护农行动,严厉打击绿色农产品生产经营违法违规行为。

3. 加强主体培育力度。依托各级各类农民培训资源,培育新型职业农民。

4. 推进质量安全追溯。持续深化农产品质量安全追溯体系建设,2018年在全县新增农民专业合作社、家庭农场、农业龙头企业等可追溯生产主体100家。同时,力争在2019年实现三类生产主体"二维码"可追溯率达到90%。

58

浅析国有农场发展面临的困境及对策

张金炉
（仙居县柑橘场）

国有农场是社会取得农产品的主要来源之一，在国民经济中占有重要地位。2015年11月，中共中央、国务院印发了《关于进一步推进农垦改革发展的意见》，明确了新时期农垦改革发展的总体要求，指明了国有农垦改革发展的方向，给出了政策措施。以下我针对小型垦区部分农场，并结合我场的实际，谈几点看法与建议。

一、小型农场发展存在的困境

历史上，小型国有农场在南方部分地区以良种繁育场的形式较多，且以事业单位企业化管理为主要类型，职工数量大多在100人以下，土地大约在1000亩以下。这批小型国有农场主要存在以下困境。

（一）政企不分

1. 管理层亦政亦商。农场一般属当地政府所有，大多数属农业局管理。农场负责人也由主管部门任命，多由农业技术干部担任，有的场长工作在农场，编制仍为事业编制，工资福利待遇由主管部门发放。这样一来，场长实际上是事业人员，到农场后因农场的企业化管理涉及方方面面，加上企业内部情况复杂、效益不高，场长没干几年便纷纷要求走人，导致场长频繁更换，企业经营方针多变，职工意见颇多。人才流失、人才老化、人才频换问题突显，懂经营、善管理人才成为农场的迫切需求。据了解，还有部分农场场长属行政编制，对企业经营缺乏经验和长远发展的眼光，工作起来力不从心。

2. 管理事无巨细。农场是一个小社会，由于历史原因，形成了农场既承担企业职能，又承担行政(类似乡村的社会化服务组织)职能。场长即是生产队长、供销科长、发展设计师，又是主管部门、党群组织联络员，精力不够，脱不出身来抓主业。

（二）主业不突出

场长集中不了精力抓产业发展。从小垦区的小型国有农场实际情况来看，农场的主业已经摇摇欲坠，特别是原来的良种繁育场此类问题相当突出。主业不主，辅业未上，造成农场吃国家大锅饭、职工从事其他职业谋生的落后局面。农场与产业脱节的问题相当普遍，场长实际上成了敬老院的院长、收租金的地主、解决职工生活的后勤部长、职工上访的传声器，农场经营积极性不断下降，农场的社会地位与作用降低，职工享受改革开放成果的获得感难以显现，干群矛盾纠纷时而发生，影响改革和发展。加上主管部门为政府业务部门，农场经营管理经验也不足，只能头疼医头、脚疼医脚，治标不治本，造成农场长期规划得不到坚持，形成主业不主的局面，产业发展后劲不足。

（三）历史负债过重

从历史来看，农场改革与发展同其他改革相比，存在改革不快、步子滞后的问题，基本上维持在20世纪90年代大农场套小农场。加上农场又是历史老场，原先欠职工的历史债务多，惠农支农政策享受不了，改水改污享受不到，职工住房公积金、社会保障都给农场带来压力。因此农场为稳定队伍，偿还历史债务，花费大量精力，筋疲力尽。

（四）政策难落地生根

由于农场在当地的作用和地位微小，当地政府一般对农场不十分重视，对农场实际情况了解少，农业主管部门又无资金管理权和落实政策的决定权，需要各部门通力协作，才能使政策落地生根。由于农业部门面上业务繁忙，对政策落实心有余而力不足，部分政策落不了地。有些农场成了被遗忘一族，养人成为重点任务。

（五）经营人才缺少

一方面，农场自身人才贫乏；另一方面，农场没有吸引人才的环境优势和招才引智的资金实力。特别是我省小型农场从20世纪90年代初开始没有进行招工，农场职工队伍可以说是以老弱低智为主，现代信息技术和科学技术人才在农场寥若晨星，建立新的现代企业智力支撑不足。

（六）国家对小垦区小农场支持不足

尽管浙江在全国属经济发达地区，但实际上我省的一部分农场仍在落后的农村。农业农村现代化如果没有农场的现代化，一定也是不完整的现代化，与农垦整体发展格格不入。

二、建议与对策

（一）建立现代企业制度

完善对农场经营者的业绩考核，引入工业企业的现代管理方式、经营理念来做强做大农场。从目前情况来看，属地管理已经影响了农场的发展，块块分割、各自为政是造成资源浪费、重复低效的主要原因，也是大产业、大企业、大集团的障碍。全国现共有1770多个农场、1300万农场人，相当于一个中等国家规模。这是一个非常难得的资源优势，但农垦没有用好这一优势。建议从块块管理转变为条条管理，在省级或市级按产业情况建立集团公司，全面进行产权制度改革，还农场企业化管理的本质属性，稳定企业法人和职工队伍，确保农场发展有目标、有方向。放大农场的资本，建立以资本为纽带的专业化分工合作平台，把农场的资源整合为名副其实的优势产业，依靠农场网络和农业平台做大做强产业，彻底解决人浮于事、重复建设，甚至恶性竞争的被动局面。

（二）清理历史债务

农场历史沿革久，大多创办于20世纪50—60年代，由于计划经济的历史原因，目前花费在稳定方面的精力和时间十分繁重，农场办社会、负担历史欠账在一定程度上比发展产业更加突出，农场经营管理者为此感到压力巨大。建议把清理历史欠账作为贯彻中央文件的具体实事来抓，调动各级政府积极参与，列入政府考核指标，剥离农场办社会和负担历史债务的枷锁，确保农场能集中精力办好产业。

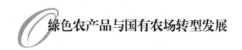

（三）转变传统观念

农场姓农，做好姓农产业是分内之事，但是由于受传统观念约束，农场管理者和业务管理部门的思维模式还没有跳出农门，停留在农上。因此，必须突破农场农业的传统观念，形成“农＋X”的农场经营理念，依靠农场平台，做足功课，走出“产品向精品、土地资源向土地资本、行政管理向人才管理”转变的道路。在全国成立几个响当当的粮、种、养、棉、胶、果行业龙头，成为行业的引领者和行业标准化企业，成为细分领域中的弄潮儿，力争涌现出一批领军人物。

（四）狠抓政策落实

中央及省委都对农垦改革发展出台了指导性文件，农场人深受鼓舞。如何让政策彻底转变为农场的优惠和优势，现在的关键在于落实好中央、省委对农垦改革的文件精神，用足用活文件。建议成立贯彻落实文件精神的工作指导组织，防止上层轰轰烈烈、下面冷冷清清，上级苦口婆心、基层漠不关心，中央与省级文件成了空中楼阁、飘浮落不了地的情况。紧紧抓住土地确权登记、农场社会化剥离和清欠历史债务的牛鼻子，让政策实实在在发挥作用。我们应该集思广益，厘出文件的含金部分，结合农场实际，让文件与农场现实进行对接，解决影响农场发展的问题，切实扫除发展障碍。

（五）强化人才培育力度

重视管理模式改进，创造人才引进培养机制，让具有经营管理才能的人才在农场有用武之地。突出人才的稳定性，用培养企业家的方法培养农场场长，令一批优秀人才在农场扎根，做大做强农场产业。

（六）加强对小垦区小农场支持力度

建立分类指导的农场扶持政策机制，确立农场产业发展扶持资金，“授之以鱼不如授之以渔”,改变扶持方式,综合平衡扶持财力,把小垦区小农场作为扶持重点,予以资金倾斜,从而促进农场全面发展与进步。建设国家农垦信息平台,发布农垦产品,更加全面宣传农垦的放心产品,做大做强农场事业。

59

深化改革　精准扶贫
大力推进农场产业发展

陈选建[1]　李小龙[2]

（1. 三门县农业林业局；2. 台州市农业局农场管理站）

近年来，三门县积极落实省、市主管部门有关深化改革、加快推进现代国有农场建设的精神，按照十九大实施乡村振兴战略的决策部署，牢固树立农业农村优先发展思路，坚持“发展为导向，稳定为基础”原则，以深化改革为突破口，保障扶贫资金有效投入，努力打造具有“山海水城”海洋经济特色的产业发展新模式。

一、聚焦“深化改革”，推进现代国有农场建设

坚持目标导向和本地实际相结合，根据国土资源部、财政部和农业部三部门《关于加快推进农垦国有土地使用权确权登记发证工作的通知》（国土资发〔2016〕156号）的文件精神及省、市的总体安排，明确改革目标，认真细致筹备，制订土地确权登记发证方案，成立综合协调组、政策宣传组和社会稳定组，探索创新了“836”工作法，即“程序八步走、落实三到位、建立六机制”，确保土地确权登记发证工作得到有效落实。凤凰山农垦场国有土地总面积4602.10亩（建设用地150.44亩，占比3.27%；农用地4177.86亩，占比90.78%，未利用地

273.80亩，占比5.95%)；完成确权登记发证面积有4272.2亩，占比92.83%；已确权登记未发证面积有273.8亩，占比5.95%；未确权登记面积有56.1亩，占比1.22%。

坚持以政企、社企分开为方向，改革制约农场发展的体制机制，推进农场企业化改革，实现社会事务管理属地化，建立高效和谐的社会管理机制，减轻长期以来农场承担的经营管理和社会管理服务双重压力。通过改革解决凤凰山农垦场过去即不能有效抓生产促发展，也不能有效履行社会管理的困境，促进经济和社会事业健康可持续发展。

在省农业厅作了改革部署之后，我们立即着手凤凰山农垦场的改革工作。局里专门抽派两名有改革经验的同志与农场班子组成改革工作小组，由分管副局长任组长，开展前期调研、土地房产确权、征询职工和社会各界意见建议等工作。局党委专门召集农场支部全体党员(包括退休党员)召开了改革前意见建议征集会，取得党员的支持。在广泛听取意见建议的基础上，工作小组起草了改革实施方案，再次听取农场职工、健跳镇政府、民政局和法制办等单位的意见，最后递交到县人民政府讨论通过。

在发展的过程中坚持把推进农场社会事务管理属地化、农业经济发展和职工民生改善相统一，从农场实际出发，明确人员身份、国有资产等方面的政策安排。农场国有性质不变，在编职工性质不变，原农场职工身份予以认可保留，职工待遇按照原规定执行，确保农场人心稳定、生产稳定和社会稳定，把矛盾纠纷解决在当地、化解在萌芽状态。

二、突出“精准扶贫”，带动特色产业园建设

2016年7月，三门县凤凰山渔业产业园作为国有贫困农场扶贫建设项目得到省厅的立项。当年下拨资金319万元，项目已经建设完成。2017年下拨资金377万元，其中农业设施工程项目已经建设完成，河道整治工程项目已送发改部门立项。2018年下拨资金236万元，项目在工程设计完成后进行招投标工作。我们在扶贫工作中有三点体会。

1. 加强基础信息管理。强化对贫困农场的自然、经济、社会等基础信息资料的整理分析，切实吃透农场场情、民情，透彻掌握贫困成因，深刻把握发展急需，真正做到扶贫先识贫。

2. 优化资金投向管理。把握农场扶贫开发特点和产业发展规律，加强农业设施工程和河道整治工程项目建设，集中资金重点支持渔业产业园建设，依托自然资源、农事景观、垦区文化和特色产品，积极拓展产业多种功能，发展休闲农业、观光旅游业等。

3. 提高项目监管水平。建立以场长为组长的扶贫资金运用管理领导小组，严格资金财务管理，落实扶贫资金专账核算、专人管理、专款专用制度。严格执行各级财政扶贫开发项目的相关规定，强化建设项目各环节管理工作，采用任务制方式聘用工作人员负责项目管理。

三、着力“转型升级”，推进农业产业发展

自1997年11号台风之后，经过近廿年的发展，“三凤”牌脐橙和无公害水产养殖成为农场的主导产业。农场拥有脐橙种植绿色示范基地100余亩，2017年产值150余万元；拥有无公害水产养殖标准基地1600余亩，2017年产值高达2560万元。面对新形势新任务，农场以推进农业供给侧结构性改革为动力，做实农业科技园区，发展田园综合体，打造国家级现代农业庄园。

1. 加大招商引资力度，提升农场科技含金量。以大抓项目年为契机，搭建三门县农业科技园区，重点引进三家研究机构，即拥有200～300亩油菜基地的三门高油酸油菜产业化联合研究中心、拥有200亩海塘海产品养殖示范区的海洋研究所、经济作物（果蔬）研究所。打通种植、养殖产业与科研技术成果转化“最后一千米”，促进农业健康可持续发展。

2. 加快产业转型升级，提高农产品附加值。打造6000立方米的温室水体养殖育苗区及28亩的种苗储备区，主攻水产品、西兰花、甜瓜等各类种苗种子，产品销往上海、江苏及省内各地。农场内现有两家企业（浙江新世纪食品有限公司、三门县云岚茶叶有限公司），皆进行一二三产融合发展尝试，均为集

休闲采摘、生产加工、销售经营为一体的农业综合性公司，产品畅销国内。云岚茶叶在2009—2011年连续获浙江省农业博览会金奖和浙江省农产品加工示范企业。

3. 加速园区改造提升，增强农场综合竞争力。凤凰山农垦场发挥农(渔)业特色产业优势，利用良好的生态环境，探索建设模式和运营管理模式，发展田园综合体。同时，结合知青文化，申报国家现代农业庄园评定。农场将完善现代农业、乡村旅游、文创产业三方面的指标，以现代农业为基础，以乡村旅游为主导，科学规划、创新机制、规范管理，扎实推进国家现代农业庄园创建工作。建成之后，以凤凰山农垦场为核心，结合现有横渡镇及蛇蟠乡旅游资源，辐射形成生态休闲旅游圈，力争建设具有鲜明三门特色的休闲农业和乡村旅游接待基地，奋力打造“产业融合、生态宜居、社会和谐、职工幸福”的现代化美丽农场示范样板。

60

浅析莲都区“三品一标”质量安全监管思路创新

黄雯文
（莲都区农业局）

无公害农产品、绿色食品和有机农产品（以下简称“三品”）工作，推行标准化生产和规范化管理，将农产品质量安全源头控制和全程监管落实到农产品生产、经营等各个环节，有利于实现“产”“管”并举，从生产过程提升农产品质量安全水平。保障人民群众吃得安全、优质是重要民生问题，“三品”涵盖安全、优质、特色等综合要素，是满足公众对营养健康农产品需求的重要实现方式。政府各部门要将如何健康持续推动“三品”产业发展作为一个重要的课题，积极探索有效科学的监管机制，不断提升农产品质量安全水平。

一、“三品”质量安全监管的重要意义

“三品”倡导绿色、减量和清洁化生产，遵循资源循环无害化利用，严格控制和鼓励减少农业投入品使用，注重产地环境保护，在推进农业可持续发展和建设生态文明等方面具有重要的示范引领作用。“三品”是政府主导的安全优质农产品公共品牌，是当前和今后一个时期农产品生产消费的主导产品，其质量与安全备受社会关注。

二、莲都区“三品”发展现状

2015—2017年有效“三品”个数和面积情况见表1～表3。截至2017年底，莲都区累计认定“三品”163个，过期无效“三品”61个，有效期内“三品”102个，其中，无公害农产品72个，绿色食品10个，有机农产品20个，有效期内“三品”面积96614亩。莲都区政府出台“三品”奖励扶持政策，近年来，“三品”得到了大力发展，但由于换证率较低，有效期内“三品”总数增加幅度不大。农产品质量安全水平进一步提升，但从农产品质量安全监管角度出发，仍然存在一些问题，制约着“三品”健康发展。

表1　2015年底有效“三品”个数和面积情况统计

	无公害农产品	绿色食品	有机产品	共计
产品数/个	58	11	7	76
面积/亩	71178.0	17521.0	1282.6	89981.6

表2　2016年底有效“三品”个数和面积情况统计

	无公害农产品	绿色食品	有机产品	共计
产品数/个	60	11	16	87
面积/亩	73202	17521	1417	92140

表3　2017年底有效“三品”个数和面积情况统计

	无公害农产品	绿色食品	有机产品	共计
产品数/个	72	10	20	102
面积/亩	78963	16194	1457	96614

三、“三品”监管存在的问题

（一）管理机制有待改革

目前，无公害农产品认定和绿色食品标志许可工作主要由政府组织和推动。每年发展任务以考核指标下达至各级政府，各级“三品”管理机构同时负责申报审核和监管，在有考核任务的情况下，有时也会难以兼顾严格审核与严格退出机制。有机产品则由第三方认证公司负责认证，这就妨碍了认证的公正与客观。而网上广泛存在“有机食品认证服务”，宣称可以代理认证，并承诺可确保“一次通过”，也让人对有机认证的公信力产生怀疑。同时，由于生产主体都是自行与第三方认证机构联系有机认证事宜，存在信息不对称的情况，在监管方面比较被动，近年来有机产品冒用、超范围使用的情况常有出现。

（二）“三品”发展内驱动力不足

“三品”发展作为政府一项重要工作。近年来，各地出台“三品”扶持奖励政策，鼓励主体积极申报“三品”认定。莲都区对农业生产主体获得中国有机产品认证的，当年奖励3万元，此后3年内再认证的，每年奖励1万元；对获得绿色食品标志许可的，当年奖励3万元，三年后续展的，再奖励2万元；对获得国家无公害农产品认定的，奖励1万元，同一企业同时申报系列产品，每增加1个产品奖励0.2万元。同时，农业主管部门在评定各种政策享受、示范性主体、名优农产品等时将以取得“三品”认定作为先决条件，这在一定程度上推动了“三品”事业的发展。但市场优质优价未能体现，生产主体申请“三品”认定的内驱动力不足，认定程序烦琐且周期长，认定与否对产品销售影响不大，导致无公害农产品用标率低，甚至有个别主体在通过认定、享受到奖励等政策后就放松管理。

（三）基层管理机构力量与发展要求不匹配

“三品”工作大多在县级层面负责管理，而县级没有单独成立“三品”管理机构。莲都区“三品”工作由区农业局农产品质量监管科负责，仅配备兼职人员1名。当前，各级政府高度重视农产品质量安全监管工作，日常工作任务重、覆盖面广，人员少，精力有限，难以适应“三品”发展形势和质量监管责任要求，严重影响“三品”工作纵深发展和质量监管工作开展。

四、对策及建议

（一）理顺体制，落实严格审核及退出制度

管理机构应严格把好源头关，坚持“从严从紧、积极稳妥”的原则，成熟一家发展一家，成熟一个产品发展一个产品，保持稳健发展，强化风险防范，统筹好速度、质量、效益的协调发展。监管部门监管举措要严格，加强市场动态监管，严厉查处违法违规行为，尤其是对流通领域更应不定期进行风险监测，对不符合“三品”标准的，坚决要求退出。

（二）市场引导，提升“三品”发展内生动力

坚持“政府推动、市场引导”并举，各部门各负其责，强化技术指导，从严监督管理，确保“三品”质量，提升品牌公信力。加强消费市场宣传引导，真正体现优质优价，让优质的好产品卖出好价格，提升消费者对“三品”的认可度和生产主体申请认定的内在驱动力，真正实现“三品”良性健康可持续发展。

（三）完善体系，确保“三品”质量

加强基层“三品”管理机构和队伍建设，配备专职工作人员，确保工作顺利开展。进一步完善“三品”认定相关体系，提升产品质量，确保“三品”真正安全、优质，让“三品”成为群众放心消费的主导产品。

61

龙泉市"三品"发展措施、问题及对策

陈小俊　蔡　欣　饶璐珊

（龙泉市农业局）

龙泉市位于浙江省西南部，辖8镇7乡4街道444个行政村，人口29万人（其中，农业人口24.64万人），国土面积3059平方千米，耕地面积165平方千米。近年来，龙泉市紧紧围绕市委、市政府"生态立市"的总战略，坚持"绿水青山就是金山银山"的发展理念，充分发挥山区生态资源优势，以加大农业标准化基地建设为重点，切实开展农产品"三品"发展工作，有力推动现代高效生态精品农业发展。至2015年底，全市累计取得"三品"认定生产主体92家，产品145个，面积127.03平方千米；畜禽53.4万头（羽），产量68882.95吨；其中，有机食品14个，绿色食品26个，无公害农产品105个。

一、主要做法

（一）加强组织领导

龙泉市专门成立了以分管农业副市长为组长，农业、质监、财政、发改、林业、水利、环保等有关部门负责人为成员的农业标准化工作协调领导小组，并在市农业局科教科设立"三品"工作办公室，做好日常管理和服务工作，为推进"三品"工作提供了强有力的组织保障。

(二)加大扶持力度

我市农业部门一直在不断努力争取各级重视。市政府每年出台的《关于加快农业产业化发展的若干政策》中规定,对通过"三品"认定的生产主体给予奖励。在2015年农业产业化发展政策中对"三品"认定加大了扶持力度:对新获得无公害农产品认定的每个获证产品奖励1万元,通过复查换证的每个产品奖励0.2万元;对通过绿色食品认定的每个获证产品奖励2万元,续展认定的每个产品奖励1万元;对通过有机产品认证的每个获证产品奖励3万元,有机产品再认证的每个产品奖励1万元。

(三)注重工作结合

1. 与农业主体培育相结合。我市通过调查摸底、宣传发动,引导有一定资质的农业生产主体申报"三品"认定,并要求每个企业有专人负责"三品"申报及后续内部管理工作。

2. 与农业两区建设相结合。我市把农业两区"三品"认定工作作为重点之一,加强农业两区无公害农产品产地整体认定。到2015年,全市共开展农业两区整体认定5个,认定面积2444万平方米。

(四)强化认定管理

1. 积极组织人员参加浙江省、丽水市"三品"工作业务培训和农业生产主体内检员培训,提高"三品"管理人员的业务水平,加强企业对"三品"工作的管理能力。近五年来累计组织生产主体质量管理人员参加无公害农产品内检员培训126人次。

2. 做好"三品"监管,每年组织开展"三品"基地专项检查行动、无公害农产品标志使用情况专项检查行动,通过实地检查生产基地、生产记录档案、企业用标等情况,加强"三品"证后监管,进一步提高生产主体按标准组织生产的自觉性。

3. 通过组织农产品质量安全宣传月、科技下乡、农业科技培训等活动,开展"三品"知识宣传。

二、存在问题

（一）品牌效益未能充分体现

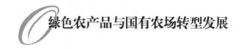

“三品”生产的质量安全要求和成本都比普通农产品高，对产量也会有不同程度的影响，但目前市场上优质优价的机制未能充分形成，打击了生产主体的积极性。从无公害农产品用标情况不理想也可以看出，即使已认定产品，由于效益不明显，企业使用标志的积极性并不高。

（二）农业生产经营主体问题

我市农业生产经营主体数量少且大多数规模小、实力弱，与发达地区差距大，特别是农民专业合作社大都组织松散、实力薄弱、品牌意识不强，全市规模化生产经营面积小、比例低，生产主体与农户联结程度不高、带动能力不强，农产品生产仍以分散经营为主。

（三）“三品”工作力量不足

一方面，我市并无专门的“三品”管理机构，仅有的两名检查员都是兼职，工作繁杂且力量不足。另一方面，生产主体的质量管理人员文化水平整体不高，难以适应现代农业的标准化生产、品牌质量建设等方面要求，很大程度上影响“三品”产业发展。

三、发展对策

（一）促进“三品”的规模化经营和标准化生产

首先，要建立“三品”规模化和标准化的生产机制，依照因地制宜的原则，合理布局“三品”生产基地，推广标准化生产，提高农产品的质量安全水平和市场竞争能力，集中资金大力扶持和培育新型农业生产主体，推动连片规模化经营。其次，要加强“三品”生产加工基地建设，要与现代农业“两区”、农业科技示范园区、农业标准化示范区等相结合，应形成“三品”生产加工主体与农户利益联结机制，通过农业产业化经营，大力推广标准化生产。

（二）切实提高绿色农产品质量安全水平

1. 结合“五水共治”工作，加大农业生态环境治理力度，积极实施农业废弃物综合利用、农业面源污染控制等工程，推广适用的生态循环农业技术模式，保持清洁的农业生态环境。

2. 完善农产品基地准出制度和市场准入制度。加强“三品”产地环境监控，建立动态监控体系，加大力度推行农产品市场准入制度，加强检测，提高市场准入门槛。

3. 科学制定并严格执行质量安全控制标准。健全农业地方标准，逐步统一各类生产操作规程，减少标准执行的交叉和重叠，降低政府管理成本。

（三）建立“三品”的优质优价机制

1. 制定农产品市场流通分级标准，推广分级销售，拉大质量等级差价，在农贸市场和超市设立绿色农产品专区专柜和农产品质量检测室，对进入市场而没有取得“三品”认定的农产品进行快速抽检，为实现优质“三品”的优价提供条件。

2. 加大政府对“三品”的扶持力度，除了对通过“三品”认定的生产主体给予一定奖励外，还应对“三品”基地建设项目给予资金上的倾斜，在各类示范主体、优质农产品评比等方面给“三品”认定的生产主体予以优先。

（四）进一步加强“三品”人才保障

1. 重视农业生产主体人才培养，鼓励大学生从事现代农业创业，鼓励工商资本要素回流，鼓励有资金、懂经营的外出务工人员回乡创业。结合新型职业农民培训等工作，加强对“三品”生产主体内部管理人员和技术人员的培训，提高广大生产经营主体的管理水平。

2. 进一步理顺管理体制，加强农业部门“三品”机构建设和专业技术人员配备，培养一批优秀的复合型人才，建立一支稳定的“三品”管理队伍，以满足新常态下“三品”工作快速发展的需求。

62

青田县“三品一标”产业发展现状和对策分析

陈微微

（青田县农业局）

“三品一标”是无公害农产品、绿色食品、有机食品和农产品地理标志的简称。无公害农产品是指产地环境、生产过程和产品质量符合国家有关标准和规范的要求，经浙江省农业农村厅认定合格并允许使用无公害农产品标志的未经加工或者初加工的食用农产品。绿色食品是指产自优良生态环境，按照绿色食品标准生产，实行全程质量控制，经农业农村部所属的中国绿色食品发展中心许可使用绿色食品标志的安全、优质食用农产品及相关产品。有机食品是指来自有机农业生产体系，根据有机农业生产要求和相应标准生产加工，并通过第三方有机食品认证机构认证的农副产品及其加工产品。农产品地理标志是指标示农产品来源于特定地域，产品品质和相关特征主要取决于自然生态环境和历史人文因素，并以地域名称冠名的特有农产品标志，经农业农村部批准保护。大力发展“三品一标”，是提升农产品质量安全水平、确保绿色优质农产品供给的有力手段。

一、青田县“三品一标”发展现状

近年来，青田县认真贯彻落实农业部《关于推进“三品一标”持续健康发展的意见》，把发展“三品一标”作为推动高效生态农业发展、农业提质增效、农民就业增收和农产品质量安全监管的重要抓手，扎实开展产业推进、品牌建设等各项工作，取得明显成效。

（一）政府部门有重视、有扶持

青田县始终坚持“政府引导、市场拉动、企业运作”相结合、互促进，稳步推进现代农业产业发展。2017年，县委、县政府提出《关于加快高效生态农业发展的实施意见》，实施“生态＋”“标准化＋”“品牌＋”战略，着力推动县域农业向高效生态农业、有机循环农业、农旅融合产业发展，强化质量安全管理，切实保障农产品质量安全。新的产业政策更大力度地鼓励生产无公害、绿色、有机农产品。对通过无公害农产品认定的，给予奖励1.5万元；对获得绿色食品标志使用权、森林食品基地认证、有机农产品认证的，分别给予奖励3万元；对无公害农产品复查换证的，给予奖励0.5万元；对绿色食品续展、有机农产品再认证的，给予奖励1万元；对新获得地理标志证明商标、生态原产地保护产品和农业部地理标志农产品的，各奖励20万元。

（二）认定产品有数量、有规模

截至2017年底，青田县有效期内“三品一标”生产主体有67家，产品为81个。产品品种包括蔬菜、水果、粮油、畜禽、林产品和水产品，种植业与养殖业产品数量比为4∶1。种植业产地认定面积达到75626.5亩，占主要食用农产品种植面积的49.7%，其中，两区内认定面积达到39380亩。青田县稻米、杨梅两大主导产业认定比重较大，其中，杨梅认定主体20家，面积15819.6亩，产量14777吨。

（三）产品质量有提升、有保障

认定主体通过有效实施质量控制措施，严格按照标准化生产操作规程，落实企业内检员制度，采取产品自行抽检等一系列手段，有效保障产品质量安全。监管部门通过加强巡查检查，开展质量抽检、“百日规范提质行动”、主体和内检员培训等一系列措施，将“产出来”和“管出来”有效结合，切实保障“三品一标”公信力和质量安全水平。近三年来，青田县“三品一标”认定产品抽检合格率保持在100%，未发生农产品质量安全事故。

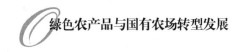

二、产业发展中存在的主要问题

目前，青田县的“三品一标”已经具备一定规模，但就长远来看，仍有许多制约因素。

（一）以传统农业生产模式为主，现代化农业发展缓慢

青田县位于浙南山区，素有“九山半水半分田”之称，农业生产多在山区地带，平地少，地理条件受限。青田的农业主体往往以个人经营为主，规模化、机械化、企业化等现代化管理的生产主体较少。而个人经营模式的主体通常存在散而小的问题，农场主的年龄普遍为50～65岁，文化程度较低，对新事物的接受能力较差，难以形成规范化、现代化的生产格局。

（二）体系队伍不健全

当前，青田县畜牧业和种植业产品由农业部门负责认定审查和证后监管，水产养殖业则由水利部门负责，虽然有一定数量的监管员和检查员，但专职工作人员数量仍显不足。随着“三品一标”产业规模的发展，认定审核和监管任务也随之加重。但由于人员少、经费少等问题存在，工作措施力度不够，无法大力开展认定申报和证后监管工作。这种体系队伍的不健全，势必影响“三品一标”产业发展进程。

（三）生产主体申报积极性不够高

青田县“三品”认定主体在同行业中的品牌优势明显，然而在本地市场经济效益未能突显，市场占有率低。本地消费者主要以经济实惠作为购买标准，加上对“三品”的认知度不够高、认同感不够强、购买需求不够大，极大地打击了“三品”生产主体的积极性。生产主体用标率、到期换证率不高等问题，制约了青田县“三品一标”产业的持续健康发展。

三、青田县“三品一标”发展和对策分析

新时期，青田县委、县政府对“三品一标”产业发展的重视程度越来越高，将加大“三品一标”认定力度写入“十三五”国民经济和社会发展规划中，将发

展绿色高产高效生态农业作为乡村振兴战略的重要部署，加大资金扶持力度。未来，青田县将继续以无公害农产品认定为基础，加快发展绿色食品和农产品地理标志，发挥生态环境自然资源的优势，鼓励发展“企业＋合作社＋农户”的产业发展格局。同时，深入挖掘发展潜力，积极发展竹笋、油茶等优质林产品，以及青田稻鱼米、青田杨梅等主导产业。

（一）继续推进“三品一标”产业发展

调整产业结构，发展以农业龙头企业为载体，带动合作社、农户发展规模化、标准化、集约化的农业产业。龙头企业现代化、科学合理的技术和管理，更能够促进青田农业产业化、现代化发展，更能够满足“三品”认定要求。同时也要补足短板，积极发展优质林产品、畜产品认定主体，深入挖掘发展潜力。要加快主导产业和农产品地理标志发展进度，实现“三品一标”整体推进和全面发展。

（二）建立健全认定审核和监管体系队伍

“三品一标”认定审核工作要求严谨、专业、细致，审核人员有着至关重要的作用。加强工作人员业务培训，提升业务能力，可以更大程度地保障“三品一标”产业发展。加强监管体系队伍力量，对产地环境、产品生产过程、规范用标等进行全面监管，保障“三品一标”证后监管措施落到实处，维护“三品一标”公信力。

（三）加强品牌宣传推荐，提升竞争优势和经济效益

政府部门要积极搭台，为本地的优质农产品吆喝，积极组织认定主体参加农业博览会、品牌展销会，帮助其开拓更宽更广的市场渠道。开展“三品一标”宣传活动，发放宣传资料，普及专业知识，提高消费者对“三品一标”产品的认识。进行多方位的正面宣传，通过媒体、公众号、信息报道等形式，大力宣传生产主体严格的内部质量控制措施、监管部门严格的审核流程和监管行动、认定产品的优质安全，不断提升“三品一标”认定产品的竞争力和市场占有率。

63

庆元县“三品”工作情况调查报告

李　嫣

（庆元县农业局）

一、基本情况

近年来，庆元县高度重视农产品品牌建设工作，加快无公害农产品、绿色食品和有机农产品（以下简称“三品”）发展速度。截至2017年底，全县有效期内“三品”总数136个，其中，无公害农产品56个，绿色食品20个，有机农产品60个。“三品”基地面积5169.34公顷，其中，无公害农产品4611.55公顷，绿色食品312.67公顷，有机农产品245.12公顷。

二、存在问题

1. “三品”认定工作量大，检查员偏少，申报材料在规定的时间内难以完成。

2. 申报企业对“三品”知识掌握不够，没有真正认识到“三品”给企业带来的效益，个别企业仍然停留在为奖励而申报的状态。

3. 申报企业、产品分布不平衡，大部分在发达乡镇，生态环境好但经济相对落后的东部乡镇申报较少。

4. 由于大部分产品为初级农产品或半成品，许多企业还没有养成包装销售的习惯，无法在包装上使用“三品”标志，没有很好地发挥“三品”认定的作用。

三、发展措施

加强“三品”认定及证后监管，是提升农产品质量安全水平的一项重要措施。近年来，庆元县在各级部门和领导的重视下，积极组织特色农产品申报“三品”认定工作，不断提高我县农产品市场竞争力，确保农产品质量安全。具体措施如下。

（一）广泛宣传发动，营造社会氛围

1. 加强对干部和相关人员的宣传。根据当前农产品质量安全现状和品牌农业发展趋势，开展专题讲座，重点提高干部和农业企业、农民专业合作组织、规模生产基地负责人等对“三品”工作重要意义的认识。

2. 面向社会大众广泛宣传。为扩大社会宣传面，与电视、报纸等大众化媒体密切配合，大力宣传“三品”的含义、特点、优势等，提高消费者对“三品”的知晓率。

3. 结合科技下乡开展针对性宣传。全县农技人员在实施农业科技下乡、加强技术服务的同时，深入开展有关农产品质量安全方面的知识宣传，夯实庆元县“三品”认定工作的基础。

（二）着力推进农业标准化工作

围绕建设优质、安全、生态、放心农业的目标，庆元县积极制定各类技术标准，建设标准化生产示范基地，切实加强农业标准体系建设。通过农业标准化的推广，为实现农产品全程标准化生产奠定基础。通过农业标准化生产示范基地的建设，为广大农业生产者实行标准化生产提供样板，有力地推动农业标准化生产的普及，对全县“三品”认定打下坚实的基础。

（三）增强服务理念，提高“三品”认定工作主动性

加强对工作人员的教育，全面提高庆元县“三品”认定的服务水平。积极组织有条件的企业申报“三品”认定。对有申报意向的单位，组织工作人员做

好服务工作，指导企业按照“三品”申报的要求制订操作规程，规范生产技术，编制申报材料。及时与省、市相关部门联系，对全县申报单位集中进行现场查检、产地环境检测、产品质量抽样检测，大大减少申报单位走弯路的情况，降低申报成本。

（四）出台奖励政策，鼓励、引导生产主体申报“三品”认定

近几年，我县每年都出台奖励政策，对“三品”认定主体予以补助。2018年，我县出台《2018年度庆元县农林水产业发展扶持政策若干意见的通知》文件，文件中规定：对首次通过无公害农产品认定的农业主体，每个产品给予奖励1万元；同一个农业主体进行系列产品认定，每增加一个产品奖励0.1万元。首次通过绿色食品或有机食品认定的，每个产品奖励3万元；同一个农业主体进行系列产品认定，每增加一个产品奖励0.3万元。对已通过国家无公害、绿色和有机认定的农产品进行正常续展换证的农业主体，分别奖励0.3万元、1万元和1万元；同一农业主体进行系列产品续展换证，每增加一个产品分别奖励0.1万元、0.3万元、0.1万元。对新取得无公害农产品产地整体认定的申报单位，认定面积在5000亩以下（含5000亩）给予1万元奖励，认定面积在5000亩以上10000亩以下（含10000亩）给予2万元奖励，认定面积在10000亩以上给予3万元奖励。产地在我县范围内的“三品”生产主体享受奖励政策，奖励资金主要用于支付产品检测、产地环境检测和认定所需其他费用等。该奖励政策的出台，充分调动全县农业企业、农民专业合作社等生产主体申报“三品”的积极性，有力推动我县农业“三品”工作再上新台阶。